海南热带度假酒店建筑设计

Architectural Design of Hainan Tropical Resort Hotel

张新平　著

ZHANG XINPING

中国建筑工业出版社

序言

新平在上大学的时候就是个非常认真、努力、积极的好学生，尤其他对专业学习的热情非常高，而且画得一手流畅的草图。时至今日，他一直保持着这样的习惯，他的办公室里各类图集随处可见，我常常以他为榜样去教育学生。

新平大学毕业后去了北京，不久被单位派往海南。他任劳任怨，白手起家，靠着执着的信念和扎实的专业能力，开疆破土般地逐步打开了局面，应该说非常不易。每次听到他的些许进步，我都感到非常高兴。转战海南未必是他的初心，但扎根当地的付出和努力却是他无论身在何处的必然选择。为此，我深受感动。他只身受命赴海南工作时不过二十几岁，从业务做起，靠专业起步，视市场而动，从一个专业学子转变为企业经营者，其中的酸甜苦辣可想而知。三十几年来他始终如一，执着努力，我想对专业的挚爱是支持新平不断进取的动力所在。

虽然闲谈之时，新平说过有打算汇集成书的想法，但我拿到书稿之时，还是感到震惊。因为我了解新平，也知道他工作之后一直在设计工作第一线，尤其在海南期间，全面担起企业负责人的重任，加之繁杂的事物，他很难静下心来，并在年龄较大之时去写作，我深知这种艰难。

但是他的书稿梳理得非常系统，言简意赅，清晰明确，将理论与实践融汇在一起，读起来通畅透彻又具针对性，这是我没有想到的。为此，我深感欣慰。新平的思考是从热带建筑开始的，海南得天独厚，在此基础上他对热带现代主义建筑的特征以及在中国的未来有着朴素的理解，对于海南传统建筑的认知也给予他有益的启示。三十几年，四十几座不同类型的热带酒店设计伴随着他的成长，弥足珍贵。这是作为建筑师而言极为重要的阅历和情怀写照，而且这些又真实地刻画在当初他并不熟悉的海南大地之上。为此，我深感骄傲。

苍天不负有心人。这本书就是客观的写照，犹如新平的为人，仍然在书稿中散发着执着、质朴、踏实的气息。我相信于同行而言，是一种鼓舞。

顺带提一句，新平的夫人李红是小他两届的同行师妹，三十几年随他入京又赴海南，我想她的付出和勤奋也具有不可替代的作用。我很开心！

国务院学位委员会学科评议组成员
全国工程勘察设计大师
世界华人建筑师协会常务副会长

前言

前言

自 1988 年离开哈尔滨建筑工程学院的土木楼至今已有 34 年的时间，34 年中只有前 4 年在北京工作，后面 30 年的时光都融化在了海南岛的潮起潮落之中。海浪带走了岁月，海风吹老了容颜，海南旅游度假行业的发展也让我收获了工作上的机会、成绩和专业上的进步、成长。

回首这 30 年的坚守和耕耘，既是责任所至，也有梦想支撑。

1988 年初海南建省，30 多年的发展起起伏伏，外地来海南的设计单位在市场的起伏中逐步撤离，一直坚持到现在的屈指可数。中元海南在坚守中由小到大不断成长，也形成了在旅游度假领域的专业特色，这是一批又一批中元人的理想、信念和辛勤付出换来的。早该对这些成绩做些总结，记录一下大家走过的足迹，但限于精力和能力一直没有真正动笔。

在中国中元国际工程有限公司成立 70 周年之际，终于在总公司的推动下艰难地拿起笔，梳理一下在海南工作 30 年的主要思考、探索和实践，以此呈现给共同奋斗过的战友们和关心支持海南院的同事们，呈现给海南本地信任、帮助、支持过我们的专家、同行和业主们，也希望分享给同行们了解借鉴。

本书结合自己的工作经历，主要梳理了关于热带建筑和度假酒店的思考和研究，以及在热带进行度假酒店设计的探索和实践。如果这些总结能引起同事、同行们的共鸣，引起行业对热带建筑的关注，能够给正在学习建筑学专业的同学们以启发，那就非常幸福了。

改革开放后，随着经济建设日新月异的发展，现代主义建筑在中国遍地开花，成为我国城市风貌的主要特征。在声势浩大的普遍现象中，始终有一批建筑师在从自然环境、文化背景和社会价值中寻找不一样的创作源泉，越来越多的建筑师开始重视自然环境、地域要素、文化背景和人本需求，建成了大量的具有地域特色的优秀作品。

在海南 30 年的工作、生活和成长过程中，深刻体会到气候、环境和人文氛围对城市、社会和我们个人的影响。在这些影响因素中，热带的地域属性应该是原始因子。

要想做出具有海南地域特色的建筑，必须对热带建筑有思考和研究。

海南岛是中国最大的“热带宝岛”。秦时海南为象郡外徼，西汉元封元年（公元前 110 年）在海南境设有珠崖、儋耳两个郡，管辖 16 个县，海南被正式纳入西汉版图。新中国成立后，海南成为广东省的一个行政区，1988 年 4 月，海南行政区撤销，成立了海南省。

海南是中国最年轻也是最南端的省份。海南岛四面环海、资源丰富、风景优美、气候宜人，以其丰富的自然资源和得天独厚的地理位置著称于世。建省初期，海南是中国唯一的省级经济特区，2009 年国务院发布《国务院关于推进海南国际旅游岛建设发展的若干意见》，2020 年中共中央、国务院印发《海南自由贸易港建设总体方案》，这一次接一次重大政策的发布推动了海南经济建设和社会发展一波又一波的浪潮。

建省后的 30 年，正赶上全国房地产建设的高潮，因此，在海南经济和社会发展过程中，建筑业成了各行业发展中走在前面的领域。在建设初期，过快的发展速度和来自四面八方的建设主体相结合，城市建设的成果和所呈现出的风貌可以说是百花齐放、百家争鸣。而另一方面，社会结构及综合实力的发展和提升远远落后于城区的扩张和建设量的增长，在一浪又一浪的发展洪流退去之后，沉淀下来的各行业从业者都开始思考和探索真正适应海南的发展模式和路径。

在建筑设计领域，无论是岛外还是长期扎根海南的建筑师，在速度和热潮慢慢退去的过程中，刚刚踏上宝岛时对清风拂面、碧海蓝天、密林椰影、短衣凉帽的惊喜和感叹仿佛又再次冲击了感官，专业情怀和创作激情开始燃起。海南特有的地理位置和热带气候孕育了独特的热带植物和自然环境，海南也应该有属于自己的新的热带建筑。

目录

第一章

热带建筑的思考和研究

Thinking and research on tropical architecture

1. 热带地域建筑研究现状

现代主义的传播自 20 世纪 30 年代开始，50—60 年代成为世界建筑设计的主导潮流，随着科技水平的发展和生活方式的变化，现代主义向不同地域环境、不同自然资源、不同文化背景的地方传播的同时，其自适应性导致多样化的特征与手法的出现，探索现代主义与地域传统相融合的建筑师们贡献了无数令人赞叹的作品。

热带建筑是 20 世纪中期现代主义建筑一个重要的实践领域。“热带建筑”（tropical architecture）的概念源自 20 世纪 30 年代的英国，最初由卫生保健学科的工程师所主导，建筑师运用热带气候及卫生领域所积累的知识来设计和发展能够适应殖民地的建筑。20 世纪中期前后，许多西方现代主义建筑师仍然为前殖民地工作，带动了全球“热带现代主义”（tropical modernism）的发展。

近年来，国外学者对 20 世纪现代主义建筑在全球热带地区的研究逐步深入，如 Duanfang Lu[1]（2010) 等对现代主义建筑在热带欠发达地区的实践研究，Manuel Herz[2]（2015）等有关热带非洲国家独立早期的现代建筑研究，John Macarthur[3]（2015）的昆士兰热带现代主义建筑研究，Peter Scriver[4]（2015）等对印度现代建筑的研究等。国内学者对热带现代主义建筑实践也多有关注，进入国内学者研究视野的热带地区建筑师有路易斯·巴拉干（Luis Barragan）、查尔斯·柯里亚（Charles Correa）、巴克里希纳·多西（Balkrishna Doshi）、杨经文、杰弗里·巴瓦（Geoffrey Bawa）等。

较之国外成熟的研究体系，国内学者以“热带建筑”为出发点对 20 世纪现代主义建筑地域实践的整体发展研究不够，国外学者对中国南亚热带地区的建筑地域实践研究也极少关注，我国热带地区相关建筑领域的研究与巴西、印度、斯里兰卡等国家的研究相比也有差距，历史与文化差异带来的阻隔需要借助科学系统的研究方法才能建立可能的关联，从而丰盈整个“热带建筑”的研究视域。

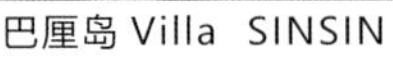

巴厘岛 Villa SINSIN

巴厘岛 THE BALE

1 Duanfan Lu. Third World Modernism: Architecture, Development and Identity[M]. Abingdon: Routledge imprint of Taylor & Francis, 2010.

2 Manuel Herz, Ingrid Schröder, Hans Focketyn, et al. African Modernism: Architecture of Independence[M]. Zurich: Park Books, 2015.

3 John Macarthur, Deborah van der Plaat , Janina Gosseye, et al. Hot Modernism: Queensland Architecture 1945-1975[M]. London: Artifice books on architecture, 2015.

4 Peter Scriver, Amit Srivastava. India: Modern Architecture in History[M]. London: Reaktion Books, 2015.

2. 热带现代主义建筑发展的整体特征

建筑理论层面，热带建筑经历了由实践启发—向理论转变—逐步进入教育体系发展的过程，不同的国家、政治、社会背景及相应的经济物质基础条件，使得热带建筑在不同地域的发展呈现出差异化的轨迹及状态，与之对应的研究体系也因侧重点不同而形成了差异化、个性化的特征。

建筑实践层面，热带建筑由早期着重改善酷热气候条件下的人居环境，逐步转向重视对地域文化的尊重与传承，随着科学技术的发展，更进一步演变为“技”与“艺”的融合，即在技术层面表现出共通性，在文化层面展现出多样性。

辛勤工作在热带地域的建筑师们，善于结合在地特征，综合考虑气候、资源、文化、技术，乃至历史、宗教、政治等背景及条件，探索出能充分适应当地热带生活，并充分服务于人的地域建筑。

在长久以来的热带建筑实践当中，欠发达国家与地区（如非洲、拉丁美洲等）的建筑师们并未受限于薄弱的工业基础及有限的科技手段，他们善于挖掘传统文化及地方生态策略，充分利用在地资源发展出低技却环保的设计手法，探索出普适的建筑形式，孕育出的绿色节能的设计理念十分宝贵。

而发达国家与地区（如澳大利亚、美国等）的热带区域，摆脱了宗教与历史的负累，经济发展水平遥遥领先，建筑科学与技术的发展更是日新月异，这里的建筑师们运用新材料、新科技去营造更加舒适宜人的建筑空间。在适应地方环境的同时，更兼顾了建筑在文化输出与形式创新方面的效能。

新加坡邱德拔医院

新加坡邱德拔医院

新加坡及克大宾乐雅（PARKROYAL on Pickering）花园酒店

3. 中国的热带建筑

按照地球温度带的划分，南北纬 23.5 度（南北回归线）以内的地区为热带。

中国位于北半球，北回归线穿过了云南、广西、广东、台湾 4 个省区，另外，海南省全省都位于北回归线以南，因此我国的海南省及云南、广西、广东、台湾 4 个省区北回归线以南的地区均属于热带地区。

竺可桢[5]先生在其著作《物候学》一书中指出："南岭则可说是我国亚热带的南界，南岭以南便可称为热带了"。岭南热带地区与岭北亚热带地区在气候上有较大区别，其"四时皆是夏，一雨便成秋"，[6]换言之，在热带地区，一年中雨季与旱季的区别比冬季与夏季的区别更为显著突出。因此岭南热带建筑在设计上均力图达到调节温度、控制气流、防晒除湿、减少能耗的目的，具有典型的回应热带气候的技术特征。

在中国建筑漫长的发展过程中，岭南建筑始终占据了不可忽略的地位，岭南热带现代建筑不仅是中国热带现代建筑的重要组成部分，更是世界热带现代主义建筑体系的有机部分，追溯其历史脉络，探索其发展路径，对全面研究中国热带现代主义建筑有重要的意义与价值，而在岭南建筑体系中，海南岛热带建筑更是以其独有的历史文脉及地域特征而备受关注。

海南岛热带建筑与全球热带地区在地域建筑实践上，面临着可持续发展的共同命题，溯源海南岛热带建筑历史脉络、地域特征、发展阶段及技术特性，在理论层面能够帮助梳理中国热带建筑谱系的发展进程，丰富"中国"语境下热带建筑研究体系的内容；实践层面基于本土文化的在地性，对既有建筑的建设及使用进行分析，总结共性问题，分析个性特征，完善针对热带气候的技术策略与建构方法，这对中国热带建筑的发展具有较大的现实意义。

广州永庆坊

5　竺可桢（1890 年 3 月 7 日—1974 年 2 月 7 日），字藕舫，浙江省绍兴县东关镇人，中央研究院院士、中国科学院院士，中国共产党党员，中国近代气象学家、地理学家、教育家，中国近代地理学和气象学的奠基者，浙江大学前校长。

6　顾蚧（明）《海槎馀录》：海南地多燠少寒，木叶冬夏常青。然凋谢则寓于四时，不似中州之有秋冬也。天时亦然，四时晴冽则急穿单衣，阴晦则急添单衣几层。谚曰："四时皆是夏，一雨便成秋。"又曰："急脱急着，胜如服药。"

4．海南热带建筑的发展

海南省，简称“琼”，是位于中国版图最南端的省级行政区，四面环海，风景宜人，自然资源及物产丰富，凭借其得天独厚的优势成为我国唯一的省级经济特区和自由贸易港，也是国内唯一的热带岛屿省份。

海南省陆地总面积 3.54 万平方公里，其中海南岛 3.39 万平方公里，管辖海域面积约 200 万平方公里，海南岛海岸线总长 1823 公里，是全国最大的海洋省份，也是中国最大的“热带宝地”。

优美的琼岛孕育了最淳朴风情的民族，世居海南的少数民族主要有黎族、苗族、回族等，至今保留着许多质朴敦厚的民风民俗和生活习惯，多民族文化的交融与汇聚造就了海南独有的文化内涵，形成了独特而多彩的社会风貌。海南更是全国唯一的黎族聚居区，黎族文化给海南带来了独特的内蕴。在日益现代化的今天，黎族颇具特色的民族文化和风情，有着独特的文化和旅游价值。

1）海南传统热带建筑

海南岛的传统建筑在热带气候环境中孕育成长，与海岛生态自然环境交相呼应，凝聚了百年传承的构建智慧，蕴含了顽强的生命活力。勤劳的海岛居民在极有限的条件下以自己的智慧和双手，建造出了可以遮风避雨、承载生活、形态多样的传统生态建筑。海口、加积、儋州等城镇中的骑楼敞廊，琼中、乐东、五指山等乡村的黎族“船型屋”建筑，汉乡民居的生态乡土院落以及苗族等其他少数民族的竹楼，这些传统建筑都闪烁着各民族智慧的光芒。其中的黎族传统船型屋和海口骑楼式建筑最具代表性，前者代表了海南原始的民族传统热带建筑，后者则是受南洋舶来文化影响的近现代热带建筑。

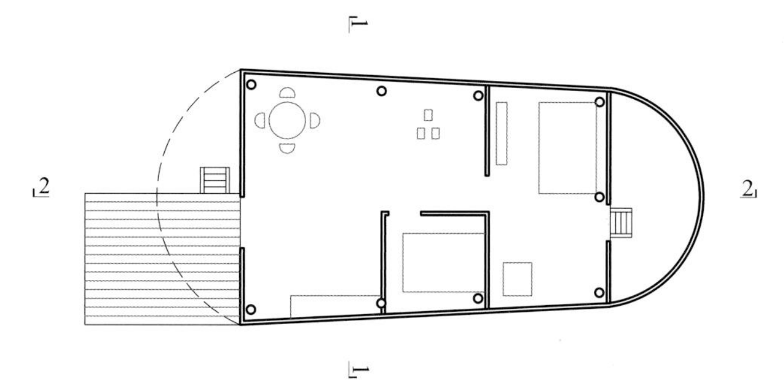

船型屋平面图

海南省五指山市毛阳镇初保村的船型屋

（1）海南黎族船型屋建筑

黎族船型屋是黎族民居建筑的一种，流行于海南的黎族聚居区。黎族同胞为纪念渡海而来的黎族祖先，故以船的造型来建造住屋，因其外形酷似船篷通常称为船型屋。黎族船形屋是中国乃至世界热带建筑领域中最原始、最环保的传统建筑形态之一，被收录在我国国家级非物质文化遗产名录中，堪称人类古老传统民居建筑的“活化石”。

黎族船型屋有高架船型屋与低架（落地式）船型屋之分，其外形好似拱起的船篷，用红、白藤扎架，拱形的人字屋顶上盖以厚厚的芭草或葵叶，几乎一直延伸到地面，从远处看，犹如一艘倒扣的船。其圆拱造型有利于抵抗台风的侵袭，架空的结构有防湿、防瘴、防雨的作用，茅草屋面也有较好的防潮、隔热功能。船型屋的建造就地取材，搭建、拆除都很方便，正是由于这些优势，船型屋才得以世代流传下来。

据考证，黎族是海南岛最早的居民，黎族人在距今 3000 年前的殷周时期就定居海南，船型屋作为海南代表性的传统建筑之一，是海南黎族传统文化中必不可少的组成部分。作为海南黎族的重要标志，船型屋不仅传承了古老的建筑营造技艺，更向世人展示了黎族先人的生活智慧与审美意趣，其承载着的历史文化意义影响深远。

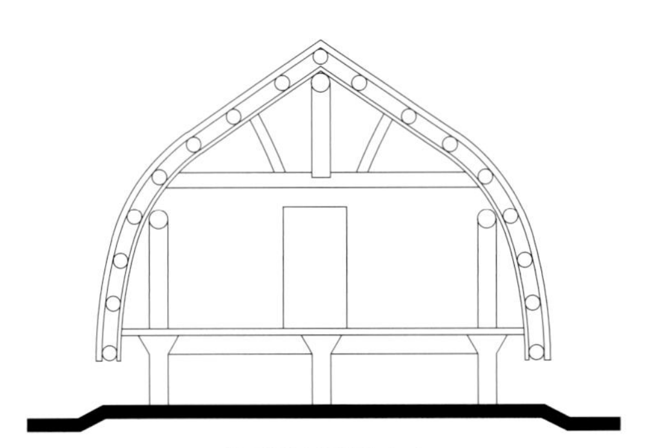

船型屋剖面图 1-1

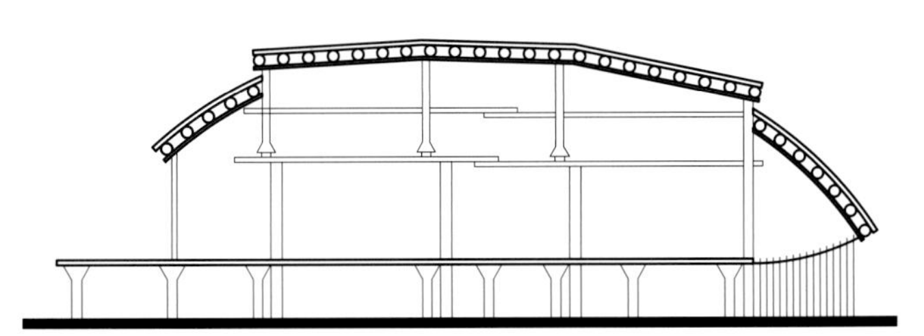

船型屋剖面图 2-2

海南保亭槟榔谷甘什黎村的船型屋

海南保亭槟榔谷甘什黎村的船型屋

（2）海南骑楼式建筑

1858 年，根据《天津条约》，海口以其独特的地理优势和区位因素被开辟为通商口岸，英、法、德等国随后在此建起了领事馆等建筑，带来了本国和南洋盛行的建筑形式、建筑风格及建造技术，从此，海口逐渐变身为面向南洋的一个商贸中心，城市文化更是深受西方的影响，出现了最早的西式建筑，可以说西方文化某种程度上奠定了现代海南热带建筑的基础。

受外来文化影响，这时期的海口需要一种既能适应本地气候条件，又适合商品经济发展的城市建筑形式，骑楼敞廊建筑因其独特的空间形态应运而生。在这种背景下，20 世纪 20 年代，海口拆除古城墙，拓宽街道，在海甸溪南岸逐步建起了成片的骑楼群。19 世纪，下南洋的琼籍人士的返乡创业潮流推动了这一建筑形式在海南的发展。

骑楼是一种近代商住建筑，其建筑物底层沿街面后退且留出公共人行空间。现代意义上的骑楼最早起源于印度贝尼亚普库尔（Beniapukur），由英国人首先建造并称之为“廊房”，当地的方言叫 eranda。接着，新加坡的开埠者莱佛士在新加坡城的设计中也使用了这种外廊结构的建筑，称之为“店铺的公共走廊”，或叫“五脚基”，传入中国华南地区后开始称为“骑楼”。1849 年，海口市的四牌楼街建起了第一座骑楼，由从东南亚返乡的琼籍商人所建。1920 年后，由于受到“闯南洋”风潮的影响，大批海南人前往南洋并靠自己的努力闯出了一番天地，而后又带着毕生积蓄和南洋文化返回故乡并建造起海岛风格浓郁的骑楼敞廊建筑群，并以此经商买卖，叶落归根。

骑楼是城镇沿街建筑，楼体以 2~3 层为主，上楼下廊，骑

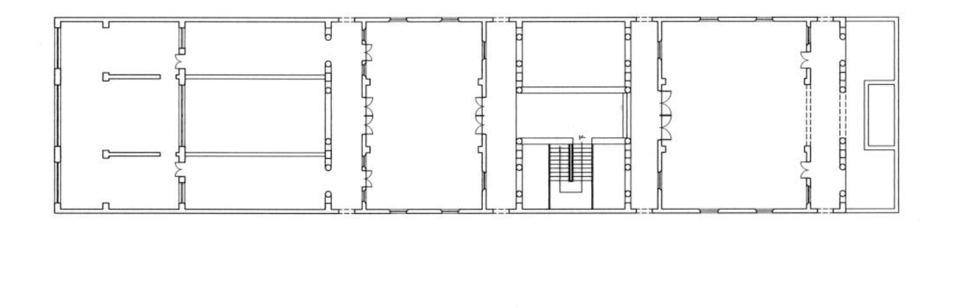

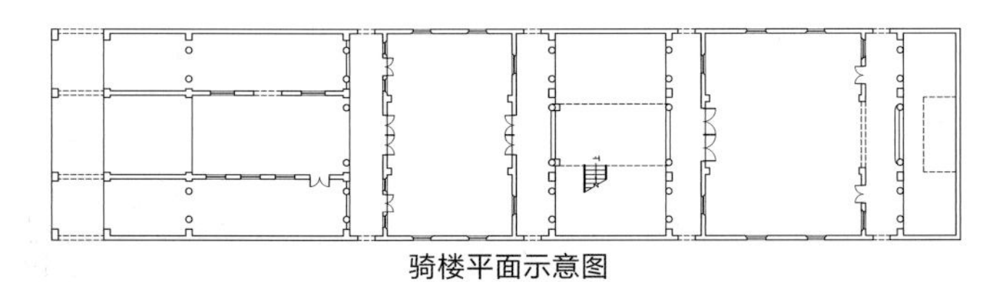

骑楼平面示意图

海口中山路街景 1

海口中山路沿街立面（局部）1

楼下的敞廊宽度多在 1.8~2.5 米左右，可全天候穿行其间，遮阳又防雨，既是居室（或店面）的外廊，又是室内外的过渡空间。平面布局上采用窄开间、宽进深的“竹筒式”平面（闽、粤方言称之为“毛竹筒”或“竹筒屋”），开间多在 3 米左右，宽的可达 5~6 米；进深大多纵贯整个地块，使用功能为前店后坊，中部空间设内庭院小天井过渡，天井有砌石水井，可供生活用水和防火使用。小天井能排泻雨水，也能满足采光和通风需求，为建筑营造出了兼具实用与美观性的院落空间。

骑楼的结构形式有砖混、砖木、局部桁架等多种。承重墙多为大尺寸厚砖墙，墙基为石砌，内隔墙为较薄的砖墙或板墙；地面多为水泥面层，间有地砖或木地板；屋顶采用传统瓦坡顶与近代平顶组合的方式。

海南骑楼敞廊建筑依托热带特有的气候条件，以其独特的空间形式起到防热防雨、遮阳降温、改善微气候的作用，不但满足了人居活动公共空间的需求，更保持了海南岛的历史文脉特征，见证了一个时代的演化和变迁。如今随着社会发展，海南骑楼建筑不可避免地也面临着种种问题，引起了相关政府部门和学术机构的重视，这对骑楼老街的保护与文化传承起到了积极的推动作用。

海南传统热带建筑的形式或发源于在地历史与文脉或融合于舶来文化与地域特征，但总体来讲都体现出了对海南热带自然环境与气候特征的良好适应性，这种适应性是非常值得建筑师们学习和借鉴的。所有建筑的原点，都是脚下的土地。

海口中山路街景 2

海口中山路街景 3

海口中山路沿街立面（局部）2

2）海南热带建筑的融合与创新

时代的洪流推动着社会日新月异地发展，迈入 21 世纪，面对全球化的发展趋势，如何求新、求变，是各行各业必然需要面对的问题。如何面向国际市场，大力发展旅游度假产业，建设更具魅力的中国南部门户，是海南发展目标中的重要内容。

新时代背景下，海南热带建筑创新发展的重点是协调好“传统”与“现代”的关系，如何融合传统文脉，探索出适应新形势的现代建设模式，继承中创新，融合中求变，对海南热带建筑的现代化发展提出有价值的新命题、新策略、新技术，这是建设行业的责任与使命。

（1）借鉴传统建筑经验

在气候、环境、历史文脉等因素的作用下，海南传统热带建筑经历了漫长的演化发展，形成了颇具智慧与特色的形态模式，其良好的气候和环境适应性值得后人研究与借鉴。建筑师在面对新的背景与建设需求时，应该从传统地域建筑文化中汲取营养，在传统理念与策略智慧的指引下，建构新的空间和形态，形成适应当代社会生态的新的建筑形式和宜人环境。

（2）探索国际化途径

国际上对地域热带建筑的研究和实践较成熟的地区已达到了体系化、科学化的高度。海南对热带建筑的思考和研究才刚刚起步，对照先进地区，学习领会有益的经验、思路和方法，在共性问题上参考和借鉴他们成熟的经验，是我们追赶国际先进水平的有效路径。

充分利用新技术、新手段对传统建筑中的感性成果进行系统、科学、理性的分析研究，能使我们深刻地把握传统建筑

借鉴海南传统热带建筑布局手法，注意建筑与环境的融合

探索传统建筑遮阳、防雨做法在现代建筑中的应用

的精髓，把奥妙转化成科学知识和原理，将东方智慧融入世界文明，以科学的本土化走向自信的国际化。

（3）坚持可持续发展观

对环境的破坏和对资源的消耗，是社会发展中普遍存在的问题。海南拥有独特的自然环境和生态资源，这是生存发展的根本，实施可持续发展战略是着眼未来的明智选择。

海南的可持续发展，既要坚持生态环境保护和可持续的自然资源利用，也要坚持可持续的人文资源与文脉生态保护。从单纯关注自然系统问题，到更加关注社会人文经济体系问题，充分把握人与自然的复杂关系，尊重海南多民族的人文背景，寻找适宜海南可持续发展的道路，让海南独特的自然资源和人文资源伴随着自贸港建设的步伐走向世界。

（4）结合现代建造技术

传统建筑是传统文化和建造技术结合的产物。随着科技的发展与进步，先进的建构技术发展出了可以更加有效应对环境和气候问题的策略与方法。在海南特殊的热带地域环境下，建筑师应该利用现代建造技术，采取行之有效的方法来达到节能环保、生态优先、科学建设的目的。有效利用太阳能和风能、雨水的回收再利用、材料的循环使用、新的遮阳隔热措施等已经逐步进入实践环节。只有科学精神和科技手段才能解决更加复杂的问题、支撑突破和创新、追求智慧和智能化，实现可持续发展的目标。

（5）遵循“以人为本”原则

建筑与环境的协调统一，人类活动与自然环境的和谐融合，是理想的人与自然的关系，没有高质量的自然生态环境就没有高质量的人类生命环境。我们要秉持“生态化”及“以人为本”的设计理念，并落实到规划、建筑和景观环境的各个层面，在整体布局、空间处理、技术手段等方面采取适宜的方法和措施，积极推广节地和建筑节能、使用地方材料、新能源及微气候运用、智能建筑系统等，共同推动海岛建筑文化不断前进。

院落空间与架空层结合，形成阴凉通风的室外环境

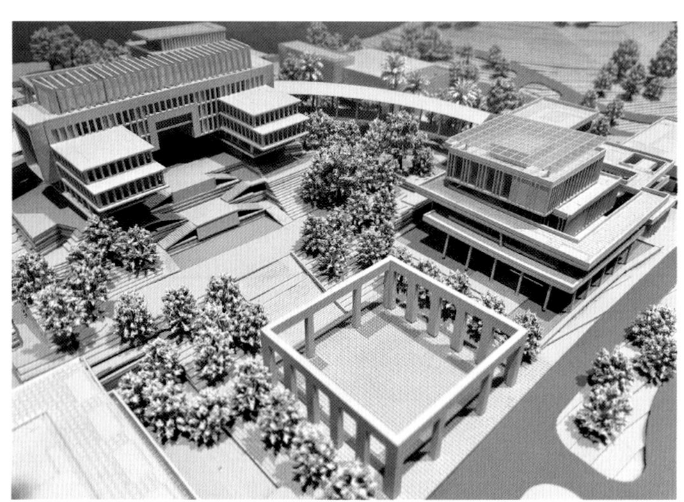

综合遮阳构件与建筑造型的有机结合

5. 海南热带建筑设计策略

植物，是从土地里生长出来的，不同的地域生长着不同的植物；人，是生活在土地上的，不用的地域生活着不同的人群；建筑，是建造在土地上的，不同地域的建筑有着不同的空间形态、建造材料和造型风格，这就是建筑的在地性。思考和研究海南传统热带建筑的气候适应性及在地性特征，探索和实践新时代背景下“传统”与“现代”的融合与创新，是我们做好海南热带建筑的有效路径。

功能要求是建筑的根本目的，气候特征是建筑重要的外在条件，经济是建筑物质支撑的根本来源，建筑设计要与功能要求、气候特征和经济因素相结合，科学化、系统化地去构想和实践。为了达到这三者的有机结合，建筑师应在规划布局、建筑设计和技术设计上从海南传统建筑中汲取营养，不断总结和完善建筑设计手法，提高建筑设计的水平和项目品质。

1）规划布局

在规划布局上要不断总结和完善对地域与气候特征的应对策略：

（1）注意建筑朝向：在集约用地和满足功能的前提下，争取南北向，避免东西向；控制建筑间距，利用阴影空间，减少活动场地的阳光照射；控制建筑密度，优化相互关系，减缓恶劣天气影响。

（2）注意区域通风：海南夏季盛行东南风，设计应考虑将东南风引入用地内部，制造区域气流回路，确保通风与排湿。

（3）利用自然地形：海南山地、丘陵、台地、平原构成环形层状地貌，梯级结构明显，规划时应因地制宜，降低建造成本。

建筑布局利用自然山地，因地制宜，建筑群与热带园林相融合

2）空间处理

在建筑设计上不断总结和完善适应海南气候特征的空间处理手法：

（1）解放地下空间：大力开发地下空间资源，节约用地，释放出更多土地用以提升地面景观环境，提高停车的舒适度。

（2）架空首层空间：开敞通透的首层架空空间可以保证地面活动流线和室外环境连接通畅，增加户外活动场所，更可以通过阴凉通风的微环境调节建筑环境温度，使建筑更加宜居。

（3）利用屋面空间：屋顶花园恢复了被房屋占去的地表绿化，也增加了使用空间，既起到了美化环境的作用，又可以防晒隔热。

3）技术设计

在技术设计上不断总结和完善适应海南气候特征的技术措施：

（1）通透、通风：百叶、花窗等；
（2）遮阳、遮雨：阳台、花架、百叶、攀援绿化等；
（3）防潮、隔热：隔热层、防潮层等；
（4）绿色、环保：太阳能利用、水资源综合利用等。

海南是中国最年轻的省份，热带建筑也是中国建筑史上刚刚引起重视的建筑类别，完善、充实和发展热带建筑这一分支，是当代建筑师不可推卸的责任。

结合通风和遮阳要求处理建筑空间和造型

骑楼空间和遮阳构件的综合应用

第二章

度假酒店的思考和研究

Thinking and research on resort hotels

1. 酒店的基本认知

1）酒店的定义

酒店（hotel）一词原为法语，指的是法国贵族在乡下招待贵宾的别墅，后来，欧美的酒店业沿用了这一名词。

在我国，客栈是酒店的原型。在近现代社会发展过程中，酒店一直是很重要的公共服务性建筑和社会交往、活动场所。目前，我国南方称这类建筑为“酒店”，北方多称作“宾馆”、“饭店”，在建设系统正式的技术材料中称为“旅馆”，在旅游部门则称作“酒店”。相对而言，“酒店”是比较通用的名称。

我们可以把酒店定义为：综合性的公共建筑物，为顾客提供一定时间的住宿，也可提供饮食、娱乐、健康、会议、购物等服务，还可以承担交往、集会等部分社会功能。

表 1　酒店分类（按规模分类）

类别	小型酒店	中型酒店	大型酒店
客房数	300 间以下	300~600 间	600 间以上

表 2　酒店分类（按用途分类）

	商务酒店	旅游度假酒店	会议酒店	公寓式酒店
性质	为商务活动和商务客人提供服务的酒店	为旅游度假客人服务的酒店	以接待会议和会议旅客为主的酒店	服务于较长时间居住客人的酒店
位置	市区或靠近商业中心，金融贸易中心	在交通便利的风景名胜区，如海滨、景区、温泉等附近	在城市、风景名胜区均有分布	城市、修疗养胜地等
客房	单人间、双人间、套房	大床间、双床间、套间、有满足度假生活的设施	单人间、双人间、套间，有满足会议功能的设施	单房、一房一厅、两房一厅等，应有厨具、办公设备等生活和工作设施
设施	各类型的餐厅、宴会、会议场所及娱乐设施。24 小时送餐、洗衣服务	有完善的休闲、娱乐、康体活动设施。如沙滩、游泳场、高尔夫球场、滑雪场、溜冰场、网球场、水上活动设施等	与商务酒店有相似的设施要求，但强化了会议功能和服务要求，如会议代表的接送服务、会议宣传、录像、摄像等	除满足一般的酒店服务外，应提供一般家庭服务
设备	中央空调、中央音响、闭路电视、中央消防控制等			
特点	受季节性影响较小	受季节性影响较大		

表 3　酒店分类（按所有权及经营管理分类）

类别	特征
独资经营酒店	由个人或独立单位、团体投资委任经理独立经营的酒店
合作经营酒店	是由两个及两个以上投资者合作兴建、联合经营的酒店。利润除还本付息外，按几方投资额或协议进行分配
连锁经营酒店	在酒店的经营管理上由一个品牌一个商标在不同国家和地区按相同的风格或水准所经营管理的酒店
产权式酒店	酒店客房部分的产权由若干业主分别持有的各类酒店，除利润分配外，在经营、服务、管理等方面与其他酒店一致

注：分时度假的概念是酒店经营策略与消费者的消费模式相结合的供需经营模式，不涉及酒店的产权及管理模式和标准。

2）酒店的地位和作用

从社会学角度来说人员的流动性是社会发展、进步的重要标志。而酒店则为人们的流动外出提供了生活保障服务。

随着世界旅游业的发展及国际交往的增多，酒店业在国民经济中的地位日趋提升。在一些旅游业发达的国家，酒店业已成为国民经济的重要支柱。

在中国，随着经济发展及酒店行业竞争加剧，大型酒店企业间的并购整合与资本运作日趋频繁，国内优秀的酒店企业愈来愈重视对行业市场的研究，特别是对企业发展环境和客户需求趋势变化的深入研究。正因为如此，一大批优秀的酒店品牌迅速崛起，逐渐成为中国乃至世界范围内酒店行业中的翘楚。

3）酒店的分类与等级

通常酒店可按规模、用途、所有权及经营管理进行分类，具体分类标准如表 1~ 表 3 所示。不同国家对酒店的等级有不同的标准，我国关于酒店（旅馆）等级的规定如表 4 所示，瑞士关于酒店等级的规定如表 5 所示，部分国家酒店等级规定如表 6 所示。

表 4　我国关于酒店（旅馆）等级的规定

资料名称	发布机构	等级
旅游旅馆设计暂行标准	国家计划委员会设计管理局	一、二、三、四（级）
旅馆建筑设计规范	住房和城乡建设部	一、二、三、四、五（级）
旅游饭店星级的划分与评定	国家旅游局	一、二、三、四、五（含白金五星级）

表 5　瑞士酒店等级规定

级别	豪华级	最优级	优良级	舒适级	简易级
比例	5%	20%	40%	25%	10%

表 6　部分国家酒店等级规定

国家	豪华		中等		经济
美国	超豪华	豪华	昂贵	中等	经济
法国	豪华四星	四星	三星	二星	一星
日本	豪华	A	B	C	
西班牙	豪华	四星	三星	二星	一星
意大利	豪华	四级	三级	二级	一级
罗马尼亚	豪华	I	II	III	旅游级
捷克	豪华	A	B	C	

4）酒店的功能与构成

酒店的主要功能除客房之外，还应有门厅大堂、餐饮用房、康体娱乐用房和会议用房四类公共活动用房。

门厅大堂除了前台和接待大厅外，一般还包括大堂吧、特色商业、行李及贵重物品存放、外币及邮政服务等功能。餐饮用房包括一般餐厅、中餐厅、西餐厅、宴会厅、风味餐厅、自助餐厅和咖啡酒吧等；康体娱乐用房包括健身房、游泳池、网球场、桑拿按摩、歌舞厅、美容美发和医务室等功能空间；会议用房包括多功能厅、各种规格的会议厅和商务中心等。不同等级的酒店在客房和公共活动用房的设置标准上有所不同。

酒店的各类功能分区之间及区内各空间之间以有效的流线组织而构成有机的整体。酒店的流线分为客人流线、后勤流线两大类，其中又各有人流、物流的细分。酒店流线设计的优劣直接影响到酒店的经营效率及客人使用的舒适度。

2. 旅游度假酒店

1）旅游度假酒店的概念

与一般酒店（hotel）不同，旅游度假酒店建筑在国外有其专属分类——resorts，译为“度假圣地”。这类酒店在满足其基本住宿功能的同时，更加注重周围环境赋予的旅游度假功能，希望能通过特意营造的度假娱乐休闲空间，如沙滩、泳池、游乐设施、运动设施、酒廊等全方位的配套服务，打造出能让人度过愉快假期时光的美好场所。

旅游度假酒店以接待旅游、休闲、度假客人为主，并为其提供住宿、餐饮、娱乐与游乐、康体活动等多种服务功能，其建筑往往身处美好的自然环境当中，或伴山而建，或临水而建，大多依托滨海、湖泊、温泉、乡村郊野、山谷林地等自然风景资源或民俗、古迹、村寨、遗址等有人文特色的历史文化资源来规划和发展，使客人能够享受独特的自然环境氛围、感受不同地域，不同民族丰富多彩的历史文化和地域文

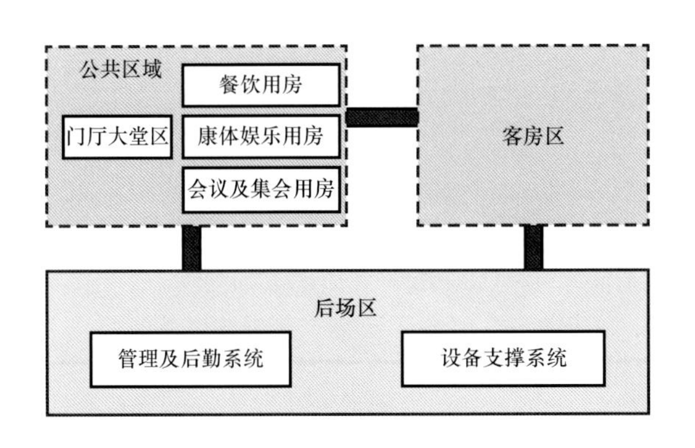

酒店功能分区

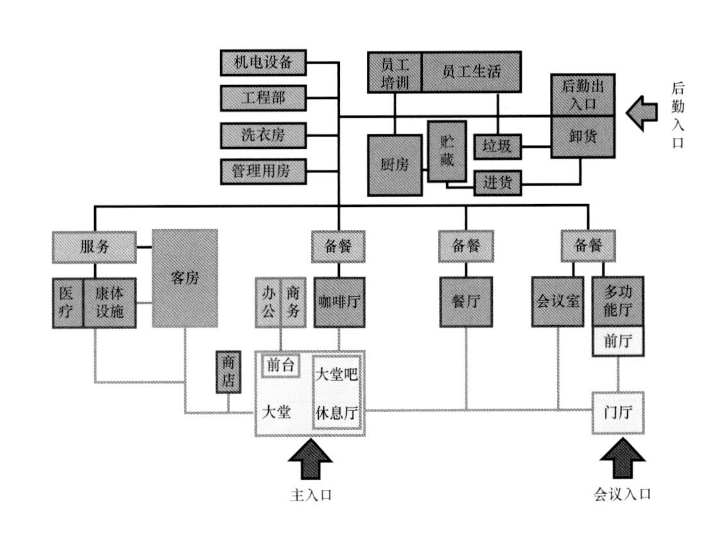

酒店功能关系

化，自然及人文环境资源是度假酒店彰显自身独特魅力的重要条件。

2）旅游度假酒店的特征

旅游度假酒店的策划和定位、设计和建设要紧紧围绕“一核心”与“四板块”展开。

“一核心”即酒店所拥有的自然环境资源和历史与文化资源。建筑师在设计初期应对自然气候条件及人文环境进行深入细致的调研与探讨，以求最大化利用资源优势，塑造度假酒店的个性特色，展现酒店独特的资源价值。

“四板块”为度假酒店最重要的四部分功能区域，即客房区、餐饮区、康体娱乐区及会务商务区。规划中应根据基地地形地貌及周边环境条件落实四大功能区域的布局，合理组织流线。酒店的后勤管理区域应与“四板块”之间有机对接、高效联动。

“四板块”的构思布局一定要紧扣“一核心”。

3．旅游度假酒店的发展方向

旅游度假酒店在海南乃至中国都经历了一个逐步成长、发展壮大的过程，也为我国的旅游度假产业的发展起到了重要的支撑作用。随着人们经济实力、生活水平、精神需求的不断提高，旅游度假的方式逐步呈现出个性化、特色化和精细化趋势，旅游度假酒店也进入了精品化、个性化、特色化发展的新阶段。

1）市场因素

任何商品运行逻辑的核心都是供求关系，而供求关系必然会受到大环境的影响。

海南度假酒店业是一个连接了一产、二产和三产的特色产业，不仅是海南核心的基础产业，也是体现海南生态特色的优势产业。在“保重点、保关键、保核心、保民生”的发展要求下，旅游度假和酒店行业对乡村农业、旅游服务、金融贸易、科技交流等都有较好的支撑作用，在市场经济和社会结构中有着特殊的地位，也受到市场变化的直接影响。

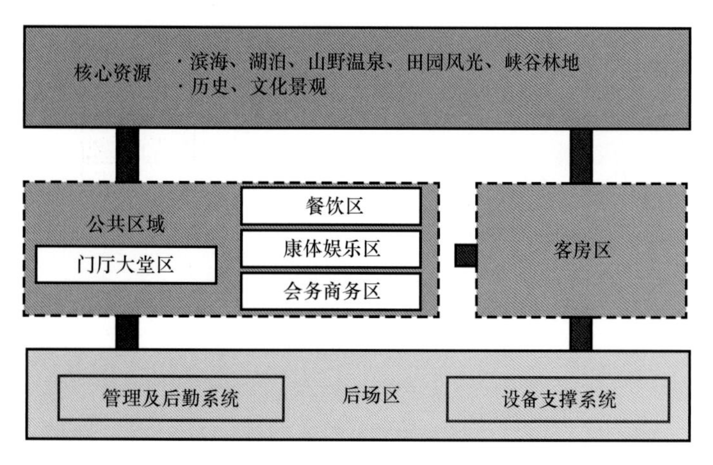

旅游度假酒店“板块”与“核心”关系示意图

度假酒店依托湖区环境和设施而建设

20 世纪 80 年代末，刚建省不久的海南引起了全国乃至全球的关注，代表着海南特色的滨海旅游度假酒店应运而生，最具影响力和代表性的是三亚亚龙湾滨海酒店群。亚龙湾的成功，带动了三亚湾、海棠湾等环岛滨海旅游度假区域的开发，形成了建省以来第一批滨海旅游度假酒店格局，在特定阶段也影响了行业的发展，至今仍旧有重要价值。

为了解决投资酒店的近期资金平衡，满足业主对海南投资置业的愿望，20 世纪 90 年代末期，产权式酒店在海南逐步兴起。三亚国光豪生度假酒店是比较成功的代表案例。

随着环岛东、南岸线滨海区域的相对饱和，海南度假酒店开始向西部和中部地区发展，酒店的定位、设计和运作模式也随之发生变化。

如今在海南省新的定位和发展战略的背景下，省内的旅游度假酒店将围绕新主题、新主业、新需求进入崭新的发展阶段。其特点将是以沿海地区的升级换代、热点地区的精准定位和中西部地区的精品化与特色化建设等为主要发展方向。这也将给建筑师们带来新的机遇和新的挑战，值得我们深入思考。

2）特色主导

在国际化品牌标准模式几乎一统天下的状态下，旅客在享受标准的高质量服务的同时，难免会产生“审美疲劳”。无论是新品牌的创立还是老品牌的新建项目，都将面临突破和不断创新的命题。主题化和特色化，在更加细分的市场领域体现更人性化的设计和创意，这是适应市场需求的有效路径。

（1）文化主题：从民俗风情、古代传说、名人典故、文化艺术传统乃至自然风光等挖掘文化内涵，融入酒店的娱乐活动、建筑风格、环境特色、室内装饰、餐饮服务之中，使客人多方位的感知文化魅力。如北京“皇家驿栈”以“皇室”生活为主题，有“皇家”餐饮、“皇家”泡浴、“皇家”歌舞、“升官灯”仪式等特色项目；在仁安悦榕庄中，游客可骑乘牦牛、马进入酒店，体验藏式游牧民族的生活。

（2）走进自然：依托优美的自然环境开发郊野娱乐和游乐活动项目，如登山、野营、骑马、滑草、滑翔、越野、溯溪、漂流、森林浴等。

度假酒店建于稻田旁的椰林之中

（3）返璞归农：从农、林、牧、副、渔中延伸出各类园、庄、场项目，如酒庄、渔庄、果园、花卉农场、森林庄园等。

（4）追求康养：随着经济能力和物质水平的不断提高，人们对健康的关注度越来越高，可在度假酒店中引入运动、养生、理疗等特色项目，如球类、拓展、攀岩、水疗 SPA、泥疗、美容美体、氧吧、有氧运动、骑行等。

3）未来前景

20 世纪末起，特别是进入 21 世纪后，随着我国经济持续快速发展和居民收入水平的不断提高，我国的旅游人数和旅游收入也持续快速增长，旅游消费成为增长最快的居民消费领域之一，旅游产业已经成为国民经济的重要组成部分。国家旅游局《中国旅游业统计公报》2006 年至 2015

度假酒店与旅游景区结合

年数据显示，2006 年至 2015 年的十年间，国内旅游收入总体呈现稳步增长态势，收入从 2006 年的 6229.70 亿元上升到 2015 年的 34195.10 亿元，年复合增长率达到 19.00%。2015 年国内旅游总人数 40 亿人次，入境旅游收入 1136.50 亿美元，中国已成为世界上第二大入境旅游接待国及第一大出境旅游客源国。

旅游业的兴旺推动了酒店业的快速发展。在旅游业的发展过程中，人们慢慢从最初的观光游逐步过渡到度假游。在这样的背景下，目的地类度假酒店在我国便逐步发展起来。

从地理位置、自然资源、气候条件、人文环境、经济发展来看，海南具有发展走进自然、返璞归农、追求健康、文化主题等目的地类度假酒店的巨大潜力。

温泉主题的别墅式度假酒店

第三章

海南热带度假酒店设计探索

Exploration of Hainan tropical resort hotel design

海南作为中国最重要的热带岛屿，在全国拥有独一无二的自然环境、适宜气候和旅游资源，因此海南的旅游和酒店业拥有独特的发展优势和上升空间。在建设国际旅游岛的大背景下，良好的政策条件和市场前景吸引了众多世界知名酒店品牌进入海南，众多高端酒店以其完备的设施和优质的服务吸引了大批国内外游客的到来，海南逐步成为中国最有吸引力的旅游度假胜地。

1. 背景与意义

进入 21 世纪，全球化发展大环境下的海南，面对经济的高速发展及开放合作的形势，走国际化的旅游路线是大势所趋。随着国家对海南岛的重视与政策支持，以观光度假、休闲娱乐功能为主的大批星级酒店建设落成并投入使用，为来岛旅游度假的国内外游客提供了舒适宜人的环境空间。

相对应的，为适应国际化的发展要求而进行的大规模的酒店设施建设，将对海岛自然景观资源和地域人文资源产生较大的影响。如何面向未来，立足长远，以可持续发展战略为基准，设计打造融入海南岛当下自然生态、民族特色、文化内涵、生活方式的更具生态化、人性化、多元化的酒店环境空间，体现海南岛以人为本、和谐共生的生态发展策略，是酒店建筑设计师在规划思考及项目创作中考虑的重点。

在建筑实践中，要时刻意识到设计的初衷是满足人居功能，同时要深度贯彻环保可持续的理念，深入了解海南自然气候特征与在地文化，在尊重环境、尊重人文风俗的前提下不断探索与创新，接轨现代国际度假酒店的建设理念与技术，创造出专属于海南的精品度假酒店。

从全球海岛旅游酒店业发展状况来看，西方发达国家和东南亚相对比较成熟，如美国的夏威夷、澳洲的黄金海岸以及东南亚的巴厘岛和普吉岛等。这些地区的度假酒店起步较早，经历了初期对自然环境的探索利用和高速发展时期的协调融合，无论对热带景观的体现、对地域文化的尊重，还是酒店生态设计的运用都处于世界领先地位，极大地促进了当地社会经济的发展。

海南海岛型旅游度假业起步较晚，应当从国外的发展中汲取成功的经验，并结合自身的特点，形成系统的度假酒店建筑设计的理论和方法，积极地探索和实践，分析和总结具有中国特色和本地特点的发展道路，为国际旅游岛和自由贸易港的建设发挥积极的作用。

2. 发展与策略

1993 年，海南曾出台一条旅游广告：“到夏威夷太远，到中国海南岛！”与声名远扬的夏威夷相比，当时的海南岛还是一个默默无闻的热带海岛，它的旅游度假价值不为多数人所知。但是，有一位加拿大旅游专业的教授在研究比较海南与夏威夷之后，认为海南的生态和旅游资源与夏威夷不相上下，某些方面甚至更好一些，有朝一日可能会超越夏威夷成为东方的度假天堂。

事实上，海南的度假酒店业也正逐步朝着这个方向在发展。截止到 2020 年底，海南正式评定的二星至五星级酒店已达 122 家，其中三亚市 40 家，海口市 37 家，万宁市 21 家，琼海市 12 家，五指山市 5 家，文昌市 3 家，东方市 2 家，临高县 1 家，琼中县 1 家。

海南度假酒店经过 20 多年的发展，已逐渐形成特有产业特征。在建设分布上，从最早的三亚亚龙湾国家级旅游度假区一枝独秀，发展成现在以三亚和海口为核心连接环岛各优质湾区的环状布局；在度假酒店类型上，以滨海型度假酒店为主，以结合温泉、高尔夫、风景区等建设的主题差异化度假酒店为辅；在酒店品牌上，海南也已成为国内国际品牌酒店最密集的地区之一。已开业的国际品牌酒店达 94 家，涵盖了万豪、洲际、希尔顿、香格里拉、朗廷、美高梅、雅高、莱佛士等国际一线酒店品牌；在市场经营上，得益于独特的地理和气候优势，整体表现较为良好。以 2021 年三亚的五星级酒店为例，平均出租率高达 66.22%，为全国最高，也是唯一超过 60% 的地区，平均房价 932.29 元 /（间 · 夜），位居全国首位。

自 2019 年底开始，连续三年的新冠肺炎疫情给世界经济带来了巨大的冲击，也不可避免地影响到酒店业建设发展的方向和策略。从海南的情况来看，疫情不仅严重挫伤了酒店业的正常运营，而且可能会对今后的发展产生长期的影响。但这种影响也将引起新的思考，催生新的策略，从而形成更加全面的发展观。

1）高标准与国际化

首要坚持高标准、国际化的发展定位。作为目前世界最大的自贸港，海南的发展必然要走国际化道路。面对国际酒店的竞争，形成中国特色鲜明的基础产业，才能拥有核心竞争力。对于建设海南国际旅游消费中心来讲，酒店业是最基础的产业，只有当海南酒店业形成生态化、特色化的产业链条，才能支撑“度假天堂、康养天堂、购物天堂”的“十四五”发展目标，只有坚持高标准建设，才能形成高质量的国际化旅游消费中心。

2）融入地域和环境

要坚持融入地域和环境的设计策略，体现自然条件、气候条件和人文环境的独特风貌，尊重人们在海南旅游、度假、居留、康养等多方面的需求特征，打造具有海南特色的度假酒店产品。只有精致的本土化才能走向国际化。

3）应对冲突和变化

匆匆而过的 2003 年的非典疫情和已持续了三年多的全球新冠肺炎疫情，在社会和科学层面之外，我们还应该从人与自然的关系层面加以反思。病毒远早于人类出现在地球上，是自然界很重要的成员。研究发现，“新冠”病毒对人类的伤害其实是人类自身免疫系统的过激反应造成的，病毒以降低毒性的变异而求得自身的生存，这是和谐共存的自然法则。

在人类活动中，建筑设计特别是强调融入自然的度假酒店类项目的设计中，如何从新的角度来审视人与自然的关系，如何应对新的冲突和变化，是建筑师必须认真思考并积极应对的问题。

在热带地区，我们已经积累了丰富的应对台风、洪涝、酷热、潮湿等多种气候因素和突发灾害的措施和办法。在未来的创作实践中，我们应该从场地谋划、建筑布局、空间组织、构造材料等方面思考和探索应对新的冲突和变化的策略，使我们的环境和建筑在合理的生命周期中具有更强的可变性和适应性，更深层次地融入自然，服务人类。

4）互补和融合

行业的细分推动了社会的进步和发展，随着社会发展的不断深入，行业内部的互补和合作及行业之间的跨界与融合已成为新的发展模式。

建设国际旅游岛和推动自贸港建设这两个国家层面的发展战略，对海南的很多行业产生了巨大的推动作用。旅游度假和酒店产业是最直接的受益者，地产、康养、医疗、教育、文体、科技等众多行业也从中获益。

随着酒店数量的不断增加，酒店之间的竞争也在加剧。以行业内部的差异化发展而形成行业内整体上的互补融合，能推动行业的整体提升，是缓解竞争压力的有效手段，这也给设计师们提出了新的要求。

另外，酒店与地产、康养、医疗乃至与文体、科技等行业的跨界融合将产生新的业态和新的功能，出现新的建筑形式，这将给建筑设计带来新的挑战和机遇，也是一种必然。

3．中元之路

海南旅游业的兴起和发展深受国内外大背景的影响和推动，中元国际（海南）工程设计研究院有限公司（以下简称“中元海南”）对旅游度假酒店的关注学习、研究探索、积极实践也得益于海南国际旅游岛建设和相关产业蓬勃发展。作为区域性的建筑设计单位，融入市场、服务社会是企业的行业使命，做专做精的品牌战略支撑企业的长期稳定发展，对热带地域建筑的积极思考和努力探索是建筑师的社会责任和精神追求。

1）艰难起步

建筑设计单位的生存和发展很大程度上依赖基本建设的大市场，不同地区、不同城市有不一样的发展模式和产业结构，设计单位必须关注和研判当地的经济社会特点和可能的发展方向，面对潜在的市场建立自身的技术储备。中元海南在度假酒店领域的发展得益于亚龙湾国家旅游度假区的开发建设，起步于亚龙湾天域度假酒店一期工程。

1992 年亚龙湾国家级旅游度假区获批之后，总体规划和运作模式相继落实，但起初的几年发展较缓慢，只建成了中心广场、蝴蝶谷、贝壳馆等几项旅游观光类项目。1996 年凯莱度假酒店建成后，亚龙湾有了正规的度假设施，也让人看到了亚龙湾的发展前景。1996 年三亚银泰城市开发有限公司启动了中心广场西侧的天域度假酒店的开发建设，中元海南因总公司的外联机制，有机会与美国章翔建筑师事务所合作设计，迈出了学习度假酒店设计的第一步。

起步十分艰难，奋斗才能克服困难，努力才会开创新局面。

作为一名没有体验过滨海度假酒店的建筑师，在一位曾在酒店打过工、有着强烈酒店情怀的业主的带领下，与国外建筑师一起边参观、边学习、边设计，开启了在国家级旅游度假区建设五星级标准的度假酒店的艰难征程。虽然初次接触高标准的度假酒店，合作的国外建筑师只有手绘的草图，但是夏威夷考察学习后对海南美好未来的憧憬，考察过程中对功能布局、空间营造、流线组织、环境烘托所形成的浓浓的热带度假酒店氛围的强烈感受，激发出我们高涨的工作热情。大家学习研究孜孜不倦，设计绘图加班加点，专业配合齐心协力，服务工地及时周到。两年多时间之后，一座真正意义上的热带滨海度假酒店在亚龙湾滨海一线的中心位置建成开业，把亚龙湾的度假氛围和区域品质推到了前所未有的水平，也积极推动了岸线内其他各个高端酒店开发建设的进程。

亚龙湾天域度假酒店一期工程的建成和成功运营，使中元海南有了第一个成功的热带滨海度假酒店的案例，为后续的成长和发展打下了坚实的市场基础。在艰难的起步学习过程中，我们也锻炼培养了设计团队，积累了多种经验，初步掌握了度假酒店的架构、特点、重点和难点。

学习、探索的痕迹：天域一期技术设计笔记

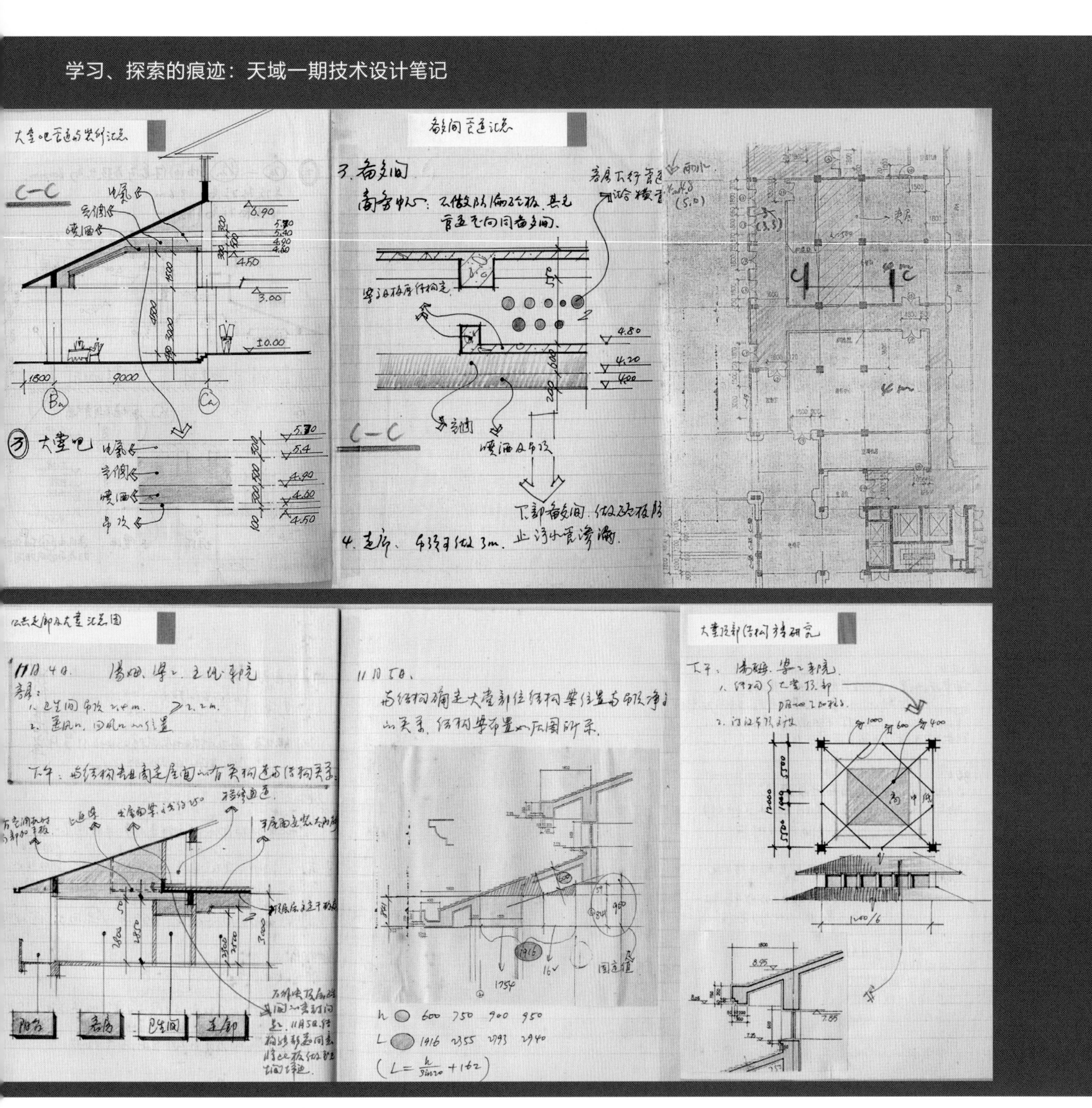

严谨刻苦的工作作风和认真细致的技术设计，有效地弥补了我们在起步阶段经验不足的短板。

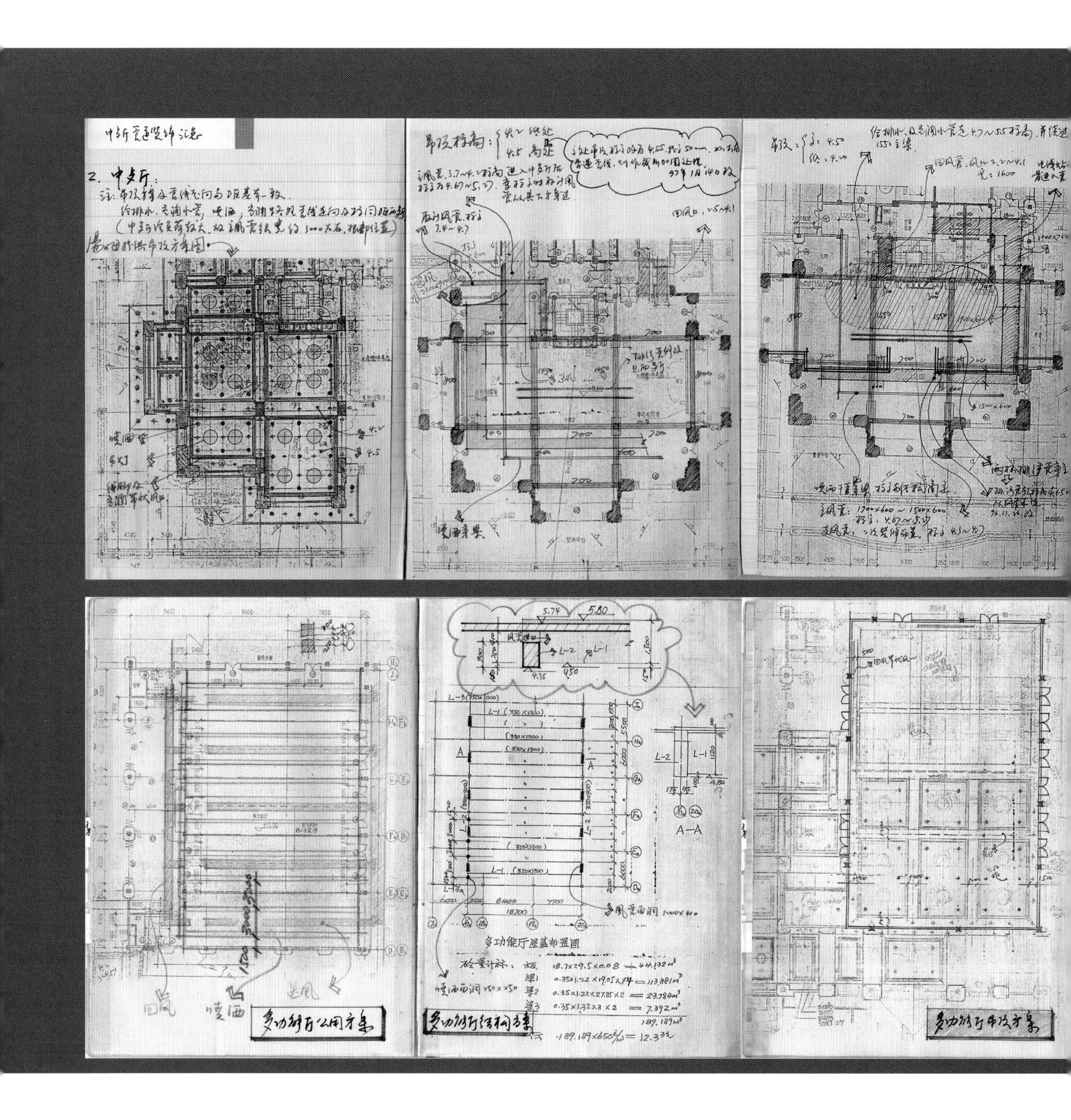
2. 中支厅
多功能厅屋盖布置图
A—A
18700
8400
7900
喷洒

学习、探索的痕迹：天域一期入口处环境设计

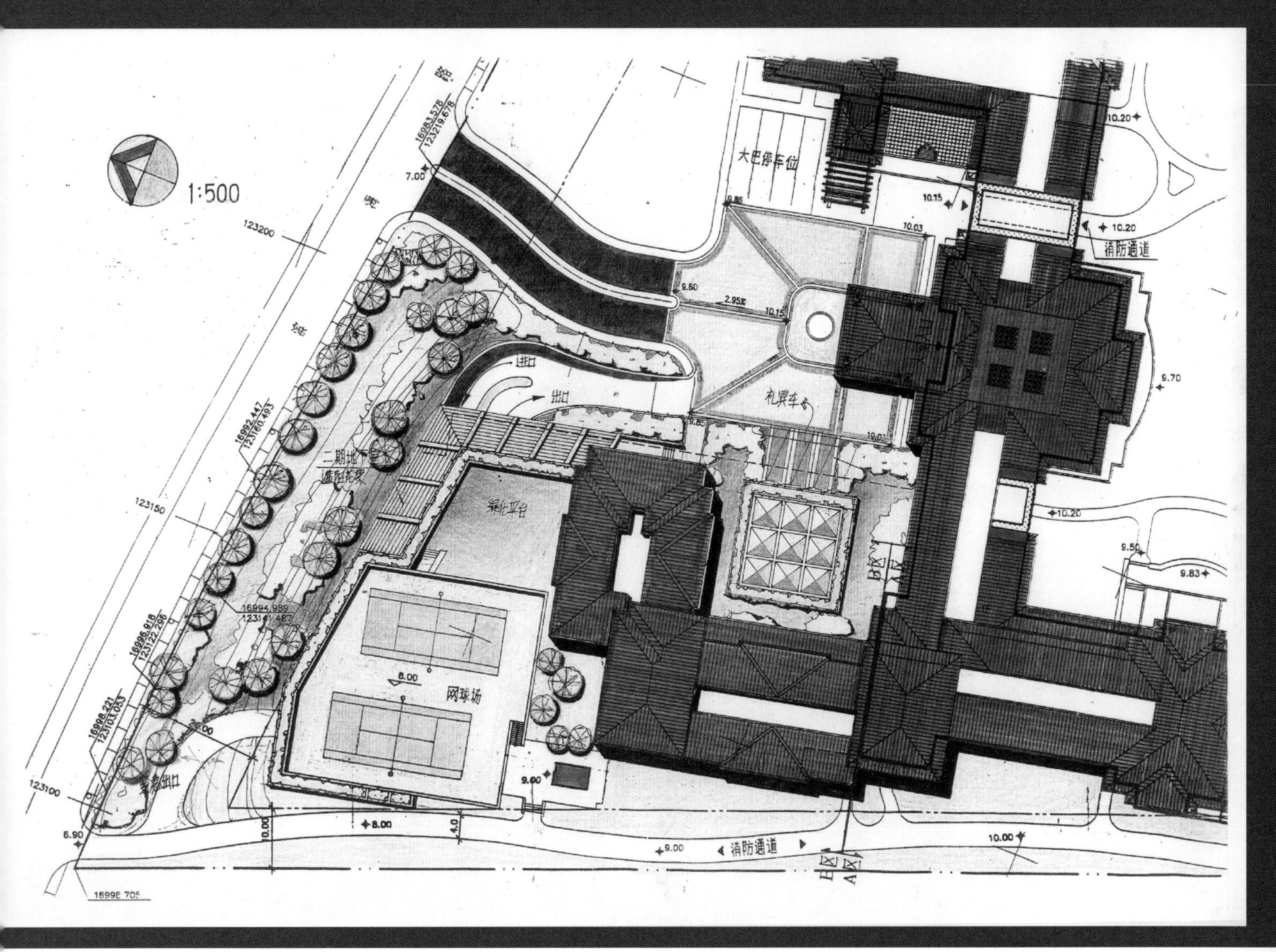

学习、探索的痕迹：亚龙湾万怡酒店方案设计

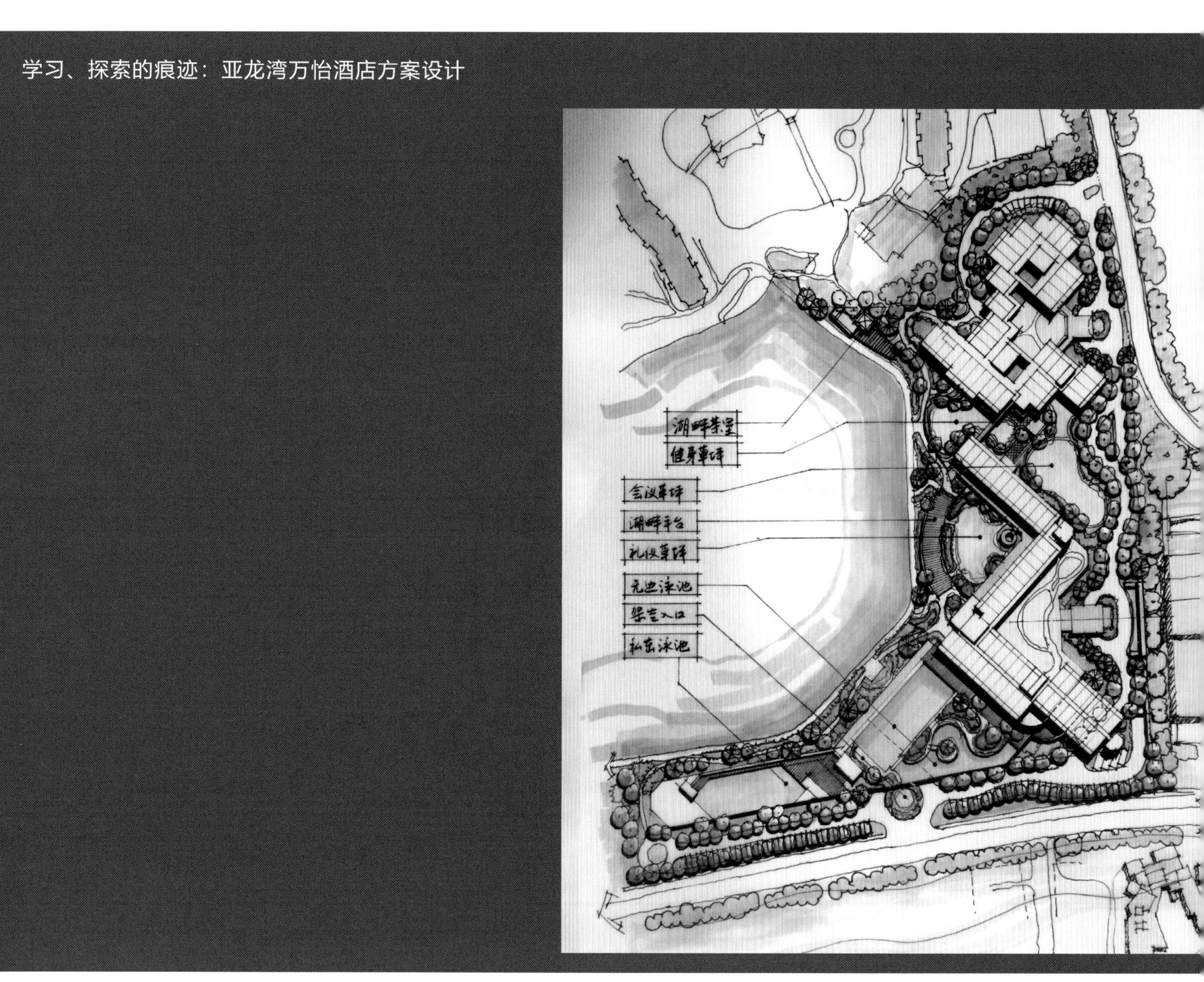

在不规则用地上，利用主体建筑的曲折变化，争取最大比例的海景和湖景客房，同时留出较大区域布置公共空间和户外热带环境设施。大堂区域和屋顶泳池区域都拥有海景和湖景双景观视线。

学习、探索的痕迹：海棠湾某酒店方案设计

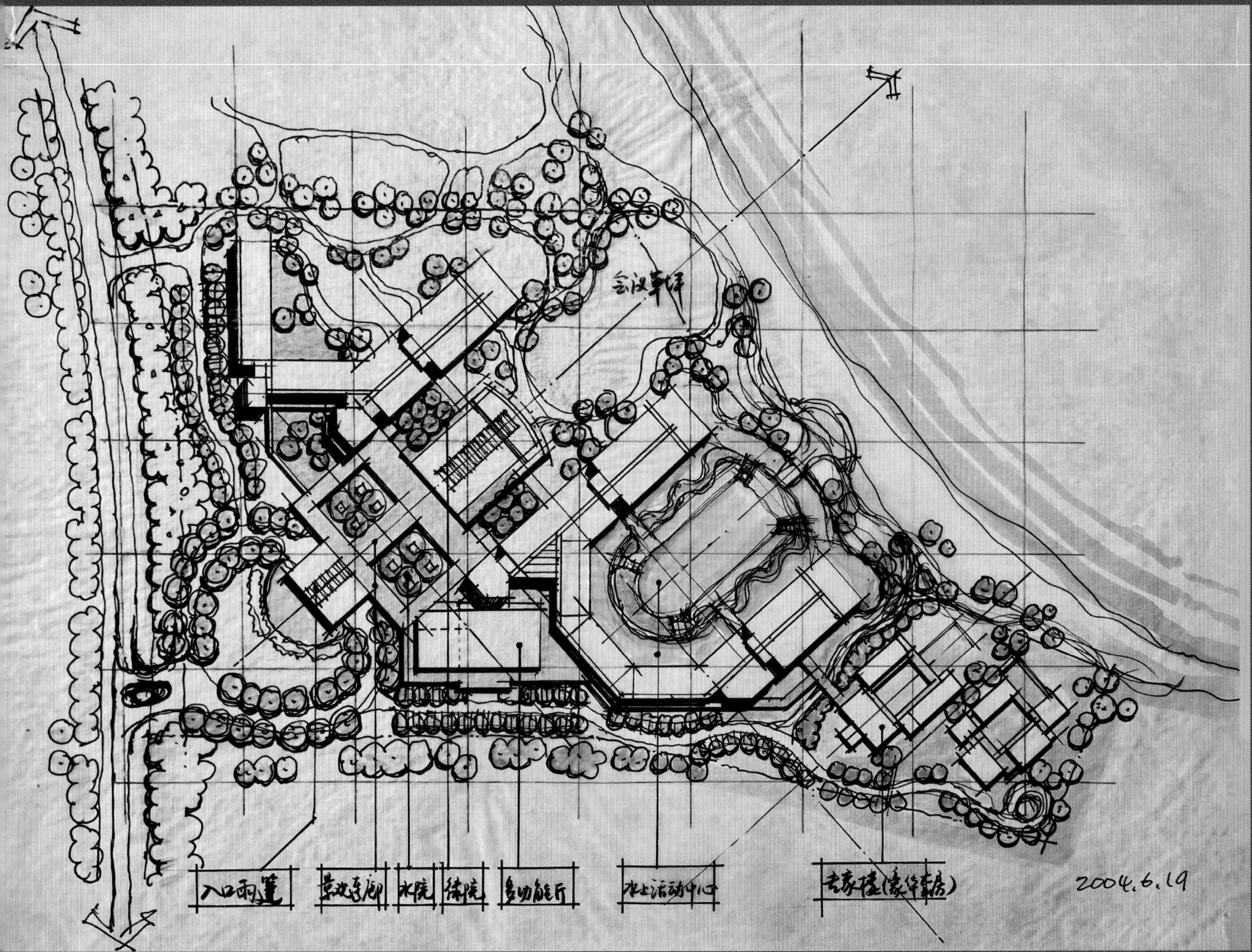

主轴线环境景观营造：入口景观、入口雨篷、水院敞廊、大堂、会议景观草坪、椰林沙滩、大海，丰富的空间和景观层次带来高品质的热带滨海度假体验。

学习、探索的痕迹：兴隆老榕树度假酒店方案设计

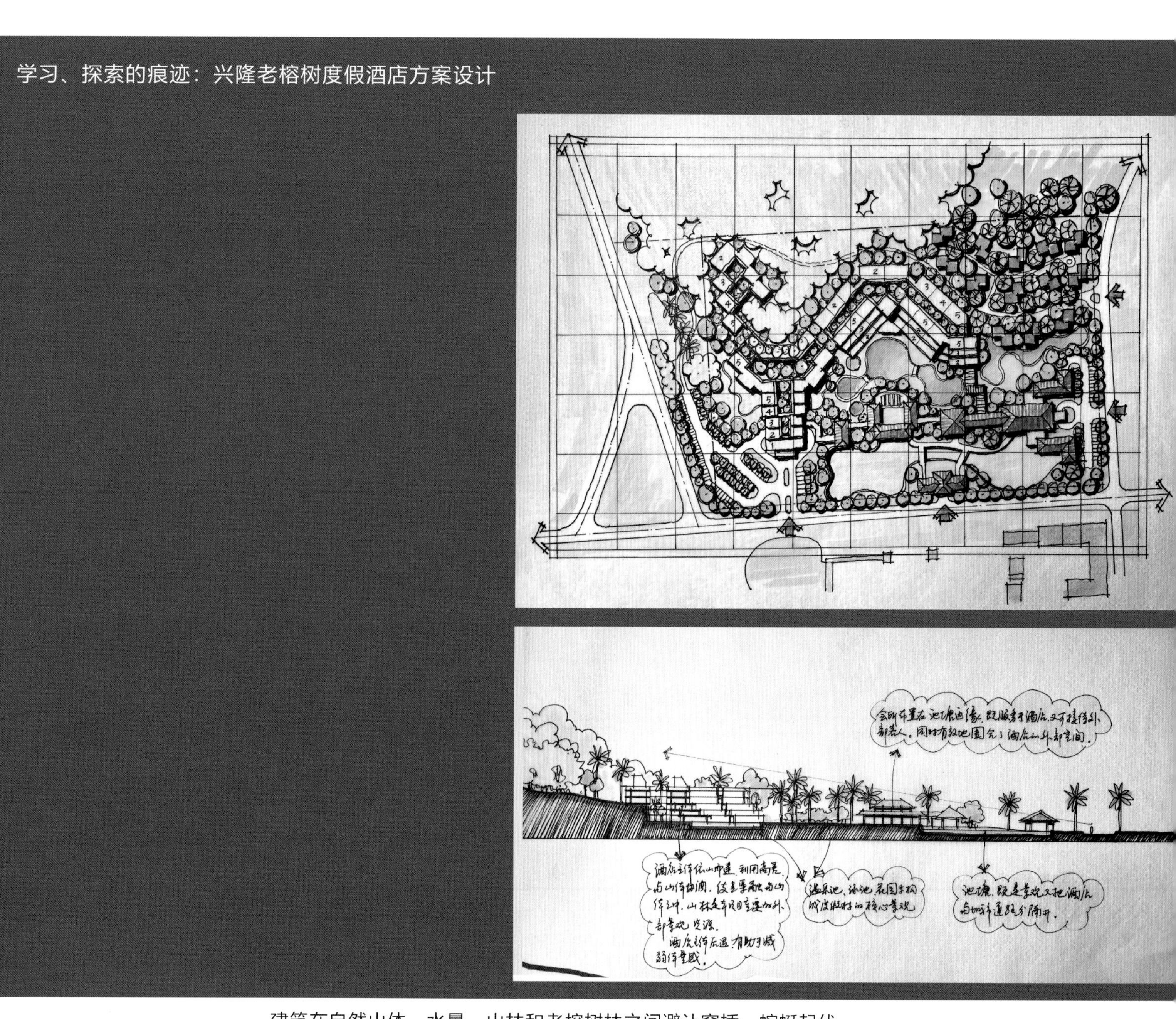

建筑在自然山体、水景、山林和老榕树林之间避让穿插、蜿蜒起伏。

学习、探索的痕迹：某产权式度假社区方案设计

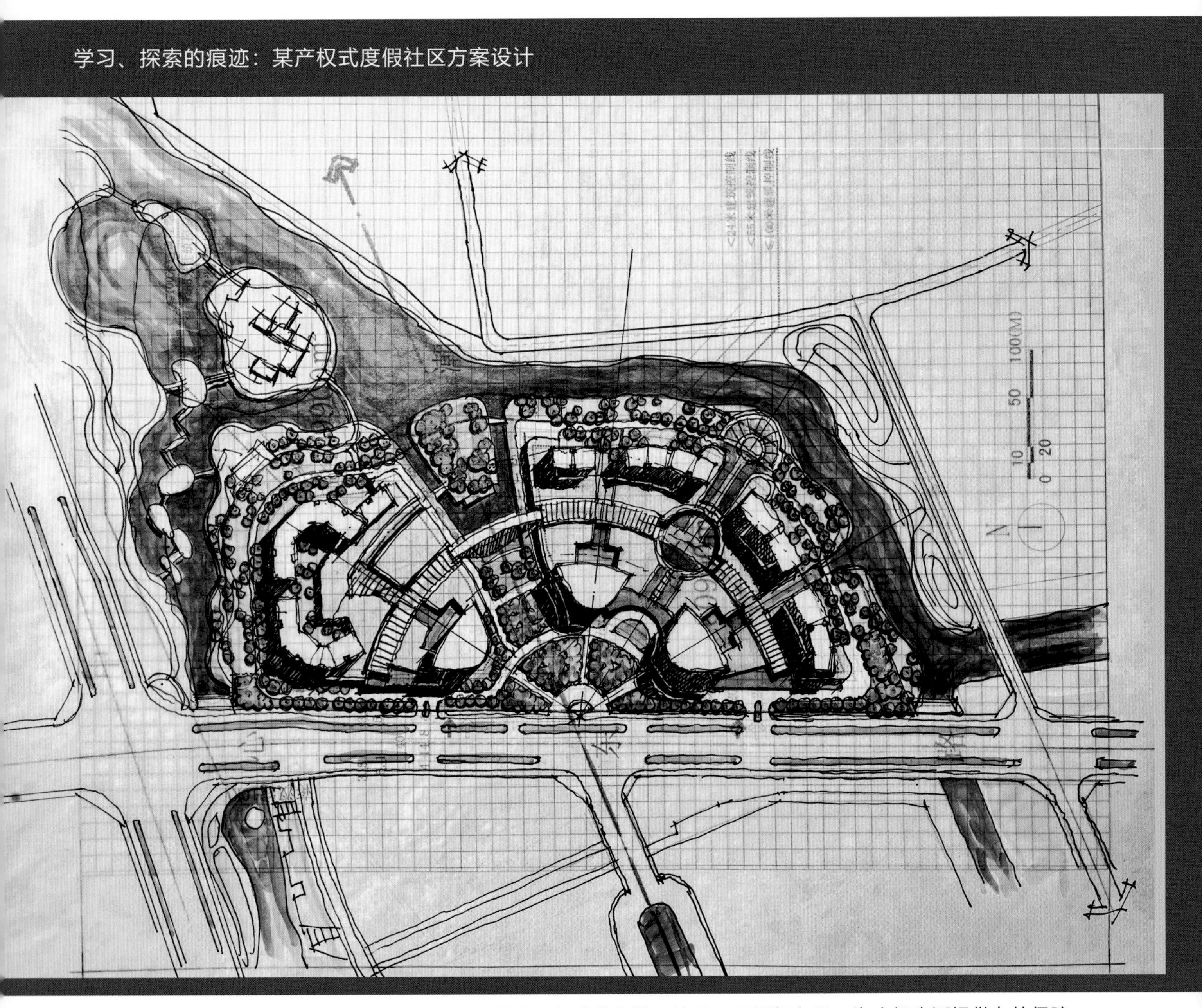

双环生活：遮阳通风的综合街区和绿林水系组成的自然环境呈双环平行布置，为度假生活提供有效保障。

学习、探索的痕迹：某高层酒店方案设计

城市滨海酒店的探索：减小建筑占地面积，营造室外环境空间。

学习、探索的痕迹：三亚游艇主题酒店方案设计

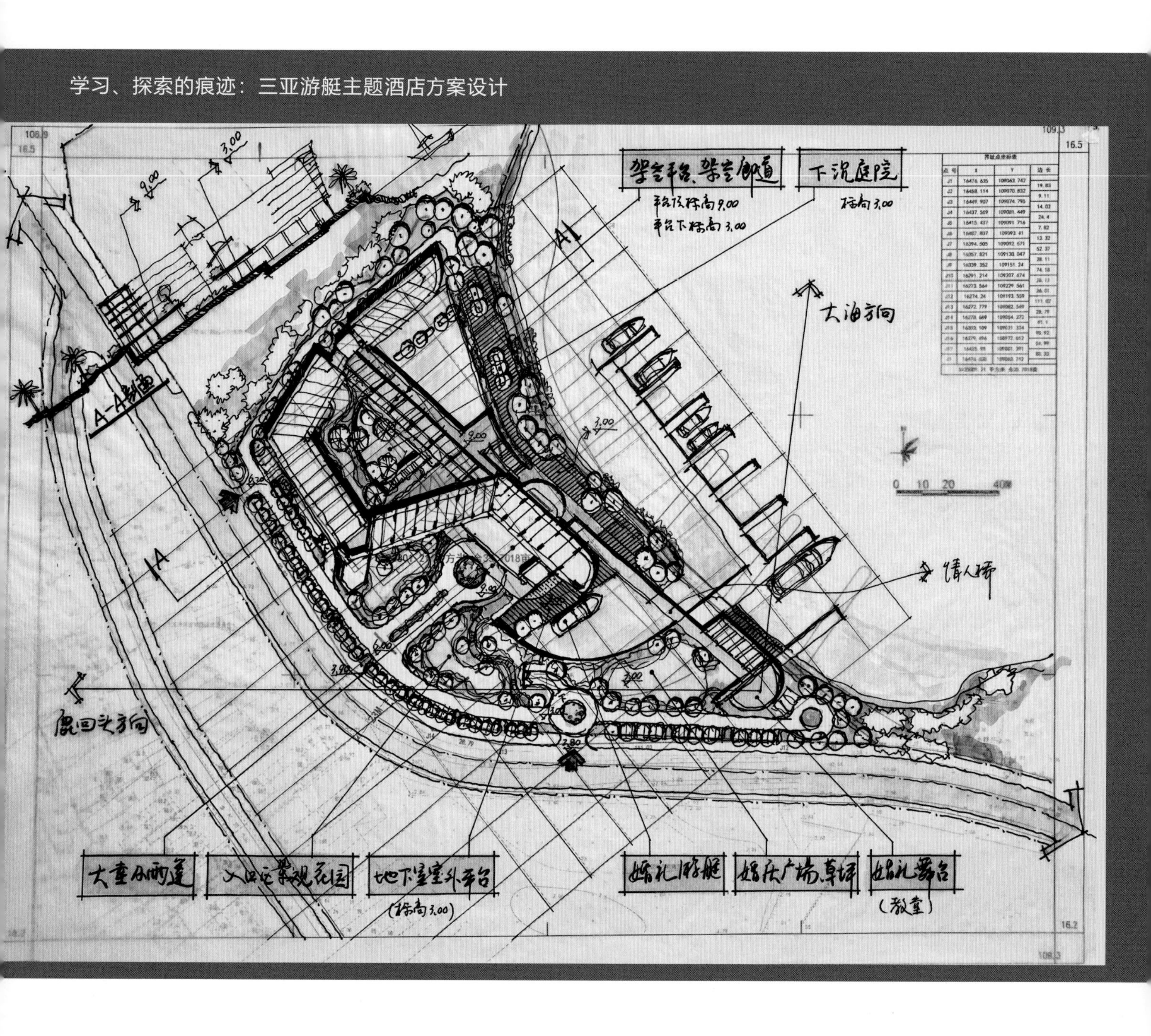

在不规则狭窄用地上，利用主体建筑的曲折迂回，界定出面向城市的开放空间和朝向海湾安静的热带滨水空间，同时有效地保证了每间客房的观海视线。

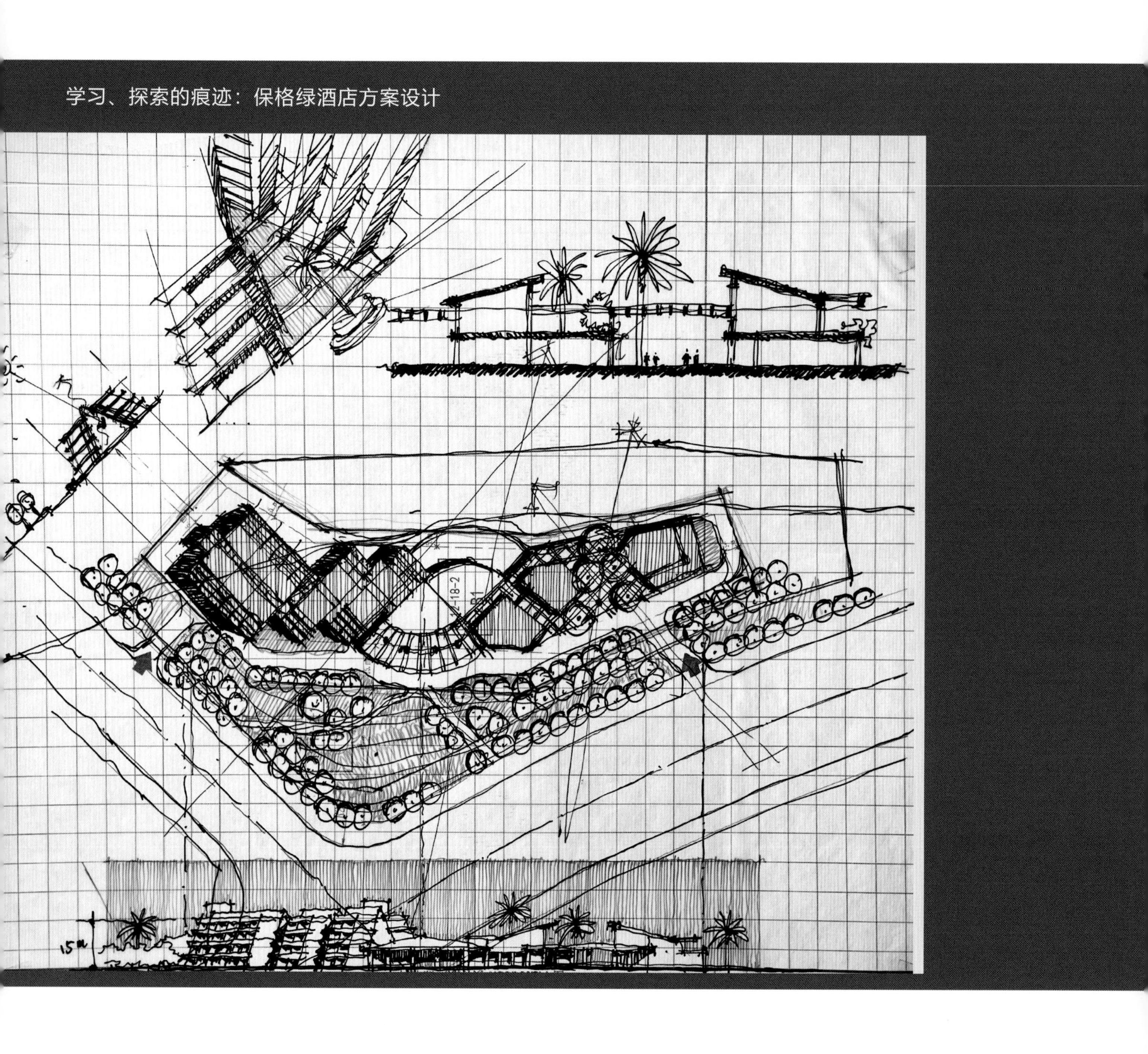
学习、探索的痕迹：保格绿酒店方案设计

用地位于紧邻城市主干道的山体边缘，布局上采用化整为零的手法处理景观敏感性。倾斜的外墙使建筑形体与山体环境相协调，同时形成特定界面的室内共享空间，引入热带植物，营造自然生态氛围。

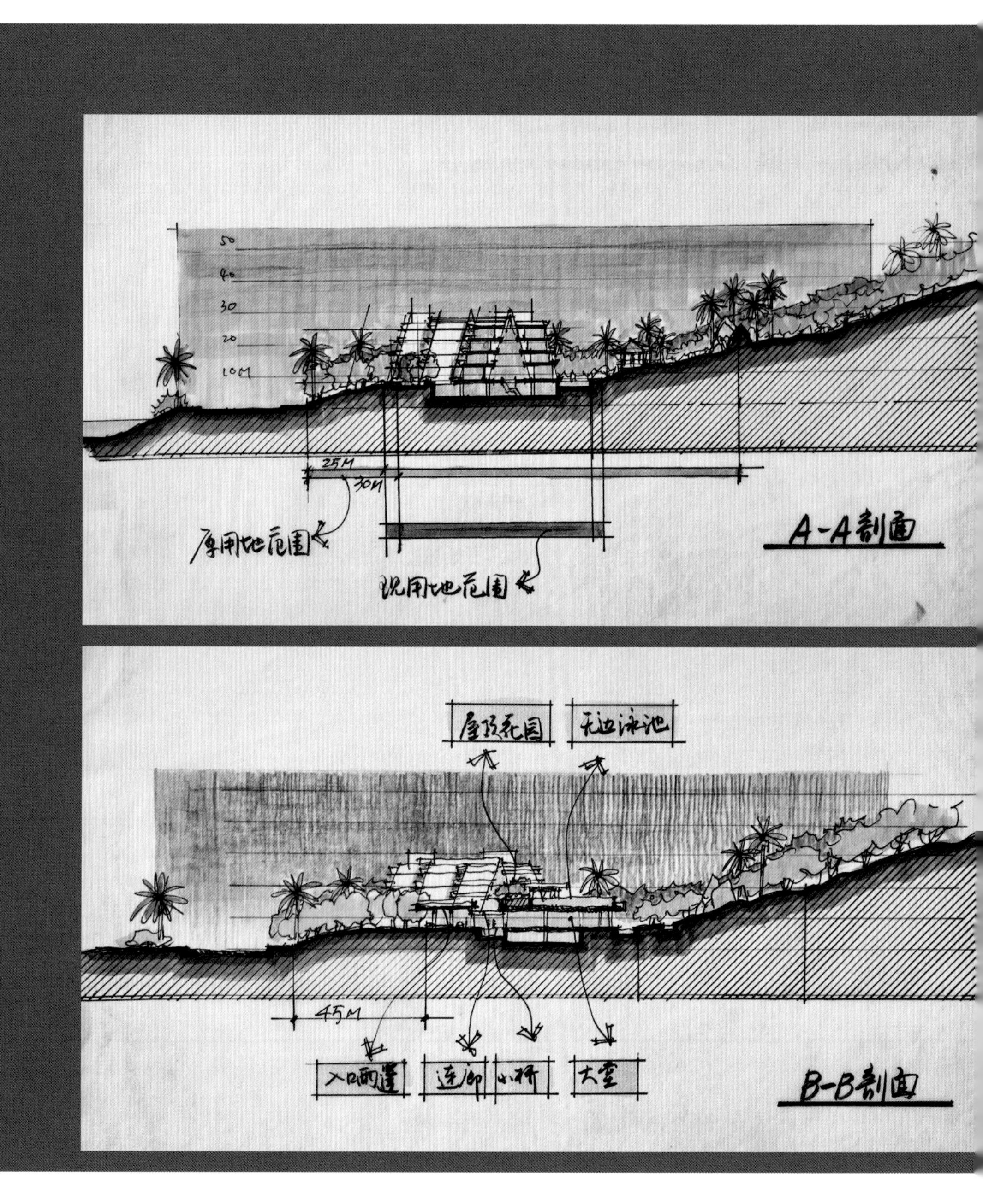

学习、探索的痕迹：海南保亭七仙岭旅游度假区某温泉度假村温泉别墅方案设计

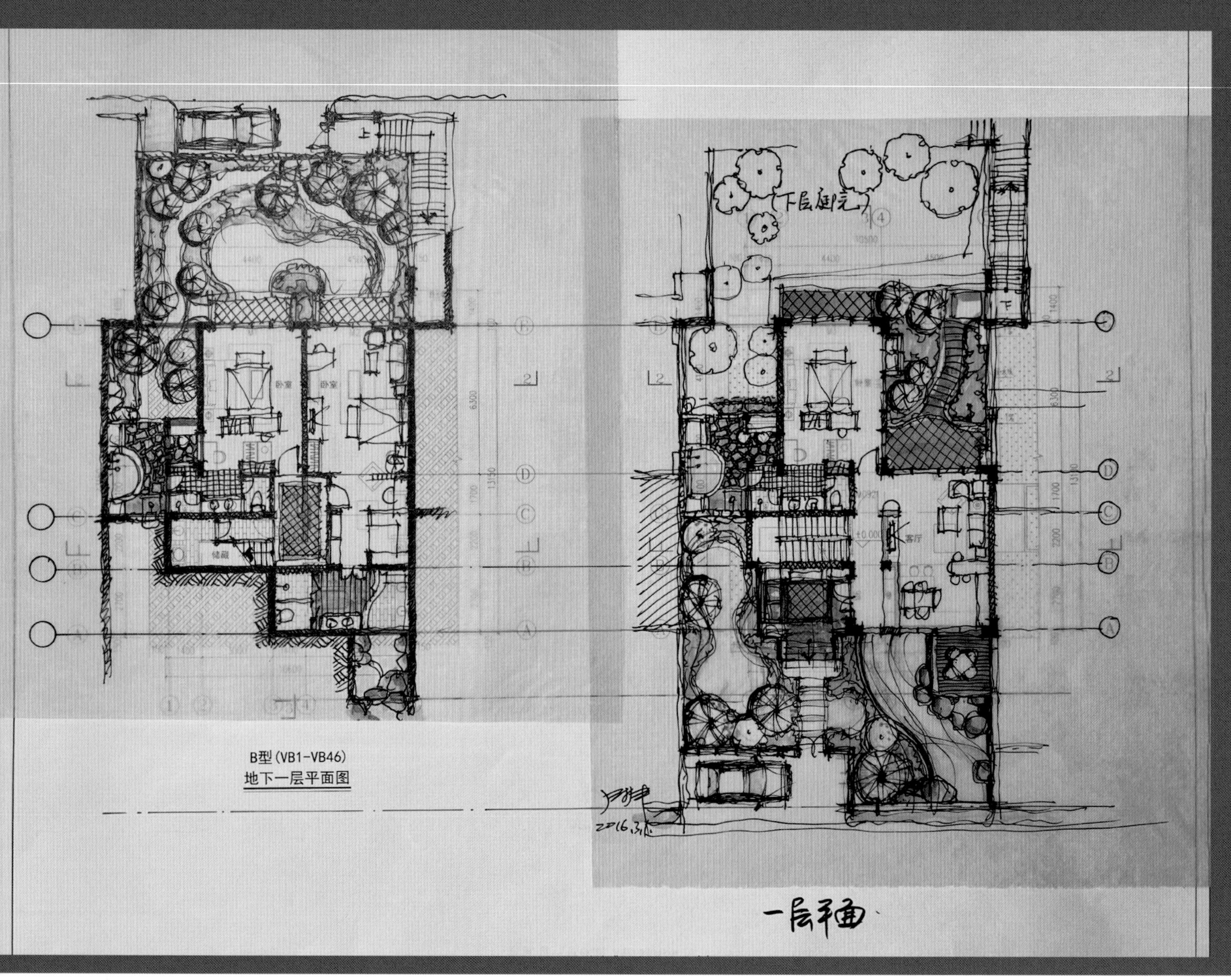

利用地形高差采用叠加退台方式布置两层客房，上下两层均有独立院落和室外温泉设施，重视室内空间与庭院环境的互动。下层套房利用上层套房平台下方的景观空间组织自然通风。

学习、探索的痕迹：三亚南山会馆二期方案设计

建筑长于山体，露台造景还绿。

2）营建品牌

天域度假酒店一期工程的建成和良好运营给亚龙湾度假区的发展注入了活力和动力。随后，天域酒店二期和与其隔路相望的亚龙湾五号度假别墅酒店相继启动，不久位于亚龙湾北端的三亚爱琴海岸康年套房度假酒店也开始建设。中元海南较好地完成了这几个项目的设计和技术配合工作，进一步积累了经验、锻炼了队伍、增强了信心，也让我们看到了度假酒店在海南的发展前景。

市场的动向就是设计单位管理和经营的方向，在有了几个较为成功的项目经历之后，我们开始把度假酒店作为未来发展的主攻方向。在生产经营、技术储备、人员调度、效益业绩等方面引导大家高度重视和主动学习与度假酒店相关的知识和技术、积极参与项目实践，并有计划地安排各专业技术骨干到国外考察学习。十多年的时间里，院技术骨干结合项目或专程考察学习的足迹几乎遍及了世界上主要的热带滨海度假地区和城市，包括美国的夏威夷和迈阿密、墨西哥的坎昆、新加坡的圣淘沙、澳大利亚的黄金海岸、印度洋上的马尔代夫、印度尼西亚的巴厘岛、泰国的普吉岛、菲律宾的长滩岛等等。经过长期的磨炼、学习和提升，各专业的技术骨干均成长为度假酒店的行家和技术骨干，为中元海南度假酒店设计品牌的打造建立了坚实的基础。

亚龙湾良好的发展势头和市场前景，带动了三亚市周边海湾及海南岛东部沿海地区旅游度假产业的发展，尤其是 2009 年国务院批复海南建设国际旅游岛之后，海南度假酒店的建设迎来了高速发展的时期。三亚的三亚湾和海棠湾，陵水的土福湾、清水湾和香水湾，万宁的日月湾、石梅湾和神州半岛，文昌的高龙湾、月亮湾，海口的海口湾、西海岸和江东滨海新区等，这些滨海地区都相继建成了一批较高水准的度假产品。这些度假产品中，既有四星、五星级酒店，也有星级标准的产权式酒店和度假村。中元海南度假酒店的设计项目遍布这些地区，目前已建成的四星级以上的度假酒店已超过 45 项，确立了中元海南在热带度假酒店设计领域的重要地位。

3）执着探索

在海南度假酒店的建设过程中，酒店管理公司更注重产品定位、功能布局、流线组织和服务支撑系统。从建筑师的角度来看，场所特征、空间形态和环境氛围更能体现酒店的独特性，而地域气候因素的引入就是场所、空间和环境设计最好的切入点。

热带气候最明显特征是炎热、潮湿、多雨。为了减轻炎热对建筑的影响，可以采取形体、构件、建筑构造等手法达到遮阳、防晒、隔热的效果。

通过合理的平面布局和空间组织产生有效的空气对流，形成自然通风，能够较好地缓解潮湿对舒适度和环境卫生的影响，也能增加空间的通透性，带来空间和形态的变化。

多雨季节，特别是台风级别的天气，虽然出现的几率并不大，持续时间也不长，但因此而带来的洪、涝、渗对人们生活环境产生的破坏却是非常严重的。因此，热带地区度假酒店的场地设计及与周边环境关系的处理显得尤为重要。

度假酒店应该提供给客人优于日常居住的生活环境，因此解决好这些问题是设计过程中必须重点考虑的内容。

为了解决这样的问题，不同建筑师或者同一位建筑师在不同的项目中也会采用不完全相同的手法，这就能产生建筑空间形态上的多样性。但是要精准地解决这些问题，必须进行深入的场地和周边环境条件的踏勘，这是必须坚持的工作方法和习惯。经过 20 多年的磨炼，求真务实的价值观在我们的建筑实践中逐步清晰，成为创作探索的基石。

村庄与公园之间的酒店

“街道”穿过底层的城市型酒店

4. 未来之路

建筑是为人类的生产或生活服务的，从海洋到陆地，从乡村到城市，从平房到高楼，在适应和改造自然的过程中，不断产生着新的思想、新的需求，也在创造着新的场所、新的建筑。度假酒店也遵循着这样的规律，在适应人们需求的过程中不断创新发展，从功能到服务、从场所到形态、从空间到材料，呈现出多样化、个性化、特色化、生态化的趋势。作为海南度假酒店的建设者，我们在尊重海南自然气候环境与地域历史文脉的同时，更加坚定创新开拓的设计信念，坚持可持续发展观，希望能用自己的作品激起人们内心深处对优美自然与美好生活的向往，提升生活品质和生命的价值，由此体现出设计工作的意义。求“功能需求”之真，务“技术建造”之实，创“场所、空间、形式”之新。我们在探索热带度假酒店设计的道路上已经走过 20 多个年头，建成的 40 多座酒店每天都面朝大海，迎接四面八方客人的到来。我们的设计师们将坚持“求真、务实、创新”的企业精神和工作准则，并在实践中努力学习积极进取，在海南热带度假酒店设计的道路上砥砺前行，不断进步。

探索将永无止境，我们深爱的热带宝岛将越来越美好！

山边坡地滨水酒店

山脚下的小型精品酒店

第四章

中元海南热带度假酒店设计实践

Tropical resort design practice of HIPPR

第一节　热带滨海度假酒店设计

Tropical coastal resort hotel design

20 世纪 60 年代后期，社会的发展和经济的繁荣影响着人们的生活方式，度假逐渐成为人们日常生活中新的需求，大多数欧洲国家一半以上的人口每年至少离家休假一次。到了 20 世纪末，欧美主要国家的度假产品已成为各类旅游产品中的主要形式，这就推动了度假酒店从酒店类型的发展中细化出来，成为较有活力的分支。而热带地区的滨海度假酒店因常年宜居的热带气候、迷人的阳光沙滩和郁郁葱葱的自然环境及充满活力的地域文化特色，在度假酒店中独树一帜，成为大多数人开启度假模式的首选。

美国的夏威夷和迈阿密、墨西哥的坎昆、澳大利亚的黄金海岸、印度洋上的马尔代夫、印度尼西亚的巴厘岛、泰国的普吉岛等，都是热带滨海度假酒店的热点地区，它们以各自的特色吸引着世界各地源源不断的度假游客。这些地区的成功经验也为其他地区的发展提供了很好的借鉴。

作为我国唯一真正意义上的热带滨海旅游度假城市，三亚拥有得天独厚的度假海湾和自然环境，也是海南度假酒店发展最早和最快的城市。从三亚湾滨海岸线、亚龙湾国家旅游度假区再到海棠湾“国家海岸”，三亚地区已发展成为国际高端酒店管理品牌的聚集地，其中亚龙湾是较成熟的典型代表。

1992 年 10 月，国务院正式批准建立三亚亚龙湾国家旅游度假区，它是中国唯一具有热带风情的国家级旅游度假区，在我国旅游业兴起和发展的历程中具有里程碑意义，在国际高端旅游度假市场中也拥有较高的知名度和竞争力。

亚龙湾度假区位于三亚市东部，距主城区约 20 公里，整体规划范围约 18.2 平方公里，拥有长达 7 公里，宽 30~40 米的优质沙滩。亚龙湾全年海水平均温度为 22~25.1 摄氏度，海水能见度达 10 米以上，适宜游泳和开展各类海上运动，享有“天下第一湾”之美誉。

亚龙湾规划定位为“中国旅游度假区的典范，世界顶级旅游度假区之一”。规划总体空间结构为“一带一心，动静两区”，其中“一带”指位于亚龙湾海岸一线的滨海顶级酒店带；“一心”指位于亚龙湾腹地的玫瑰风情田园绿心；“两区”指结合旅游度假人群在各项活动中“动”与“静”相区别的特征，将规划区划分为北侧的观光体验度假区和南侧的静谧休闲度假区。度假区内已建成的主要项目约 43 个，其中星级度假酒店 26 个、度假地产项目 7 个、配套商业项目 2 个（亚龙湾奥特莱斯、亚泰商业街）、配套公共服务设施 5 个（包括亚龙湾文化综合体、国际文化中心、亚龙湾会展中心、亚龙湾高尔夫球会、红峡谷高尔夫球会）和亚龙湾森林公园、玫瑰谷、海底世界等 3 个景区。

亚龙湾度假区的核心产品就是滨海一线的度假酒店带，这里汇聚了十多家五星级和超五星级的高端酒店，从区域的气候和自然环境、酒店的建设标准、各项配套设施到服务管理水平，这里能和世界上的任何著名的滨海度假区相媲美，亚龙湾度假区已成为国际高端度假的理想目的地。

本节选取了亚龙湾四个极具代表性的滨海度假酒店，希望通过不同风格、规划思路及设计手法，来展现滨海酒店的个性与魅力，此外还选取了三亚其他滨海地段的度假酒店，以期丰富此类酒店的特征与视野。

红树山谷度假酒店二期

红树山谷度假酒店一期
亚龙湾五号度假别墅酒店
万怡度假酒店
Longtang St
Longtang St
Longxi Rd
Longxi Rd
Longhai Rd
Longhai Rd
Longhai Rd
Longhai Rd
WanYue Rd
WanYue Rd
WanYue Rd
亚龙湾 -
Yalong Bay
南　海
天域度假酒店二期
天域度假酒店一期
爱琴海岸康年套房度假酒店

亚龙湾天域度假酒店一期

项目概况

亚龙湾天域度假酒店一期工程项目位于三亚国家级度假区亚龙湾滨海地区的中心位置，东侧与亚龙湾中心广场相邻，南面大海，北临滨海路。城市规划要求该地块建设多层度假酒店。建设方三亚银泰城市开发有限公司要求该酒店引进夏威夷度假酒店的概念，同时邀请美国建筑师进行概念设计。

对海湾景观、自然风向、四季生长的植物等自然条件的尊重和合理利用，休闲度假概念的引进和相应空间氛围的营造，是本项目的主要特点。为了控制建筑高度，标准层层高仅为3米，这在有中央空调的高档酒店设计中较为少见。

项目信息

业　　主：银泰城市开发有限公司
建设地点：海南省三亚市亚龙湾
建筑设计：中元国际（海南）工程设计研究院有限公司
合作设计：美国章翔建筑师（香港）公司
项目负责人：张新平
设计团队：张新平、王蕾、陈昆元（建筑），罗斌（结构），
吴宝堃、孙巍（给水排水），易煦（暖通），
谈东波（电气），宁世清（总图）
总建筑面积：4.4 万平方米
客　房　数：386 间
设计时间：1996 年
建成时间：1998 年
图片版权：中元国际（海南）工程设计研究院有限公司、
亚龙湾天域度假酒店管理公司

总平面设计

建筑布局为变化的 H 形，两侧主体垂直海面，保证大部分客房的看海视线，减轻建筑体量对道路的压力，使远离海边的用地有向海的视野。服务通道、停车场、网球场等均布置在临马路一侧，减少对花园的干扰。花园设在临海一侧，使花园、泳池、椰林、沙滩、大海构成一幅生动的热带海滨风光。

平面设计

H 形平面的中部为酒店的核心——大堂，这里是多条流线的中心点，也是景观轴线的汇合点。在这里，南望是花园和大海，北眺是群山和蓝天，拂面而来的是带着花香的清凉海风。由大堂通往东、西两座主楼电梯厅的走廊宽 6 米，向花园一侧开敞，使建筑内外空间融为一体。大堂和一层走廊的设计充分体现了建筑与自然融合的设计理念。垂直海面的主楼采用了 45 度的房间布局，有效地保证了客房的海景视线。大部分客房均有宽大的阳台，使客人能够充分接触自然，享受环境。

立面设计

立面造型采用了简约的西洋风格。虽然体型丰富，但每个面的设计都尽量对称，加上三段式的立面划分，使得整个建筑群具有明显的古典风韵。柱、梁、阳台等细部的处理均彰显出古典的庄重美和力量感。墙面选用与沙滩颜色接近的浅黄色，屋面为绿色的水泥瓦，色彩上与椰林融为一体。立面设计还巧妙利用垂直绿化作为造型的要素，层层盛开的三角梅增加建筑与环境的融合，渲染了热带度假氛围。

室内设计

室内设计突出开放性和休闲特征。能开敞的部位均不作分隔，采用折叠门窗来防止台风的侵袭。公共区域大部分采用天然的石板地面和墙裙，墙面为涂料，家具多为藤制品。建筑的内部风格朴实、温馥、轻松、自然，充分体现出休闲度假的功能特征。

总平面图

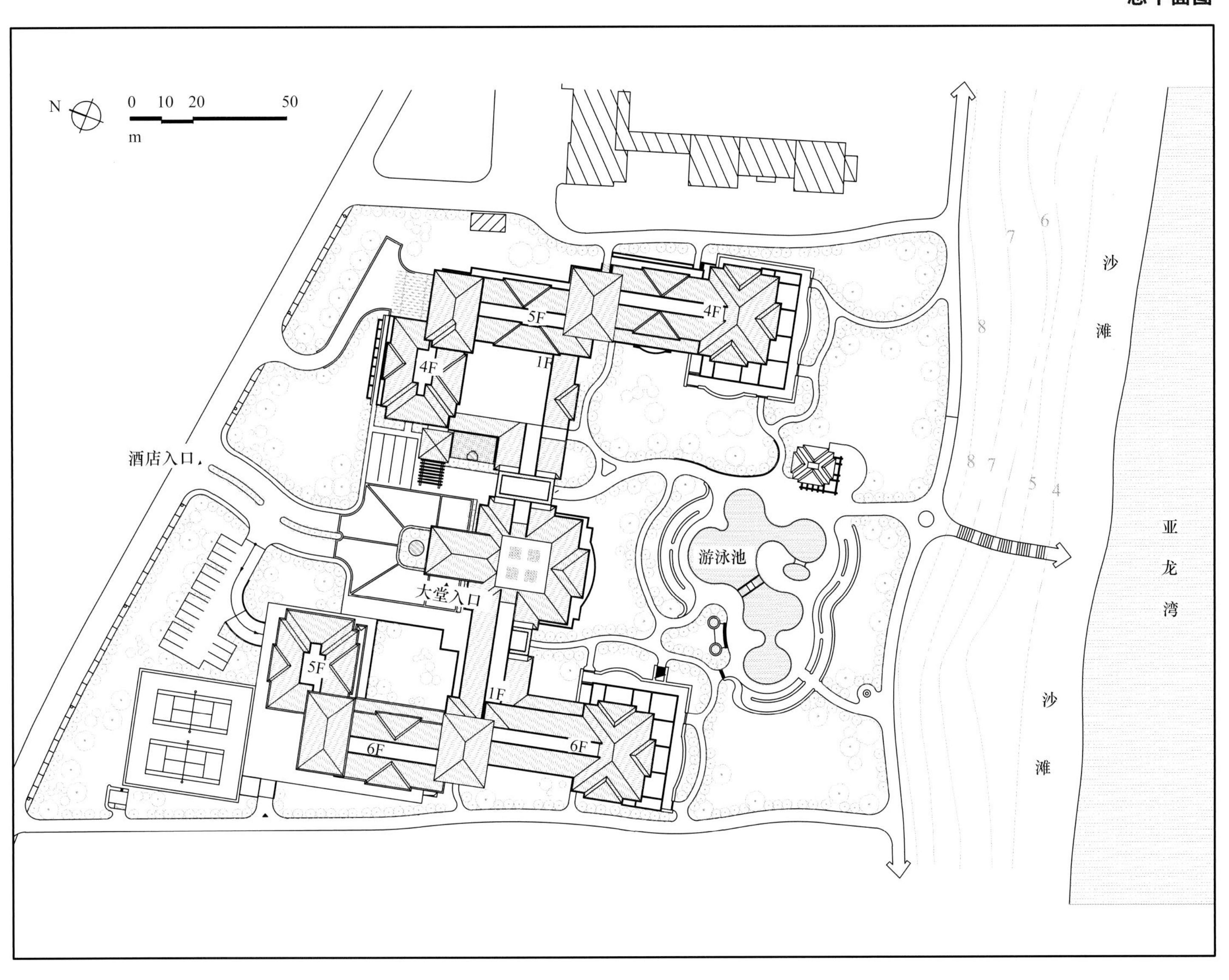
N
0 10 20 50
m
酒店入口
4F
5F
4F
1F
大堂入口
游泳池
5F
1F
6F
6F
沙
滩
亚
龙
湾
沙
滩
8
7
6
8
8
7
5
4

一层平面图

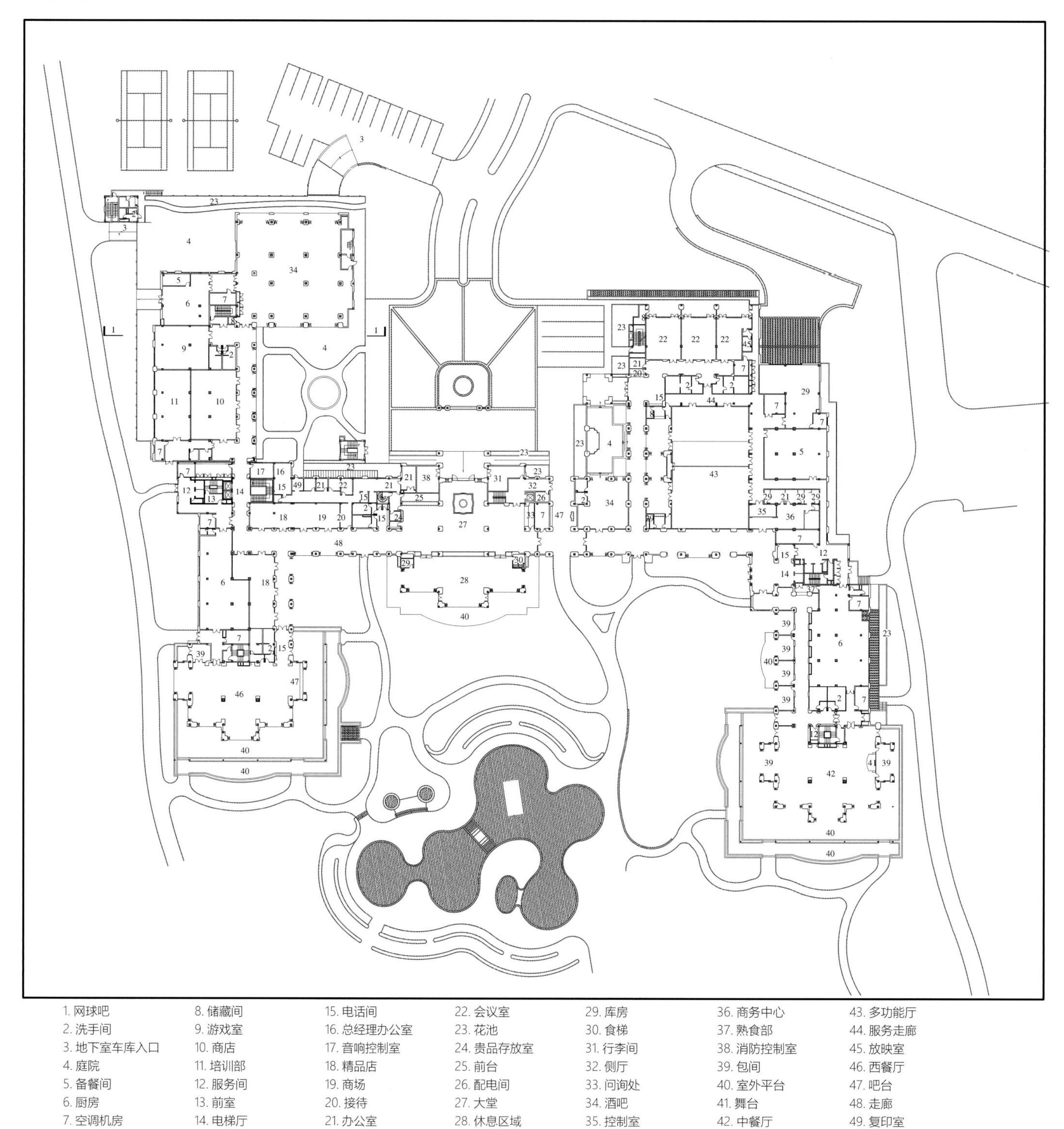

1. 网球吧
2. 洗手间
3. 地下室车库入口
4. 庭院
5. 备餐间
6. 厨房
7. 空调机房
8. 储藏间
9. 游戏室
10. 商店
11. 培训部
12. 服务间
13. 前室
14. 电梯厅
15. 电话间
16. 总经理办公室
17. 音响控制室
18. 精品店
19. 商场
20. 接待
21. 办公室
22. 会议室
23. 花池
24. 贵品存放室
25. 前台
26. 配电间
27. 大堂
28. 休息区域
29. 库房
30. 食梯
31. 行李间
32. 侧厅
33. 问询处
34. 酒吧
35. 控制室
36. 商务中心
37. 熟食部
38. 消防控制室
39. 包间
40. 室外平台
41. 舞台
42. 中餐厅
43. 多功能厅
44. 服务走廊
45. 放映室
46. 西餐厅
47. 吧台
48. 走廊
49. 复印室

标准层平面图

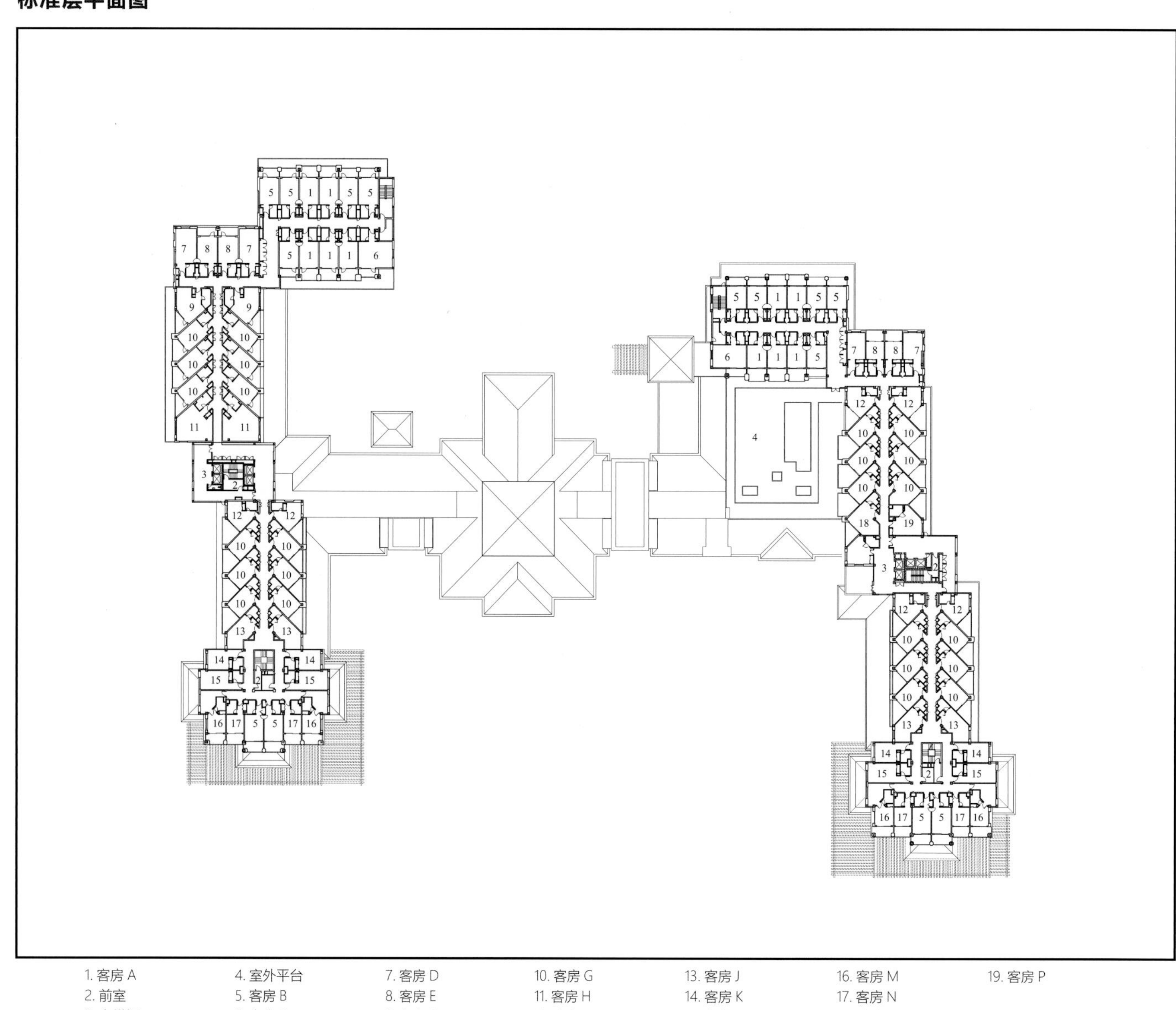

1. 客房 A
2. 前室
3. 电梯间
4. 室外平台
5. 客房 B
6. 客房 C
7. 客房 D
8. 客房 E
9. 客房 F
10. 客房 G
11. 客房 H
12. 客房 I
13. 客房 J
14. 客房 K
15. 客房 L
16. 客房 M
17. 客房 N
18. 客房 O
19. 客房 P

正立面图

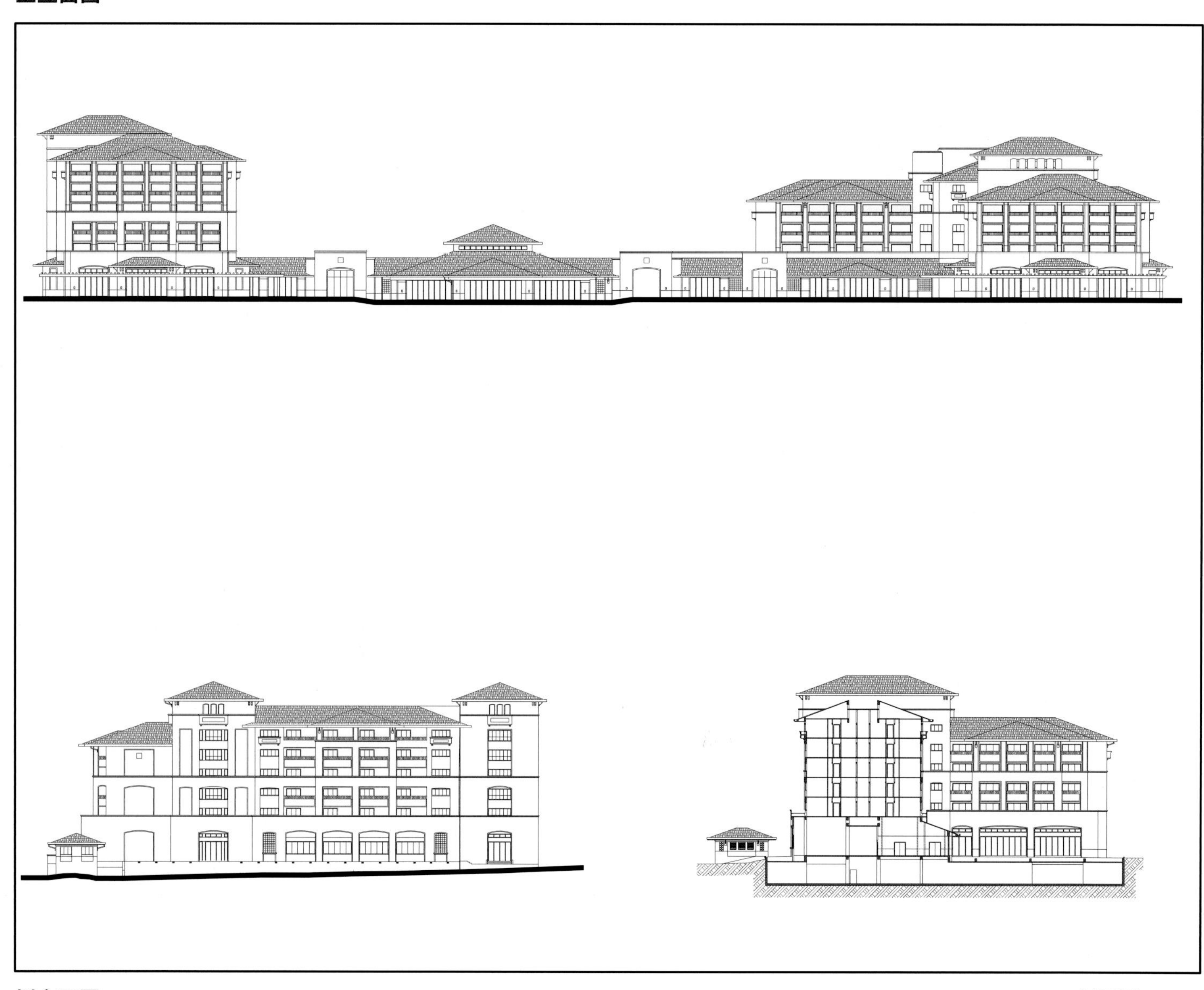

侧立面图

剖面图

技术设计草图：走廊管道汇总图

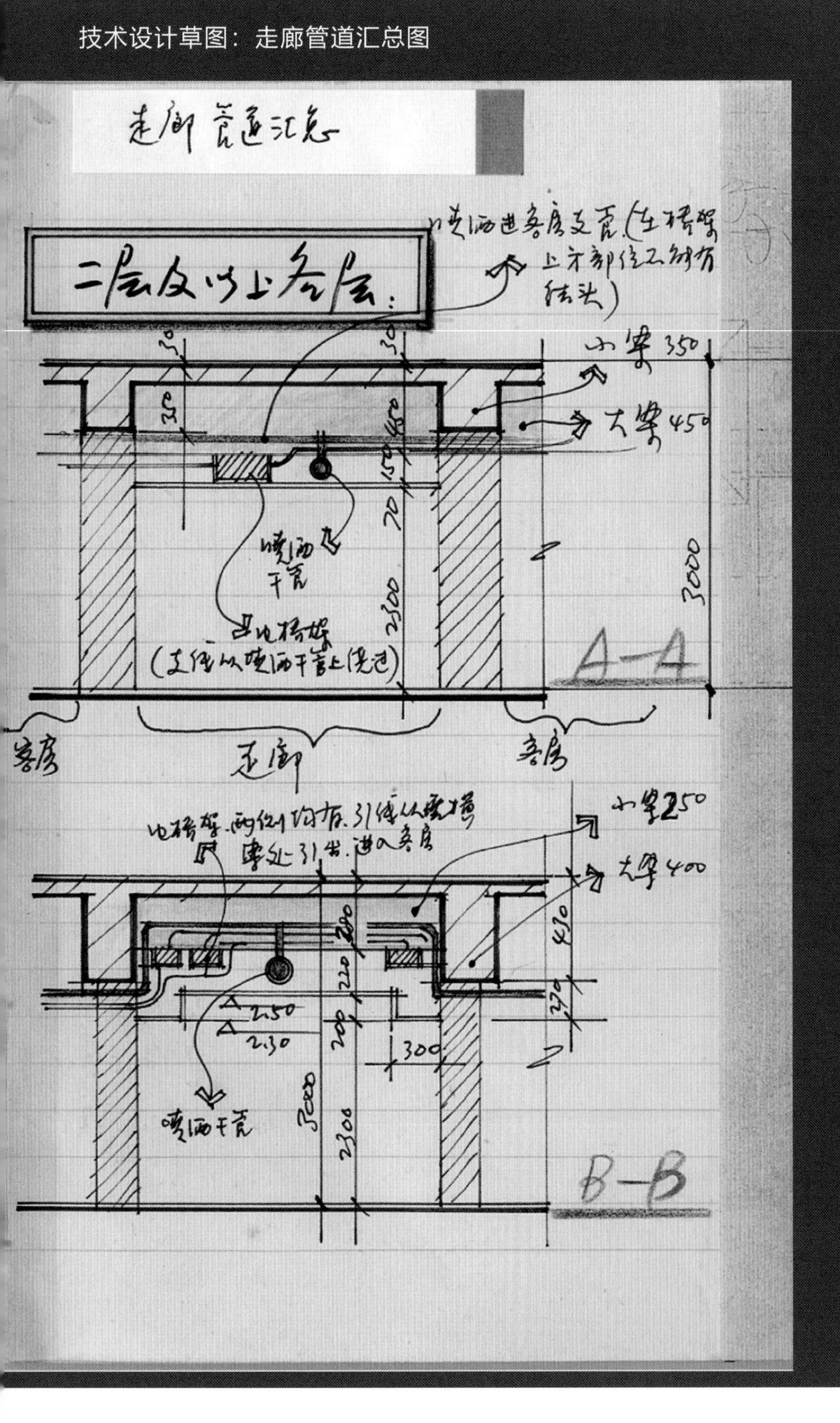

为了控制建筑总高度，酒店标准层层高压缩到了3米，在采用中央空调系统的情况下，给室内净高的控制造成了巨大的压力。在初步设计和施工图设计阶段，建筑、结构、设备各专业密切配合，反复研究，通过结构的宽扁梁方案和细致的管线综合设计，保证了酒店室内空间的合理净高。

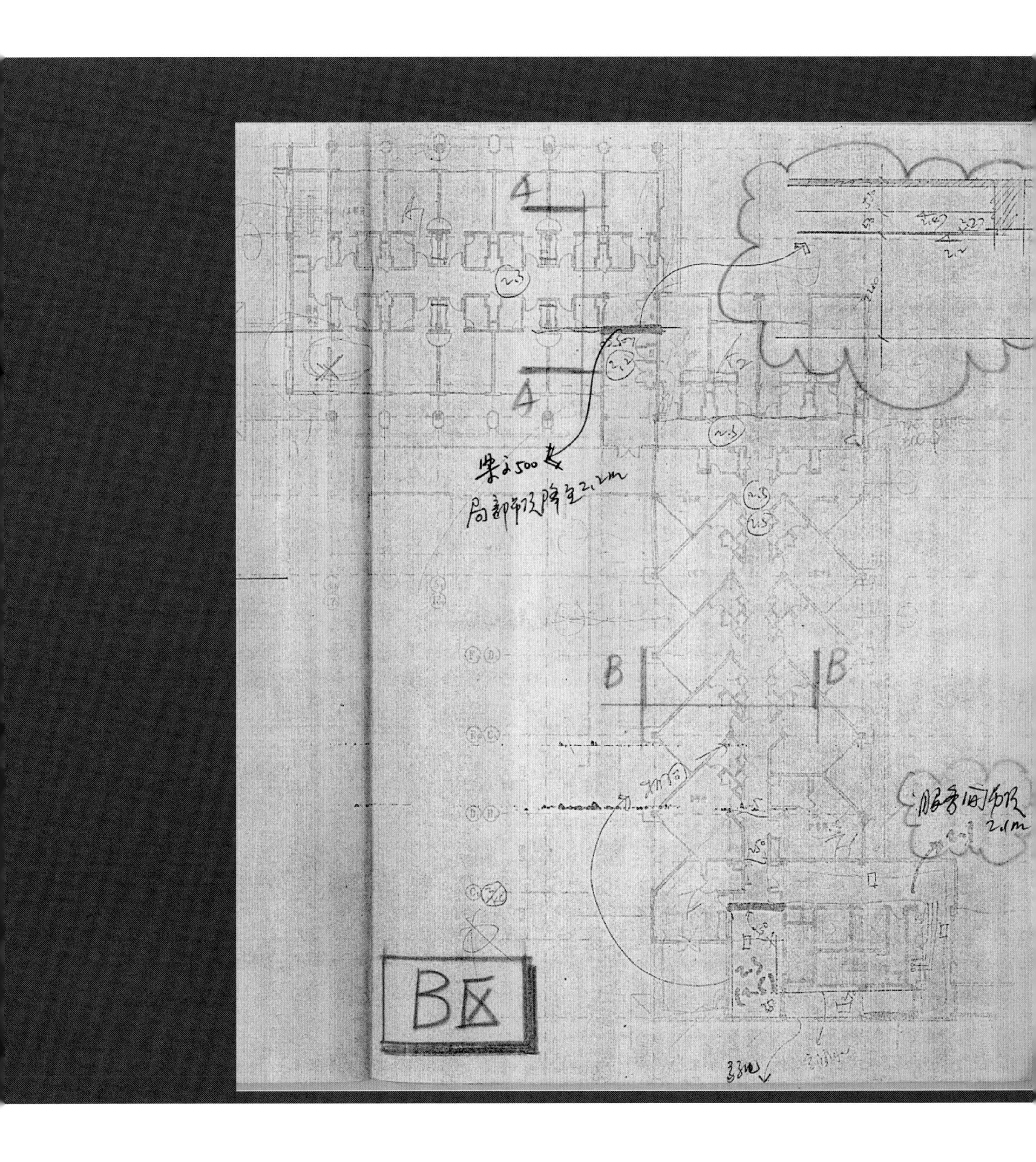
B区
局部吊顶降至2.2m
服务间吊顶 2.1m

亚龙湾天域度假酒店二期

项目概况

天域酒店一期工程于 1998 年建成试业，二期（A5-2 地块）设计是为了完善第一期欠缺部分的服务设施，满足不断增长的客流需求和 2003 年以后的竞争和市场压力。为了实现这个目标，在二期策划和设计过程中，对建设目标、客人需求、市场趋势和经营管理要求进行了较全面的分析梳理，并在设计中加以落实。二期工程总建筑面积 7.5 万平方米，总客房数 396 间（套）。

除了投资回报这个主要目标，还有下列分项目标：住房率和平均房价最大化；客人平均消费和平均停留时间最大化；助推亚龙湾成为一个世界级的旅游度假胜地；提升现有天域度假酒店的品牌、增加与同类市场的竞争力；最大化提升客人满意度，争取回头客；提供更多的设施满足客人的多样化需求，发挥两期的互补作用，以取得更好的效益。

项目信息

业　　主：三亚银润旅业有限公司
建设地点：海南省三亚市亚龙湾
建筑设计：中元国际（海南）工程设计研究院有限公司
合作设计：SEPIA design Consultants Ltd. 晰笔雅设计公司（香港）
项目负责人：张新平
设计团队：张新平、李红、吕珍萍（建筑），罗斌、刘彬、张震、马月（结构），杨才龙、符霞（给水排水），任春兰、史晋明（暖通），林照宏（电气），宁世清（总图）
总建筑面积：7.5 万平方米
客 房 数：396 间
设计时间：2003 年
建成时间：2006 年
图片版权：中元国际（海南）工程设计研究院有限公司、亚龙湾天域度假酒店管理公司

重视客人的反馈意见

天域度假酒店一期是亚龙湾营运时间最长的酒店之一，其投入运营后 4 年间客人反馈的批评意见和建议对二期的规划设计有重要的影响和指导作用。其中包括：
（1）对海景客房尤其是正海景客房的大量需求；
（2）对多功能厅和会议设施的需求；
（3）提升对现有的园林和开敞空间的满意度，并要求更多的自然园林和丰富的热带植物；
（4）更多的娱乐设施需求，包括海滩活动和水上运动；
（5）更多的康体设施和健康水疗（SPA）设施需求；
（6）更多的独家休闲和 VIP 空间需求；
（7）更多的文化活动和短程旅行活动需求。

市场影响和行业发展趋势

自天域度假酒店 1998 年建成以来，许多国际级品牌酒店也开始在亚龙湾兴建。为了保持天域酒店在市场上的竞争力，策划部门在设计上提出了以下思路和要求：
（1）更大面积的客房和可灵活组合的套房式客房是发展趋势；
（2）高质量的建筑和精细的室内装饰氛围可吸引国际客源；
（3）与国际品牌有所差异以保持竞争力，同时给客人提供一个不同于其他国际品牌酒店的新选择；
（4）度假酒店的发展趋势之一是增加康体活动和健康水疗设施（SPA）。

重视酒店经营管理的需求

一期现有的后勤用房和设备用房与二期共享，合理确定二期后勤和设备用房的规模，避免重复建设。弥补一期酒店经营管理中现有职工住所和培训设施不足、职工生活娱乐设施缺乏的问题。

总体布局

最初的亚龙湾 A5 地块被划分为相等的两部分，东半部为一期工程，西部为二期工程。在规划布局、空间形态和流线组织上均将一、二期连为一体以形成规模效应，并保持其在亚龙湾日益增长的国际级开发水平中的竞争地位，并争取更高的市场占有率。

考虑到项目的完整性，二期在建筑风格、公共设施系统和园林绿化景观上与一期协调。但二期的设计处理更加精细，以适应更高层次的需求，同时提供给一期客人更多的活动场所。

汽车的交通流线严格限制在二期地块的西北部和地下停车场，保证其他位置相对安静。根据建筑规范的要求，所有的消防车道设置于多层的建筑周围和两期之间。除紧急状况外，消防车道只作人行道路。为减少对公共区域的干扰，二期后勤通道设于地块西侧。此外，一、二期的后勤用房相连接，方便酒店运营。

建筑设计

多数的建筑标高都按原地形设计，酒店的主要功能均设计在原地面标高以上，以防范在台风期间洪水的侵袭。将高效益的区域设置于有海景的位置。二期建筑布局上尽量减少对一期公共区域和客房视野的影响。最高建筑设置于中心区，低层建筑设置于内侧和海滩边，减少对道路、海滩和邻里的视觉冲击。

建筑主体朝向最大的海景和夏季主导风向，充分利用地形起伏，配合热带园林的设计，减少建筑的视觉冲击和房间之间的对视。

活动场所

二期设计客房总数为 396 套，安排不同布局方式的单元，以完善一期客房的要求。二期设置了 1000 平方米的多功能厅，与花园直接连通，配备零售服务、儿童户内和户外娱乐场所、两个餐厅和酒吧、一个巴厘岛风格的户外温泉 SPA，大面积园林、夏威夷式泳池。花园、观景花架廊、沙滩运动等沿海滩布置，最大限度利用亚龙湾的海景资源。

热带园林与起伏地形巧妙结合，园林中种植多种特色的花卉和热带植物强调地域特色，创造出一个五彩缤纷的花园。苍翠繁茂的园林与水景、野生植物、海边自然式的泳池相结合，并通过造园保障户外活动的私密性。带有科普性质的植物园、自然的散步路径、慢跑路径和热带水果园为客人提供独特的活动场所。精心设计的软硬园景照明为客人提供舒适、便利的夜间环境，园林灌溉使用生态环保的水循环系统。

突出特色

在设计中为了突出场所性和酒店特色，进行了如下设计：
（1）丰茂的热带园林和水景结合，起到很好的遮阳、降热效果；
（2）创造富有文化气息的室内外空间，提供高质量的花园环境；
（3）建筑设计体现当地气候特征，通风良好和景观丰富的公共走廊及停留空间贯穿整个建筑；
（4）客房和公共空间布置充分利用海景和高尔夫球场景观；
（5）结合太阳能加热、水循环使用和污水处理系统等节能设计，减少日常运营费用。

总平面图

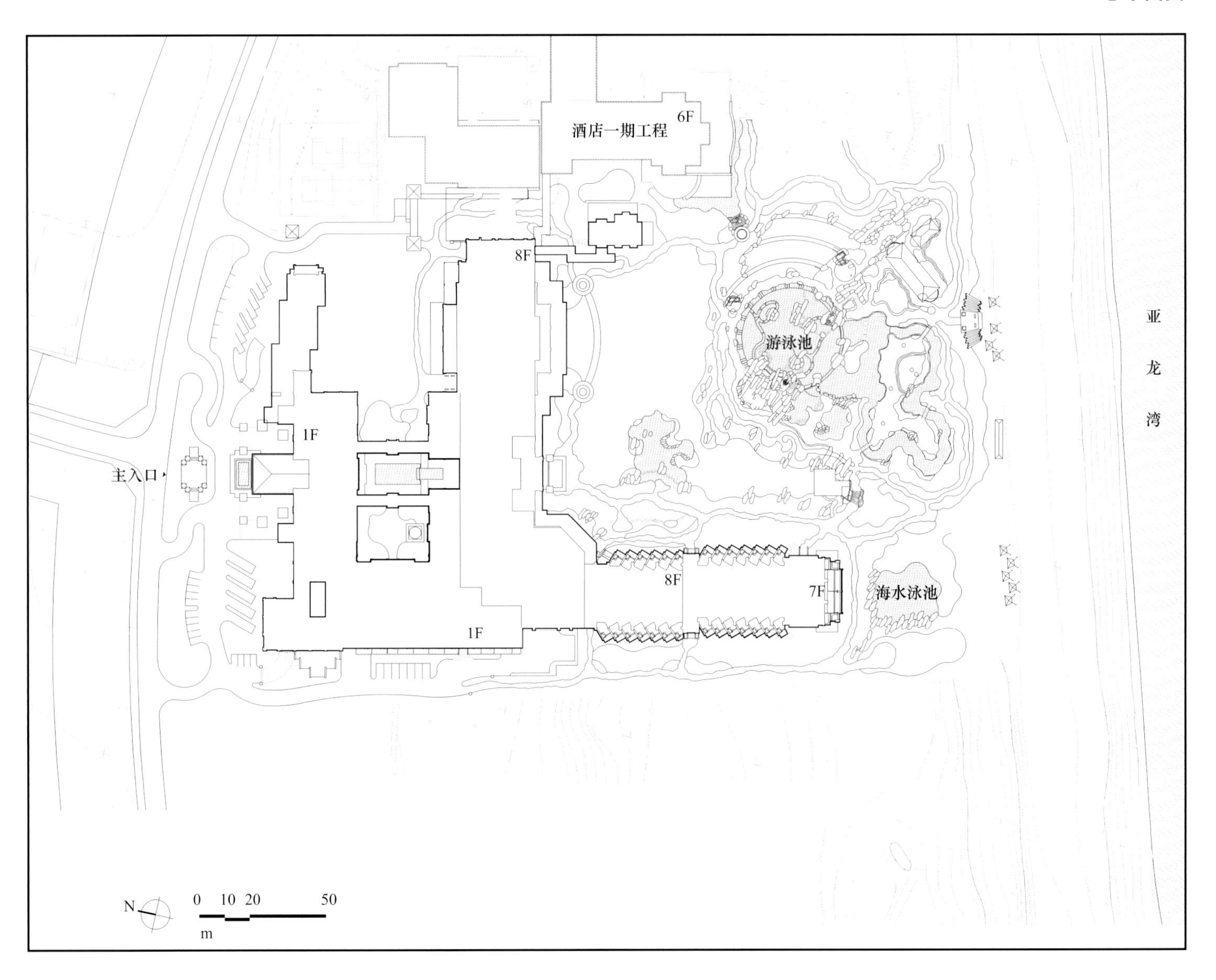

一层平面图

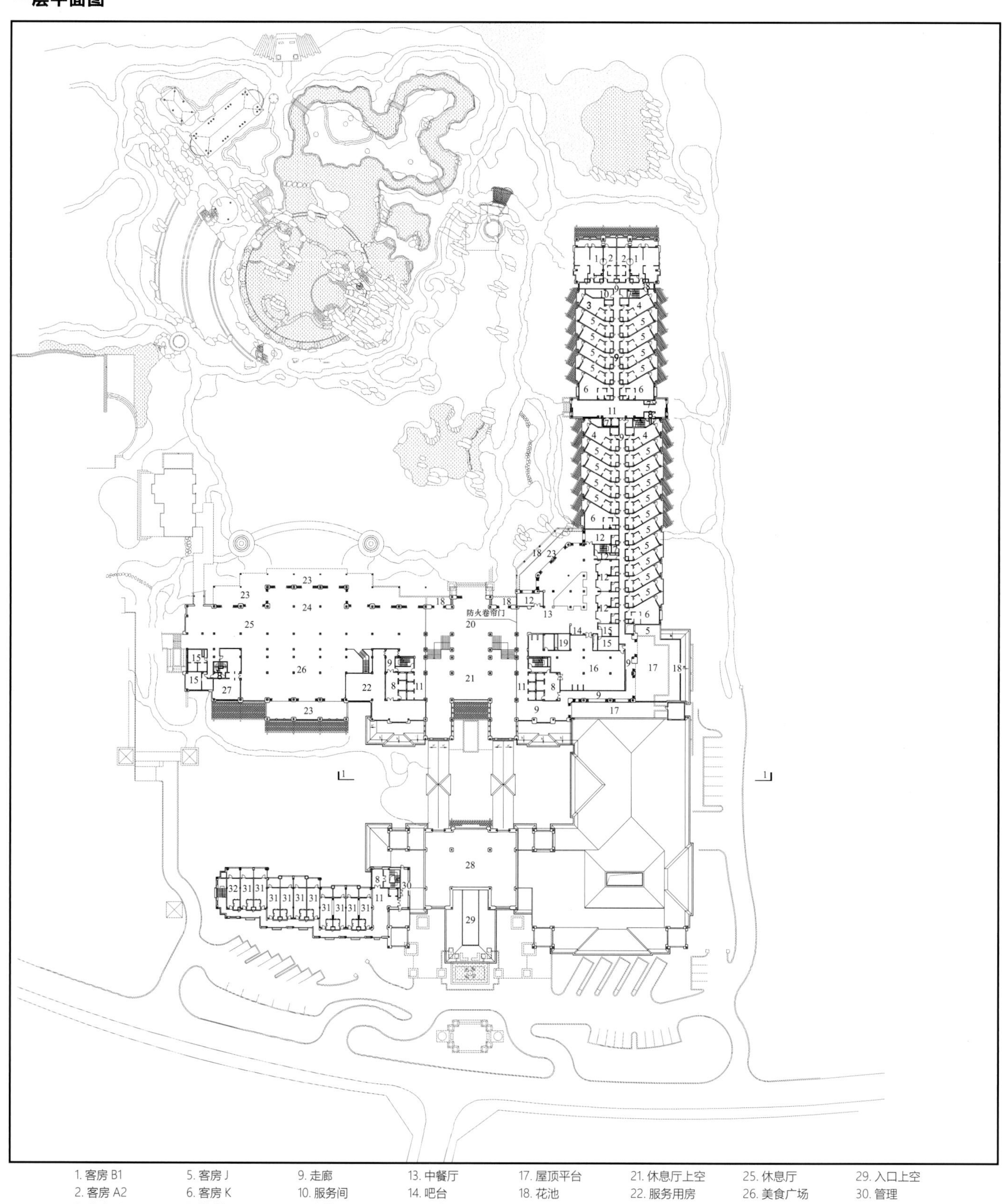

1. 客房 B1	5. 客房 J	9. 走廊	13. 中餐厅	17. 屋顶平台	21. 休息厅上空	25. 休息厅	29. 入口上空
2. 客房 A2	6. 客房 K	10. 服务间	14. 吧台	18. 花池	22. 服务用房	26. 美食广场	30. 管理
3. 客房 L1	7. 储藏间	11. 电梯厅	15. 卫生间	19. 空调机房	23. 室外平台	27. 厨房	31. 客房 2
4. 客房 L	8. 前室	12. 包厢	16. 中餐厨房	20. 过厅	24. 酒廊	28. 大堂上空	32. 客房 1

西立面图

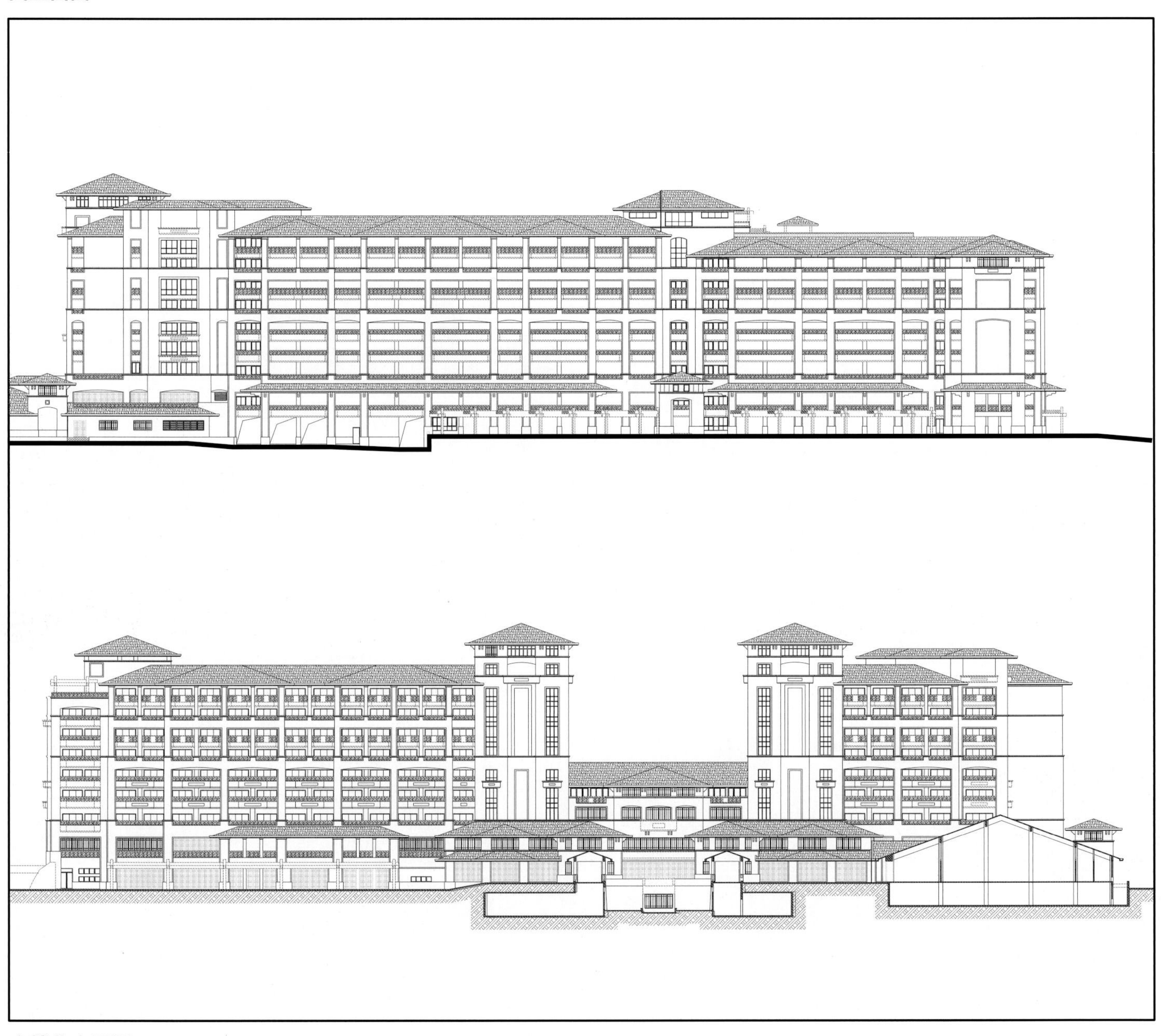

主楼北立面图

亚龙湾五号度假别墅酒店

项目概况

亚龙湾五号度假别墅，位于三亚亚龙湾滨海二线地段，北与亚龙湾高尔夫球会球场相邻，有良好的球场景观视线，南与一线海景酒店天域度假酒店、红树林度假酒店隔路相望。项目用地约 200 亩，内部有现状水面。设计包括 1 栋客房及公共设施综合楼、111 栋别墅，总建筑面积约 4 万平方米，建筑密度低于 15%，容积率为 0.3。

项目信息

业　　主：三亚志明置业有限公司
建设地点：海南省三亚市亚龙湾
建筑设计：中元国际（海南）工程设计研究院有限公司
合作设计：WARNER WONG DESIGN、
WOW ARCHITECTS
项目总设计师：张新平
设计团队：张新平、李红、张渊、吕珍萍（建筑），张震、
马月、王武军（结构），杨才龙、符霞、
王春婷（给水排水），周全（暖通），宁世清（总图）
总建筑面积：4.5 万平方米
客 房 数：24 间
酒店别墅：111 栋
设计时间：2004 年
建成时间：2007 年
图片版权：中元国际（海南）工程设计研究院有限公司

总体布局

根据规划及用地现状条件，项目总体布局采用“以线带面”布局结构，保证尽量多的别墅拥有良好景观视线。设计将用地中央的现状水面改造成中心景观水面，围绕中央景观设环形道路，沿路布置“线状”建筑地块，地块内布置单体别墅。北侧别墅面向高尔夫球场，有较好的景观视线。南侧和东侧别墅面向城市道路，在道路与别墅之间设计了带形果岭，利用地形起伏隔离道路对别墅的干扰，并保证别墅的良好景观。在中心水面北侧布置了小岛型的“面状”别墅组团，组团与中心水面分支呈指状穿插，交互渗透，保证地块内侧别墅均拥有水面景观视线。中心水面南侧设置了项目的主要公共设施——会所综合楼，不同类型的建筑和丰富的水面边界构成了自然、多样、富有情趣的内部景观。

建筑设计

根据不同的景观条件，设计不同类型的别墅，建筑单体朝向不拘南北、自由灵活。相邻别墅之间，采用高大、茂密的热带植物来减少视线干扰。每幢别墅都设主人入口和服务入口通向区内带状道路，路旁设专用车位。空间营造上采用局部围墙、花木及长廊等元素围合成多种界面的私人庭院，利用凉亭、泳池和植物的多种搭配，形成各不相同的庭院内景。建筑空间与庭院空间穿插贯通，形成轻松的热带度假氛围。

别墅单体平面布局相对分散，各功能房间分区布置，主仆干扰极小；设于首层的公共空间如客厅、餐厅等设有大面积外门窗，可开合，与室外庭院亲近、融合；卧室则尽可能位于有良好景观的位置，除具有设施完备的洗手间外，大都设有热带地区特有的天体浴设施；二层主卧一般设有大面积的落地窗，窗外设观景休闲卧榻。各主要功能用房间以通透的走廊、楼梯等交通空间相连接。

地域特色

别墅高度为二或三层，底层相对厚重，上层轻巧、通透，屋面材料采用石片瓦，屋面坡度随高度变化，营造轻逸的感觉；别墅立面比例考究、精美，立面材料大多采用当地产的各类自然而未加雕琢的石材、暖白色涂料以及天然木材等，建筑风格具有纯粹的热带感觉和明显的地域性特色。

亚龙湾五号度假别墅整体规划体现了热带自然田园式风格。单体设计尊重海南地方传统文化，将开放、自由通畅的室内空间扩展到室外区域，创造出置身于草木茂盛的热带自然环境的清新感觉。

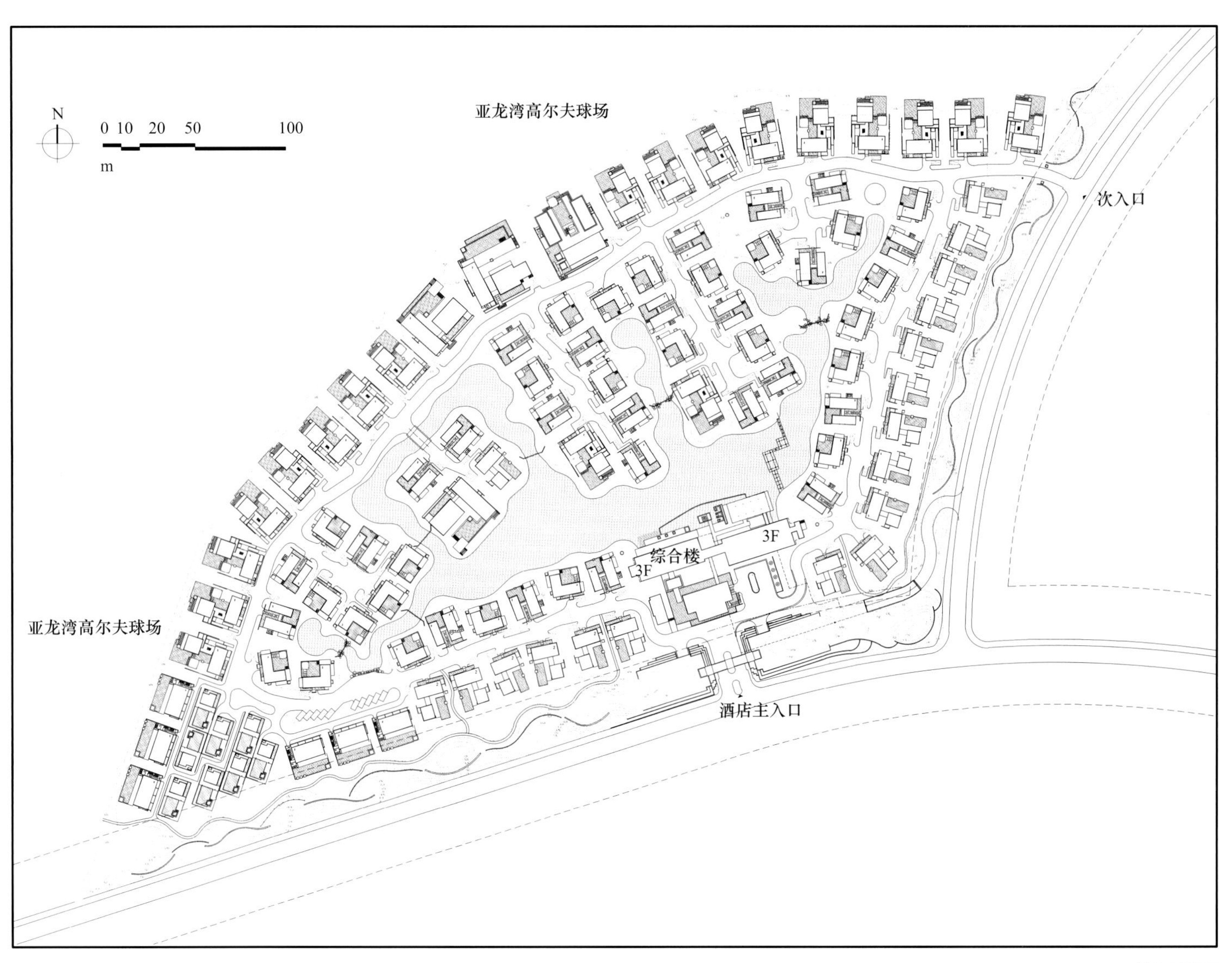

总平面图

会所一层平面图

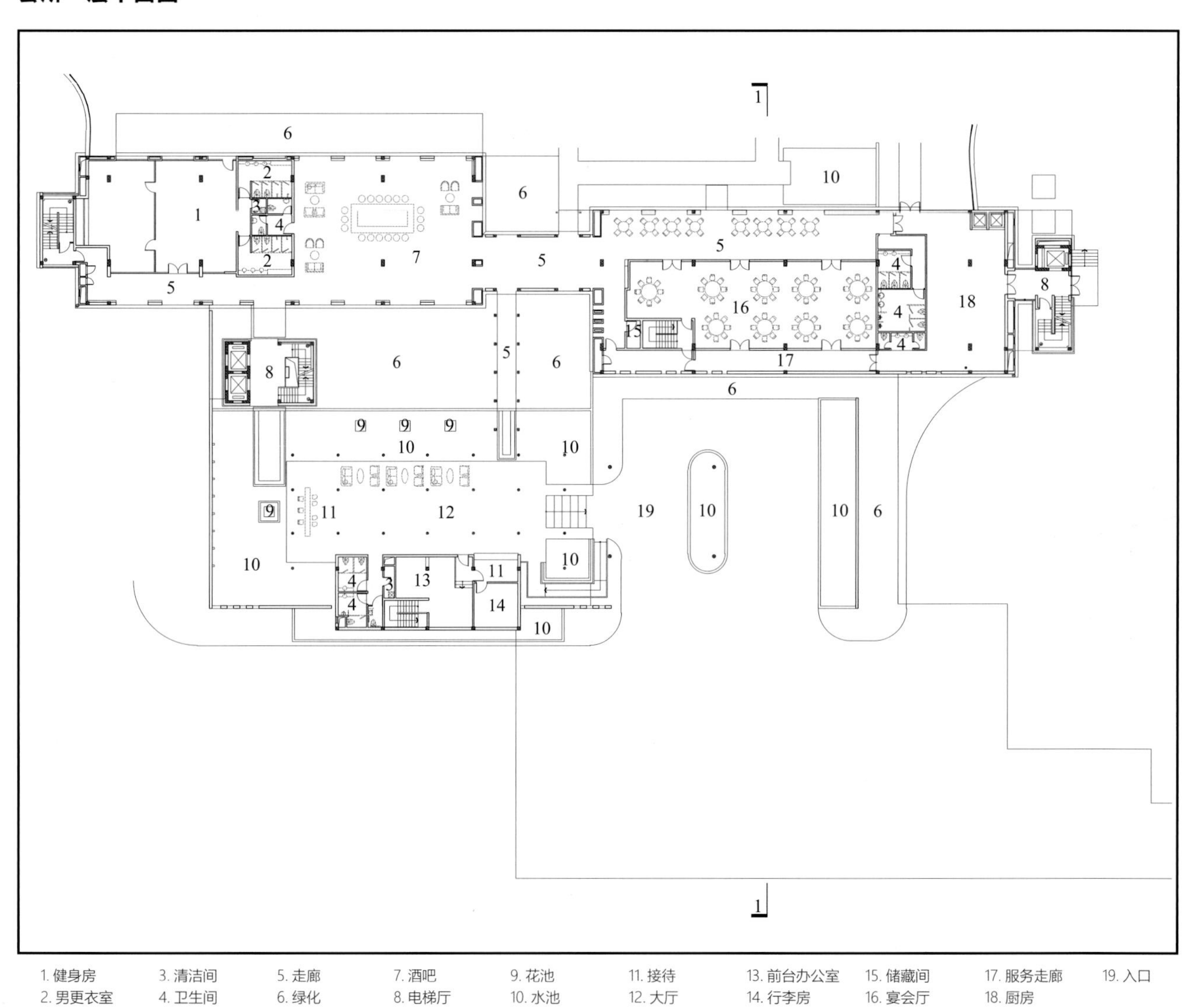

1. 健身房	3. 清洁间	5. 走廊	7. 酒吧	9. 花池	11. 接待	13. 前台办公室	15. 储藏间	17. 服务走廊	19. 入口
2. 男更衣室	4. 卫生间	6. 绿化	8. 电梯厅	10. 水池	12. 大厅	14. 行李房	16. 宴会厅	18. 厨房	

会所立面图

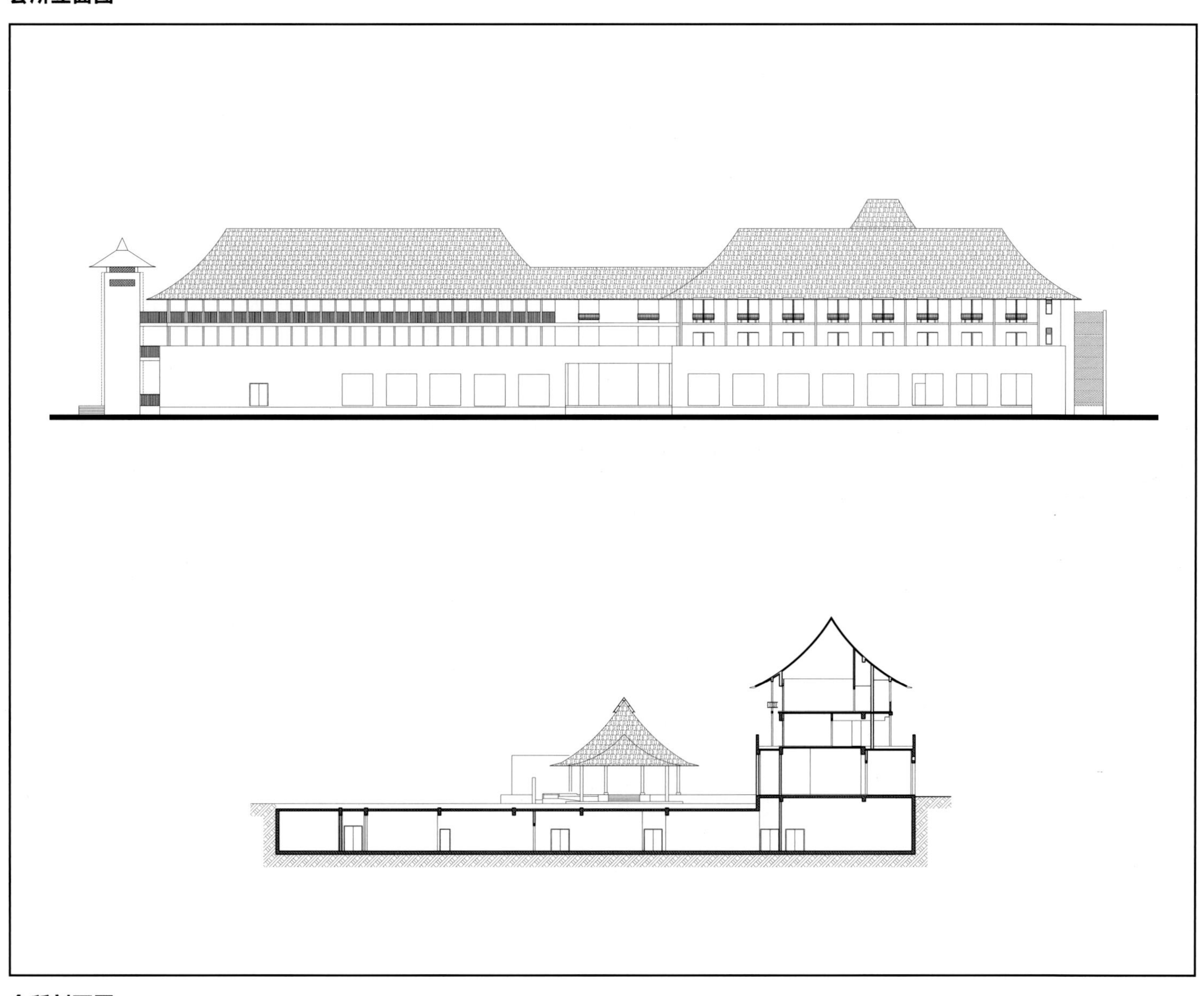

会所剖面图

亚龙湾五号
Yalong Bay Villas & Spa

B 形别墅一层平面图

B 形别墅二层平面图

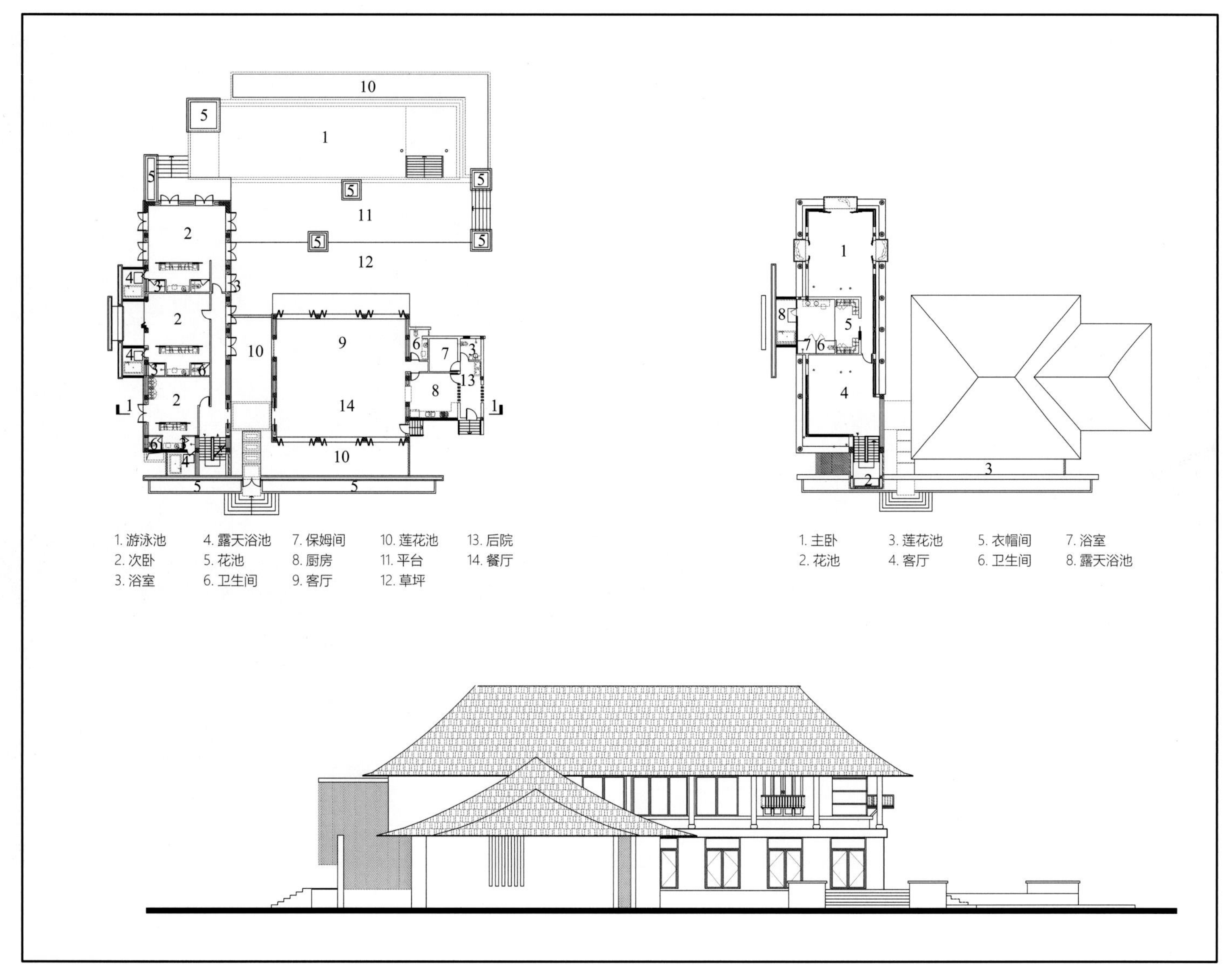

B 形别墅立面图

H 形别墅一层平面图

H 形别墅二层平面图

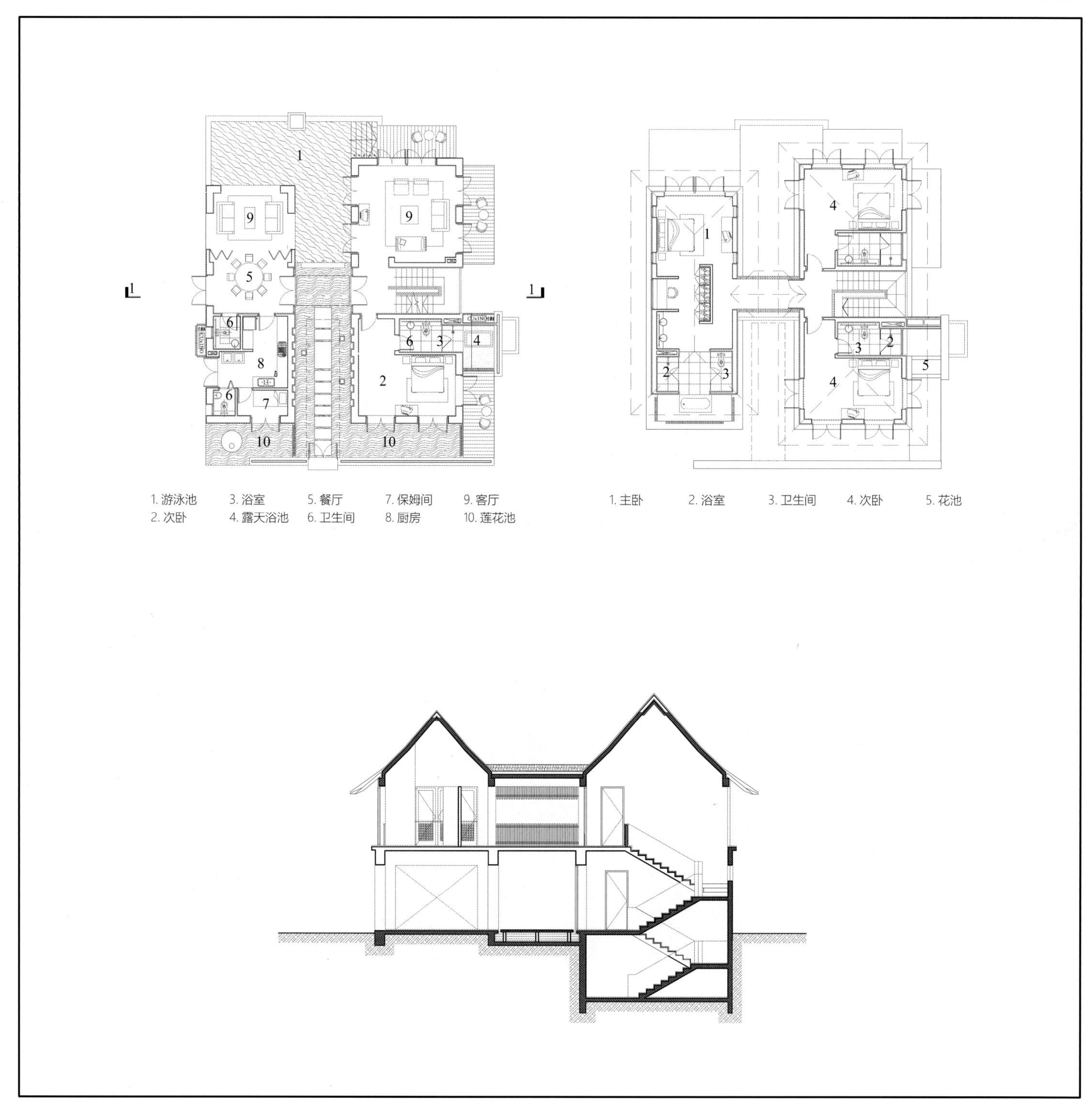

H 形别墅剖面图

H 形别墅立面图

三亚爱琴海岸康年套房度假酒店

项目概况

三亚爱琴海岸康年套房度假酒店项目位于三亚市亚龙湾滨海一线东端，东侧为假日酒店，北侧为环球酒店，用地面积 28 亩，南侧有 135 米的临海面，地理位置和景观条件俱佳，有很大的开发潜力。经市场调查分析后，拟在此兴建高档套房式度假酒店，与亚龙湾现有滨海一线酒店形成差异。经业主和国内外设计师的充分交流和研究，确定本项目的立意和建设目标为：保证海景最大化、花园最大化，体现生态特征，建筑风格简洁、新颖，吸引国内的金领、白领、体育、文艺界追求时尚的人群。

项目信息

业　　主：三亚万利来房地产开发有限公司
建设地点：海南省三亚市亚龙湾
建筑设计：中元国际（海南）工程设计研究院有限公司
合作设计：M CO.ASIA MYKLEBUST COMPANY
项目总设计师：张新平
设计团队：张新平、李红、张渊（建筑），刘彬、
张震（结构），杨才龙、符霞（给水排水），
周全、付晓兰（暖通），宁世清（总图）
总建筑面积：1.8 万平方米
客 房 数：130 间（套）
设计时间：2006 年
建成时间：2008 年
图片版权：中元国际（海南）工程设计研究院有限公司、
三亚爱琴海岸康年套房度假酒店管理公司

总体布局

建筑主体布置在用地东北侧，距北侧用地红线25米。用地南侧沿海岸线布置休闲娱乐一体的生态活动场地；主入口大堂设在建筑西北侧，紧邻花园，直视大海，通风流畅；员工出入口单独设在西北角，与客流分开，减少对客人的影响；主体建筑采用U形布局，确保海景最大化和花园最大化。

功能配置

除了113套海景房（标准间60间、套房53套，观海率达95%），配套设施包括中餐厅、西餐咖啡厅、会议室、健身房、儿童活动室、小商店、SPA等，满足旅游客和长住客的需求。项目设计注重营造开阔的热带园林，充分展现海南岛独特的热带植物、热带花卉园林，带给客人热带度假休闲的感受。配备完善的设施和后勤服务系统，提供完善的超值服务。

建筑设计

在借鉴地中海度假物业的建筑理念的基础上，结合海南市场特点，遵循热带滨海酒店海景最大化、花园最大化和自然通透的原则，围合花园的建筑界面曲折多变形成本项目建筑设计的重要特色。U形的建筑布局，中间开口达52米，在用地范围受限的条件下保证每间客房均有良好的海景。

主体建筑分四大区，平面布局呈自然生长的状态，并由西向东、由南向北逐层退台，建筑群体西矮东高，充分利用海景，减少对周围建筑的视觉冲击，可欣赏亚龙湾日落的独特景观。选用耐久、耐腐蚀的外墙材料以减少海边盐化空气的侵蚀。

在建筑造型和细部构造设计上采用阳台、走廊和遮阳花架等构件，满足遮阳要求，改善居住条件，减少空调能耗，丰富立面效果。

首层设有餐饮区、休闲娱乐区、购物区等，功能分区明确，通过大厅将各部分有机地联系起来。从使用的舒适度、良好的海景视线以及合理的套型布置为出发点进行户型设计。

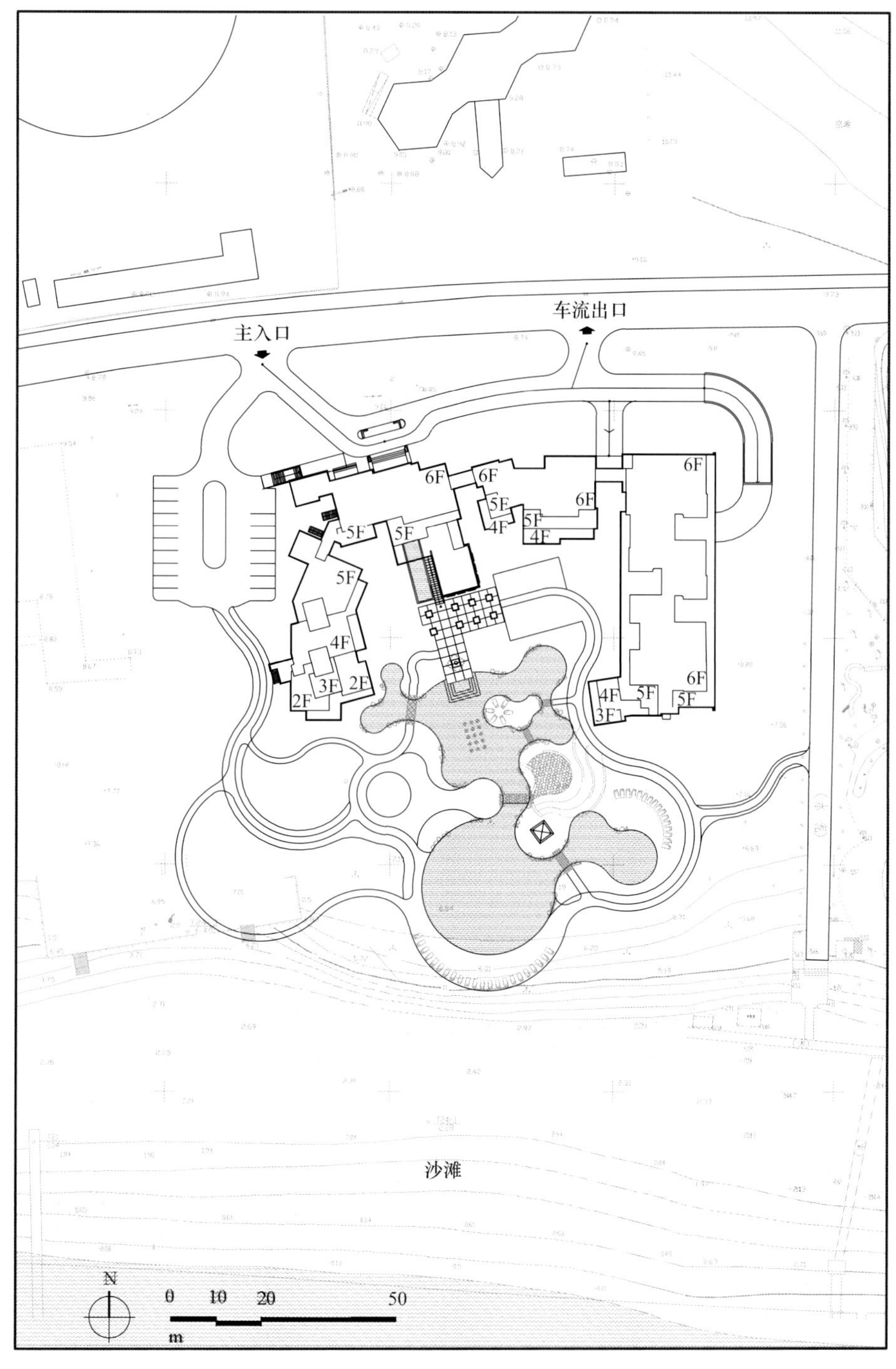

总平面图

地下一层平面图

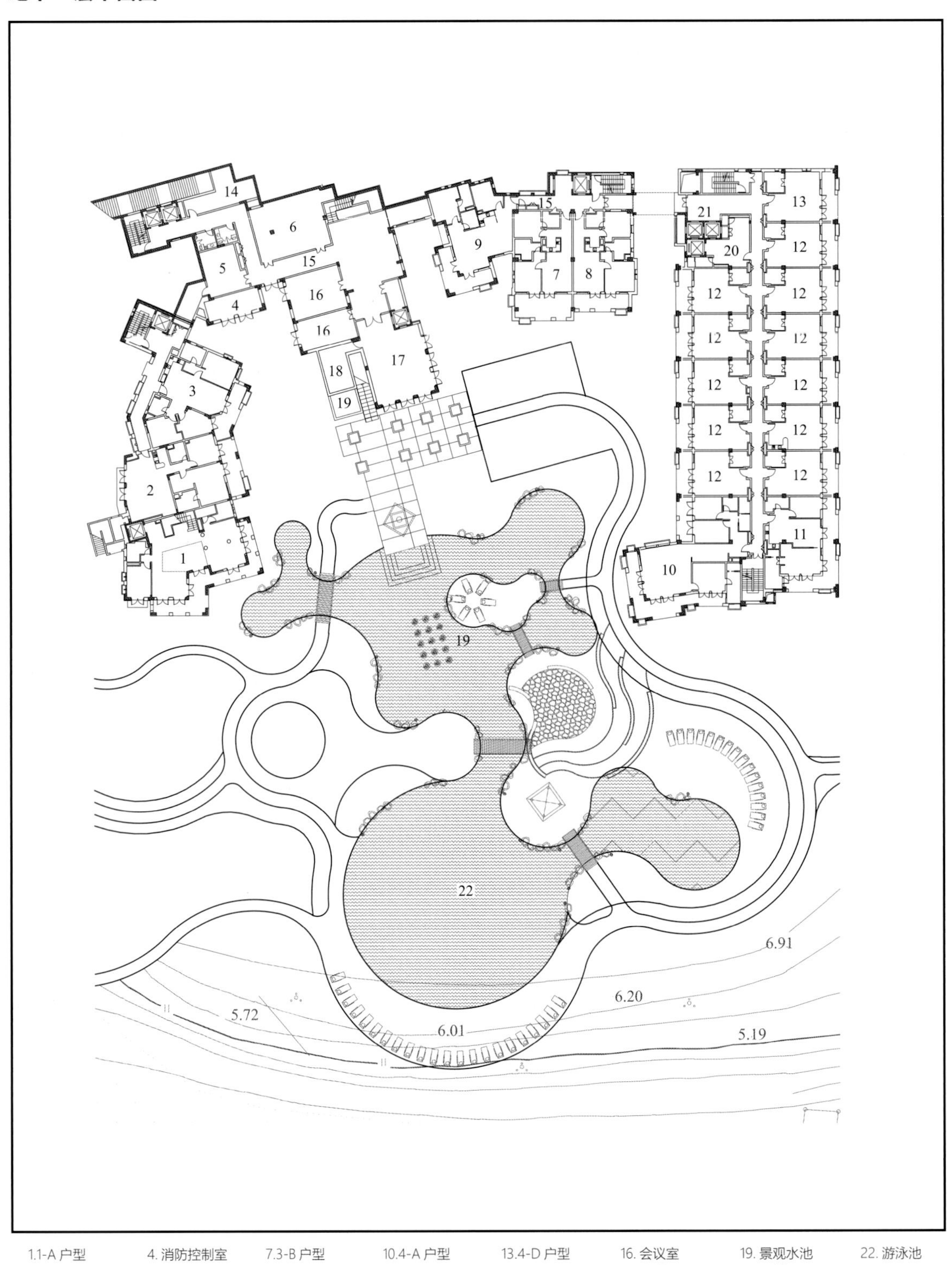

1.1-A 户型
2.1-G 户型
3.1-H 户型
4. 消防控制室
5. 弱电
6. 健身房
7.3-B 户型
8.3-C 户型
9.3-D 户型
10.4-A 户型
11.4-B 户型
12.4-C 户型
13.4-D 户型
14. 储藏间
15. 走廊
16. 会议室
17. 咖啡厅
18. 配餐
19. 景观水池
20. 后勤
21. 电梯厅
22. 游泳池

标准层平面图

1.1-B 户型　2.1-C 户型　3.1-F 户型　4.2-A 房型　5.2-B 房型　6.2-C 房型　7.3-A 户型　8.3-B 户型　9.3-C 户型　10.4-E 户型　11.4-B 户型　12.4-C 户型　13.4-D 户型　14. 屋顶平台　15. 阳台　16. 露台　17. 外走廊　18. 走廊　19. 花池　20. 后勤　21. 电梯厅

立面图

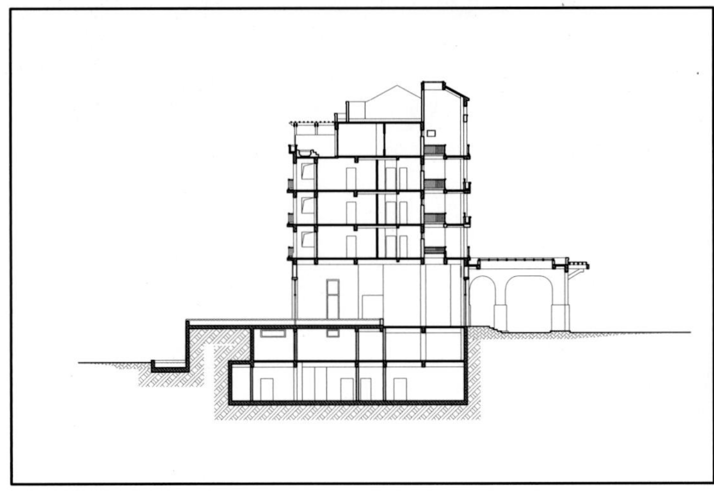

剖面图

2-D、2-E 客房平面放大图

4-E 客房平面放大图

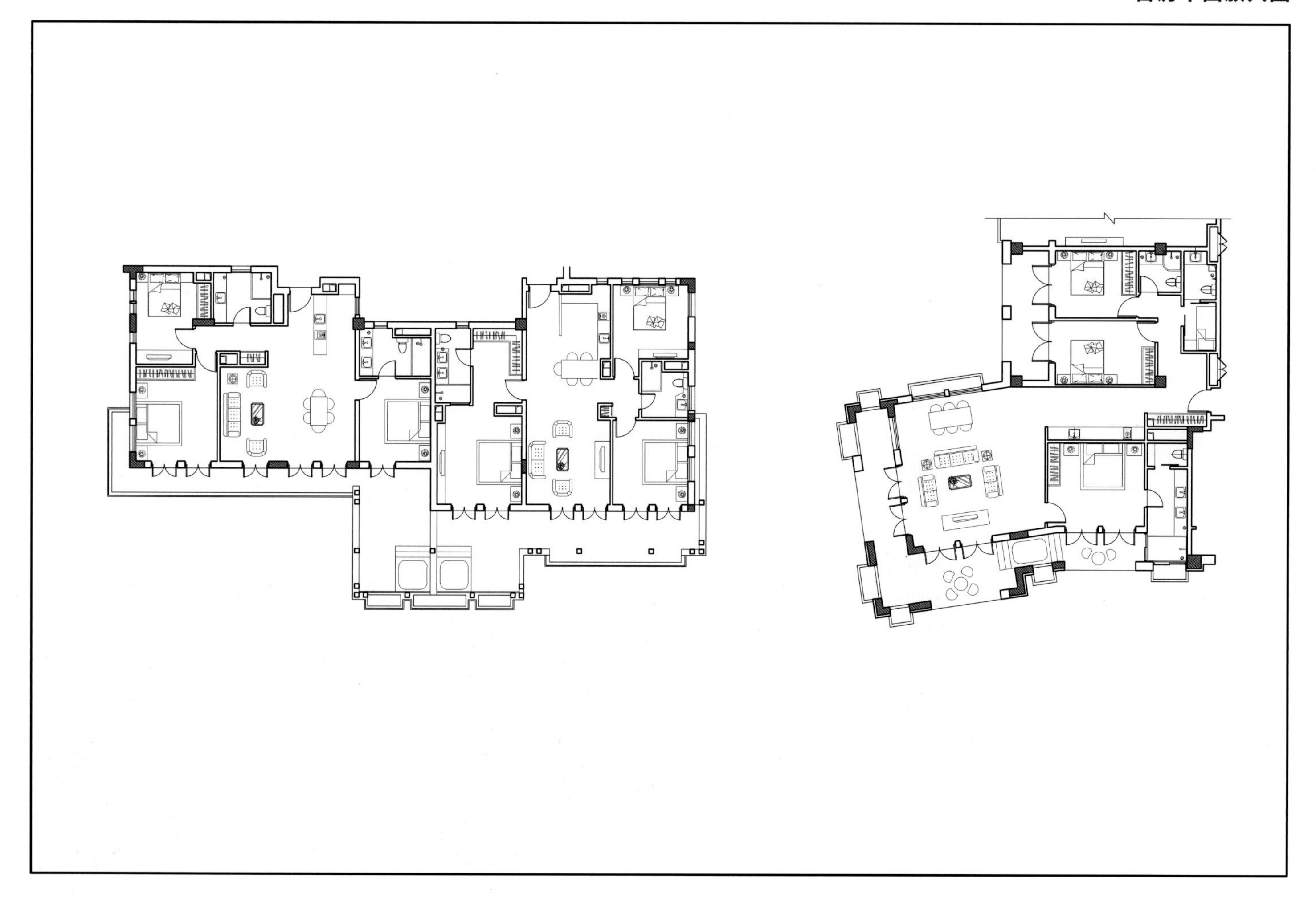

南山休闲会馆二期

项目概况

本工程用地位于三亚市南山文化旅游区内，与南山休闲会馆一期相邻。用地为坡地地形，高差较大。用地环境和景观条件良好，背依南山，东南面向南海，直视南海观音像，东北邻会馆一期，与北面不二法门、经墙位于一条轴线之上。该用地景观条件优越，环境品质绝佳，是开发建设高品质休闲酒店的理想用地。

项目信息

业　　　主：海南南山文化旅游开发有限公司
建 设 地 点：海南省三亚市
建 筑 设 计：中元国际（海南）工程设计研究院有限公司
项目负责人：张新平
设 计 团 队：张新平、李立红（建筑）、张震（结构）、
杨才龙（给水排水）、周全（暖通）、林照宏（电气）、
宁世清（总图）
总建筑面积：1.37 万平方米
客　房　数：180 间
设 计 时 间：2004 年
建 成 时 间：2005 年
图 片 版 权：中元国际（海南）工程设计研究院有限公司、
南山休闲会馆酒店管理公司

总体布局

会馆二期由大堂区及客房区组成，总建筑面积约为 13785 平方米。大堂区包含大堂、商场、餐厅及办公等配套服务功能。酒店客房由多条曲线簇组成，每簇均为两层，约 16~20 间客房。大堂与各曲线簇沿山势及等高线错落布置，各簇均有良好海景视线。

用地中央设 1000 平方米三级跌落式泳池，周边布置喷泉、瀑布、水吧等丰富的水景和设施。大堂、泳池与海上观音处于一条直线上，这条直线也是酒店布局的中轴线，统领建筑布局及景观层次。大堂外沿开阔地带在餐厅附近设置烧烤园及露天茶座，供客人享受休闲时光。

交通系统

酒店主要经由用地北侧新建道路到达，也是客流的主要线路，车流不进入客房区，客人到达大堂办理手续，再沿山间景观步道行至客房。客房区域沿山体同时布置多条山间步行小道，中途设景观小亭或环境小品，客人可休息纳凉、沐风观海。

在用地周边设环形消防车道，车道沿建筑周边山体蜿蜒布置，可加强与会馆一期及山下别墅区的联系。大堂东北侧设货运通道，与库房、厨房相连，供后勤使用。

园林景观

崇尚自然生态是园林景观设计的指导思想。本项目园林景观主体分布于中轴线及各客房簇之间，呈鱼骨状布置。园林以热带植物为主，配上山石、休闲小径及廊亭，形成多层次园林环境，将建筑掩映于绿树丛中，使酒店既有远处宽阔美丽的海景，又有近处层次丰富的园景。各曲线客房簇及大堂均做屋顶绿化，增加绿化面积及隔热效果，同时改善景观视觉效果，使建筑与山体和环境相融合。

建筑设计

建筑群分布于海拔 40~90 米的坡地之上，大堂位于相对平缓的最高处平台上。大堂区的设计努力营造一个园中之园的环境氛围。宽敞的空间和开放式的设计让游客可以在真正享受大自然美景的同时又不会受到阳光、炙热及阴雨所带来的侵害。舒展开放的空间与大自然的丰富、美丽融合在一起，营造出神秘的热带天堂，让游客沉浸其中。介乎于室内和室外之间，美丽的景致、音乐喷泉的舒缓乐曲、习习微风、幽幽花香让游客感到无与伦比的舒适与快乐。

大堂呈 U 形依山势错落布局，不同标高上分布着大堂吧、餐厅、商场、办公等空间单元，有的规矩整齐，有的休闲随意。

三层高的曲线形客房，恰当而自然地顺应山地地形分布。所有房间都享有绝佳的海景及海上观音景观。每个房间都拥有宽大的阳台，提升了居住单元的活力和开放性；恰到好处的遮蔽处理及家具的适当摆放，又营造和维护了客人的隐私空间，使客人在真正放松的同时能够充分感受到身处自然之中的惬意。

由于建筑群处于南山景区的面海山坡之上，在建筑布局和体型处理上采用化整为零的手法，使建筑群适应山体变化，融入自然环境。建筑造型设计则借鉴简约的民居设计手法，自然朴实，对话环境。

房间的家具和装饰物由天然材料制成，诸如竹子、石头和木头。墙上挂有简单的书法绘画或适当的中国古典美术作品。最特别之处莫过于奇异的热带鲜花给游客带来自然和温馨的感觉，像是主人送来的礼物。

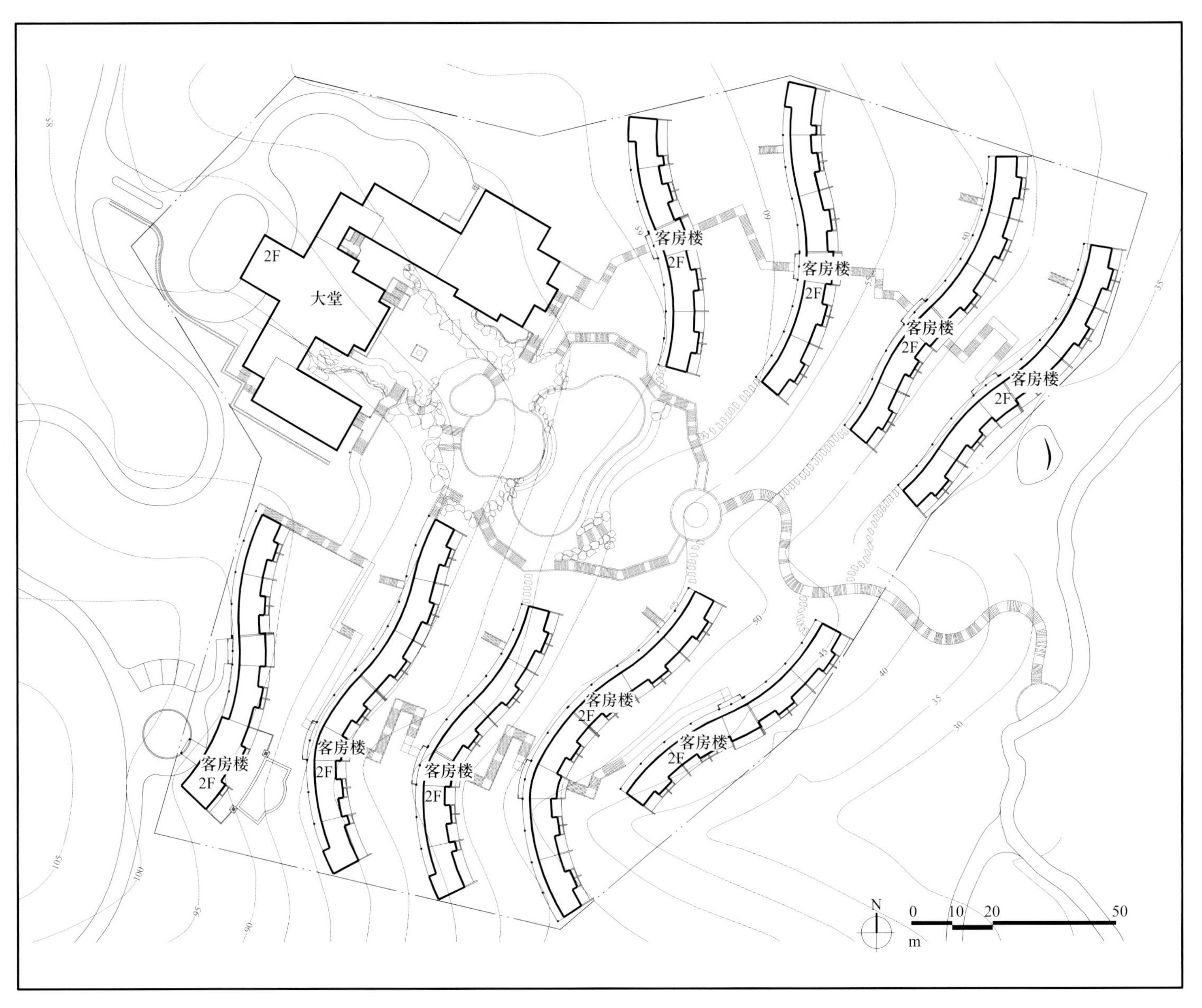
大堂
2F
客房楼
2F
客房楼
2F
客房楼
2F
客房楼
2F
客房楼
2F
客房楼
2F
客房楼
2F
客房楼
2F
客房楼
2F
N
0
10
20
50
m

总平面图

大堂区一层平面图

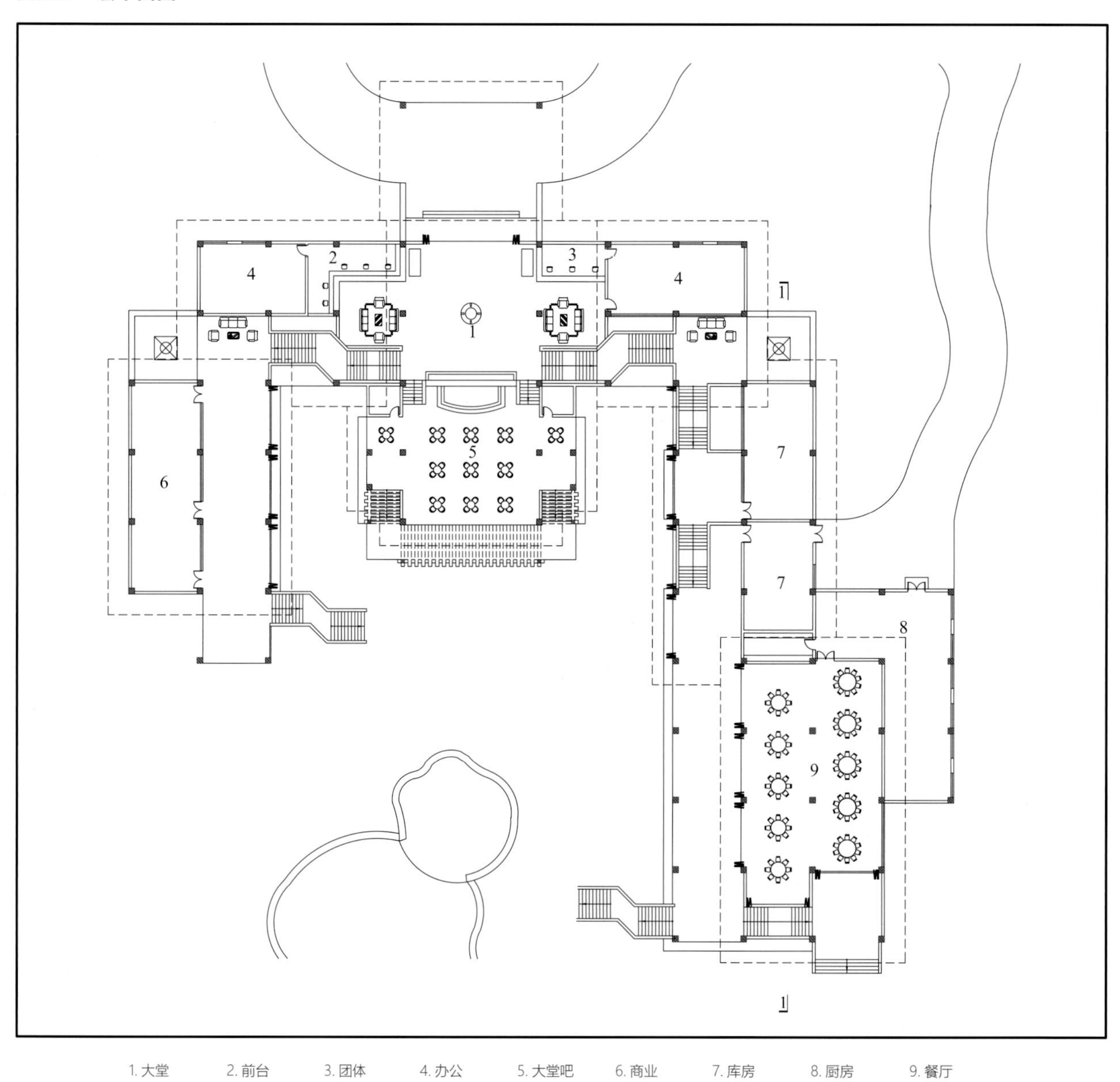

1. 大堂　2. 前台　3. 团体　4. 办公　5. 大堂吧　6. 商业　7. 库房　8. 厨房　9. 餐厅

立面图

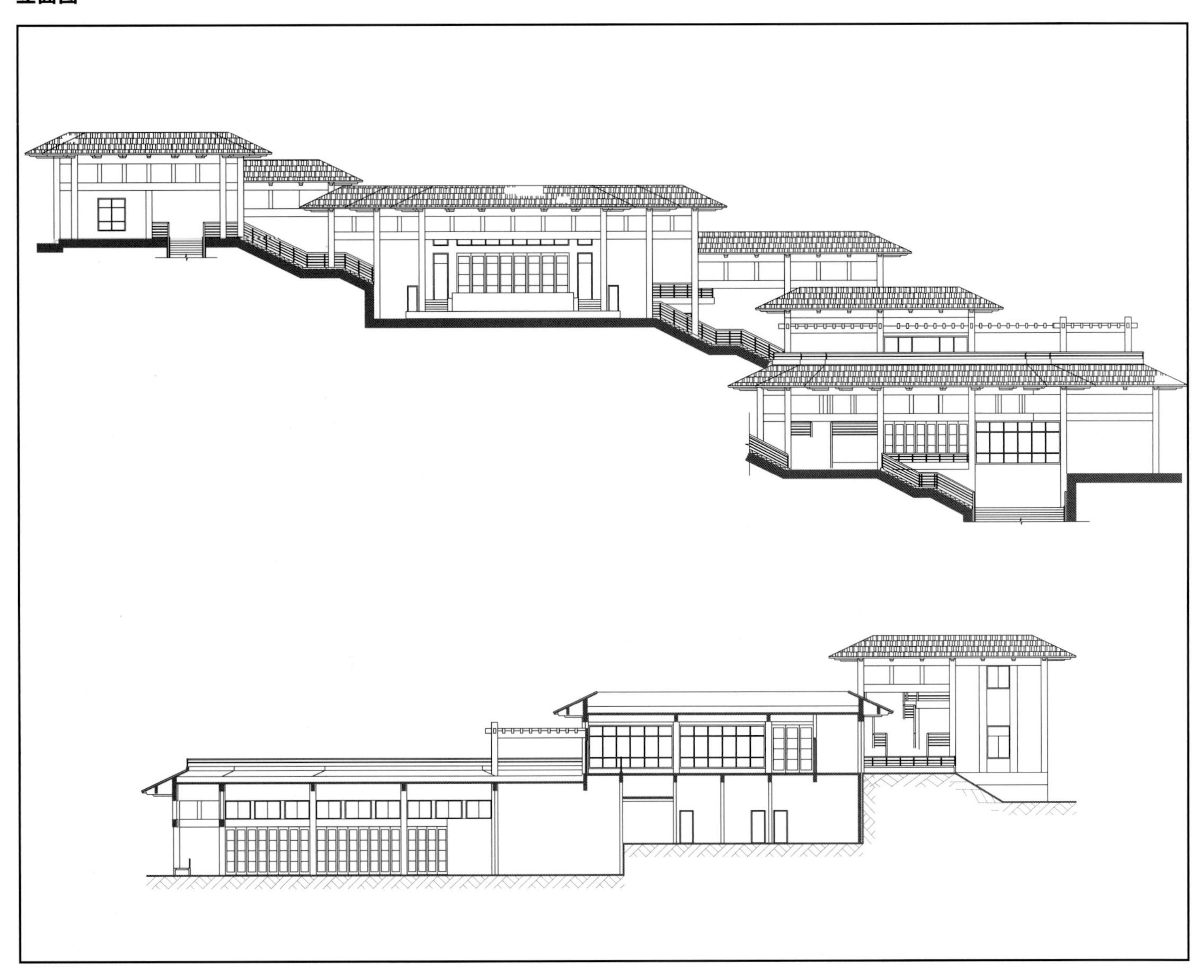

剖面图

户型放大图　　客房西立面图

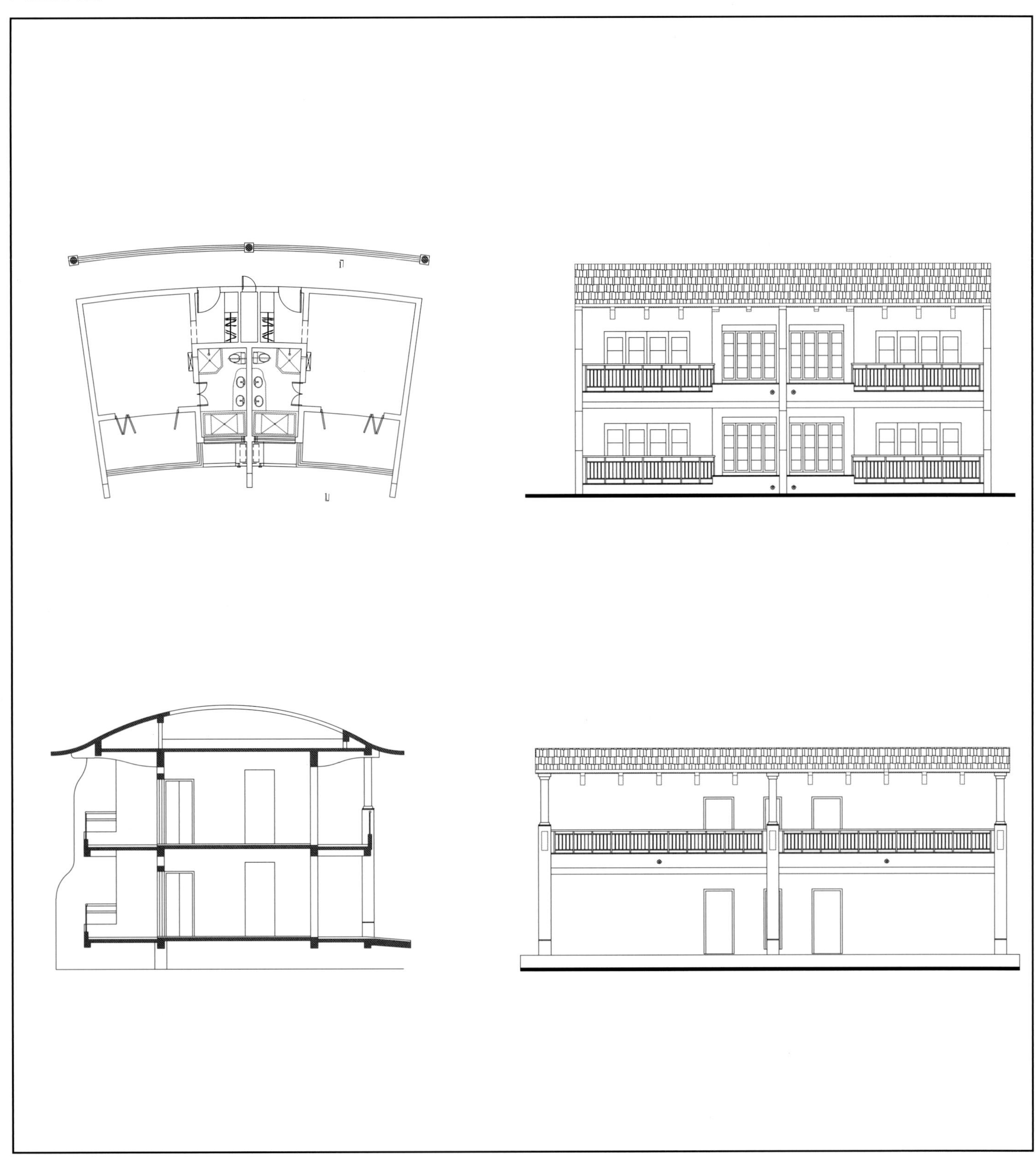

客房剖面图　　客房东立面图

客房研究方案草图

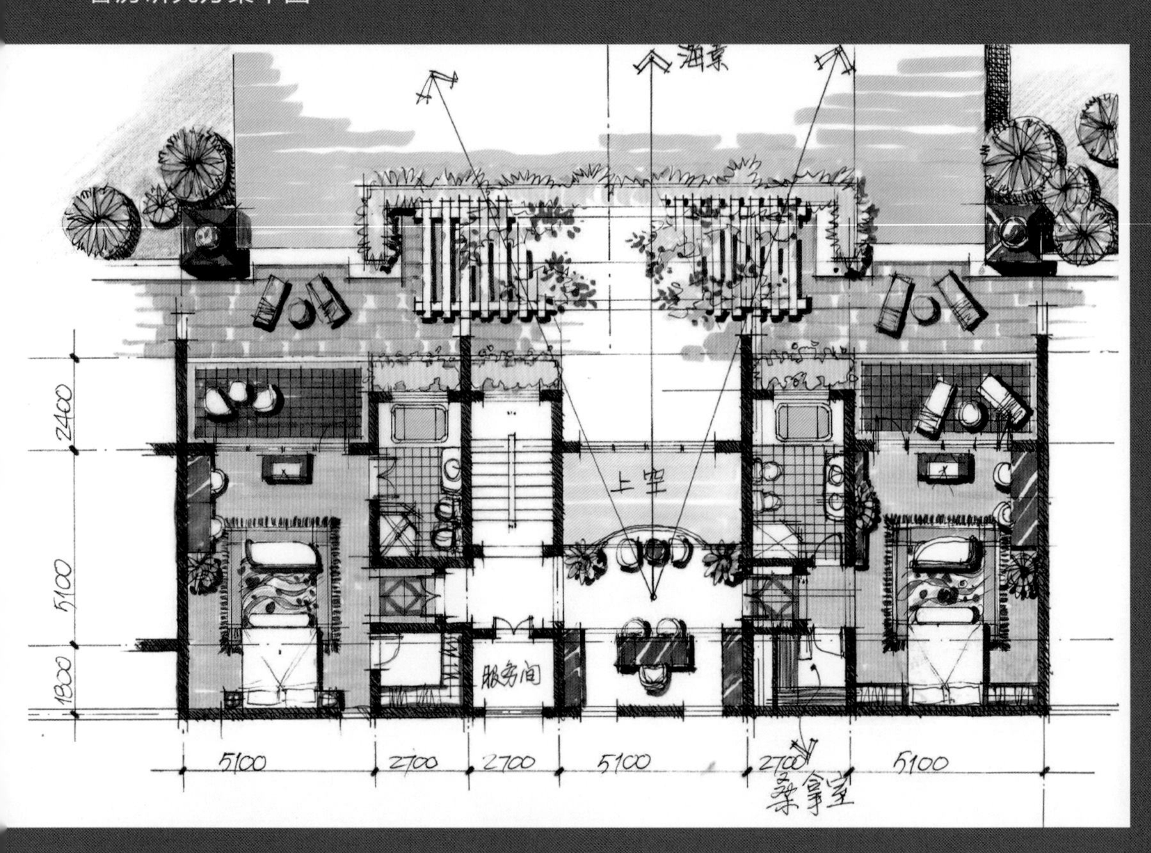
海景
上空
服务间
桑拿室
2400
5100
1800
5100
2700
2700
5100
2700
5100

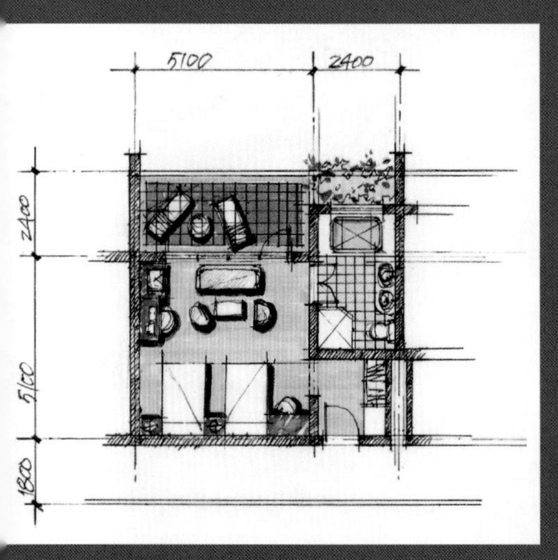
5100
2400
2400
5100
1800

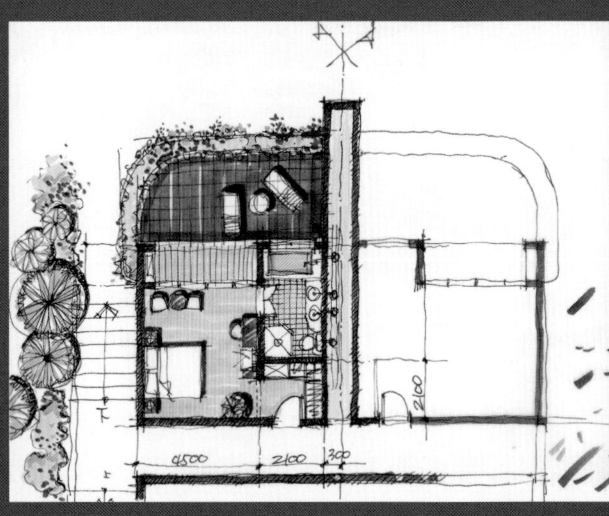
4500
2100
300
2100

布局研究方案草图

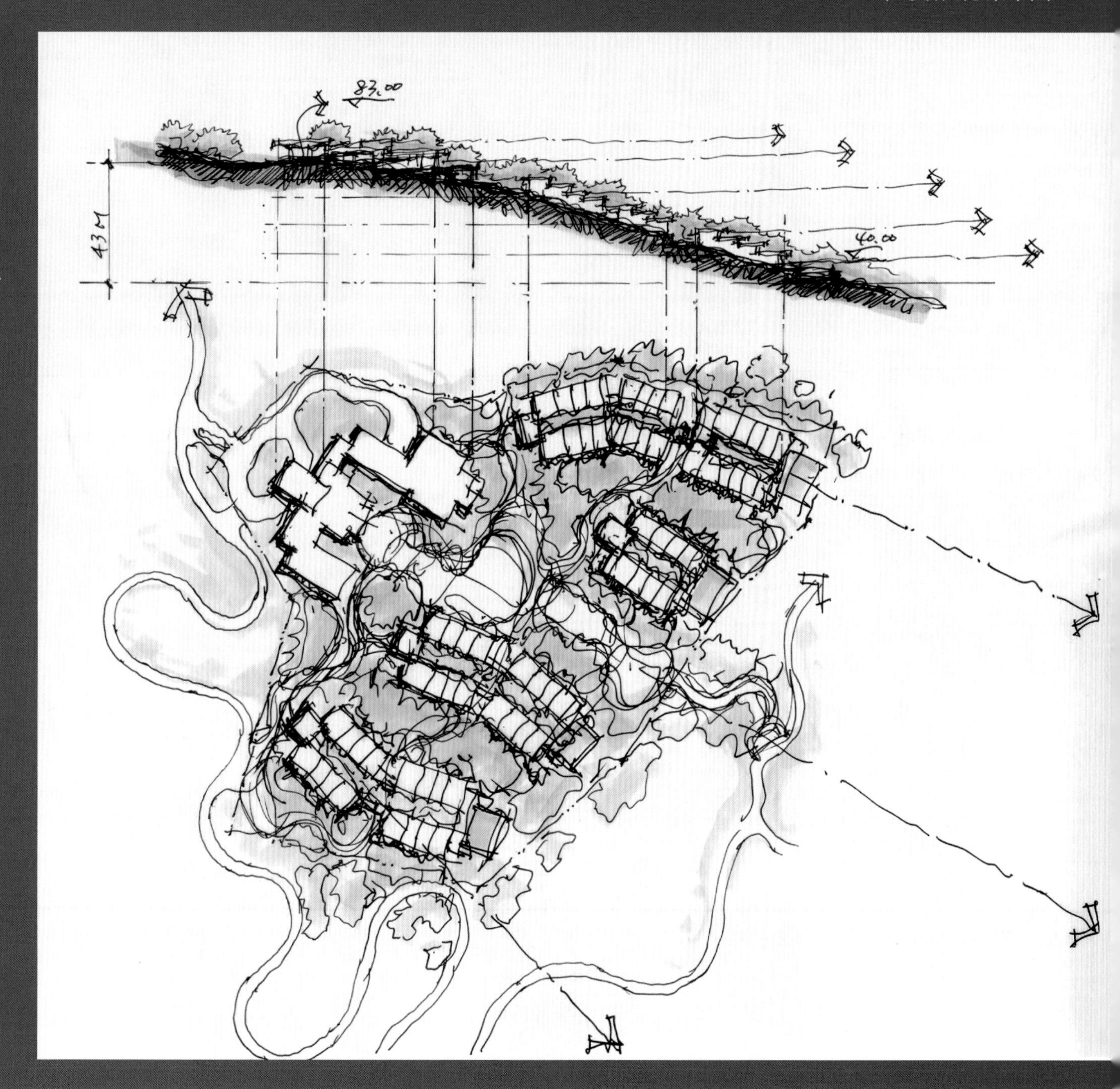

大堂区域技术设计草图（平面图）

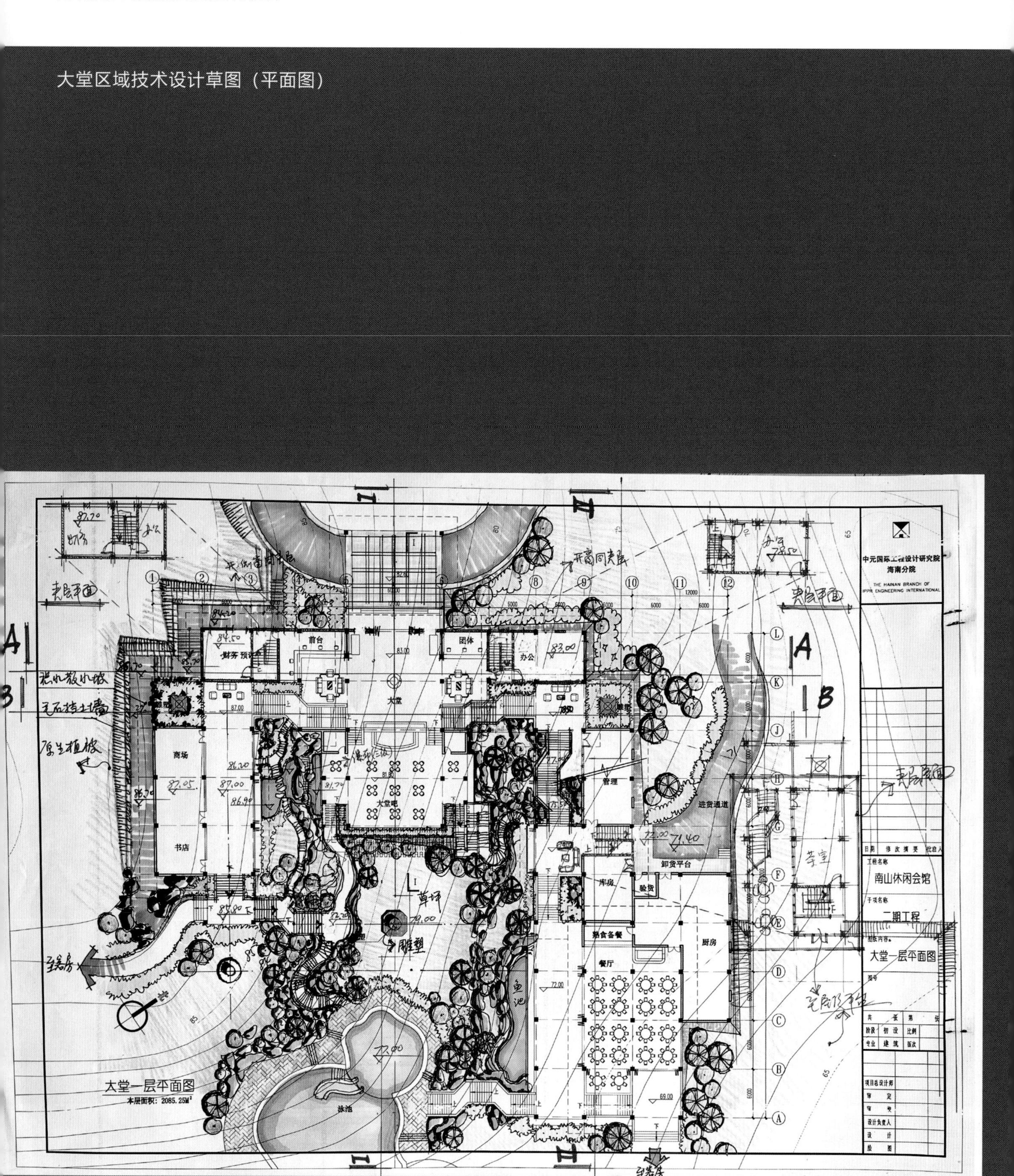

大堂区域技术设计草图（剖面图）

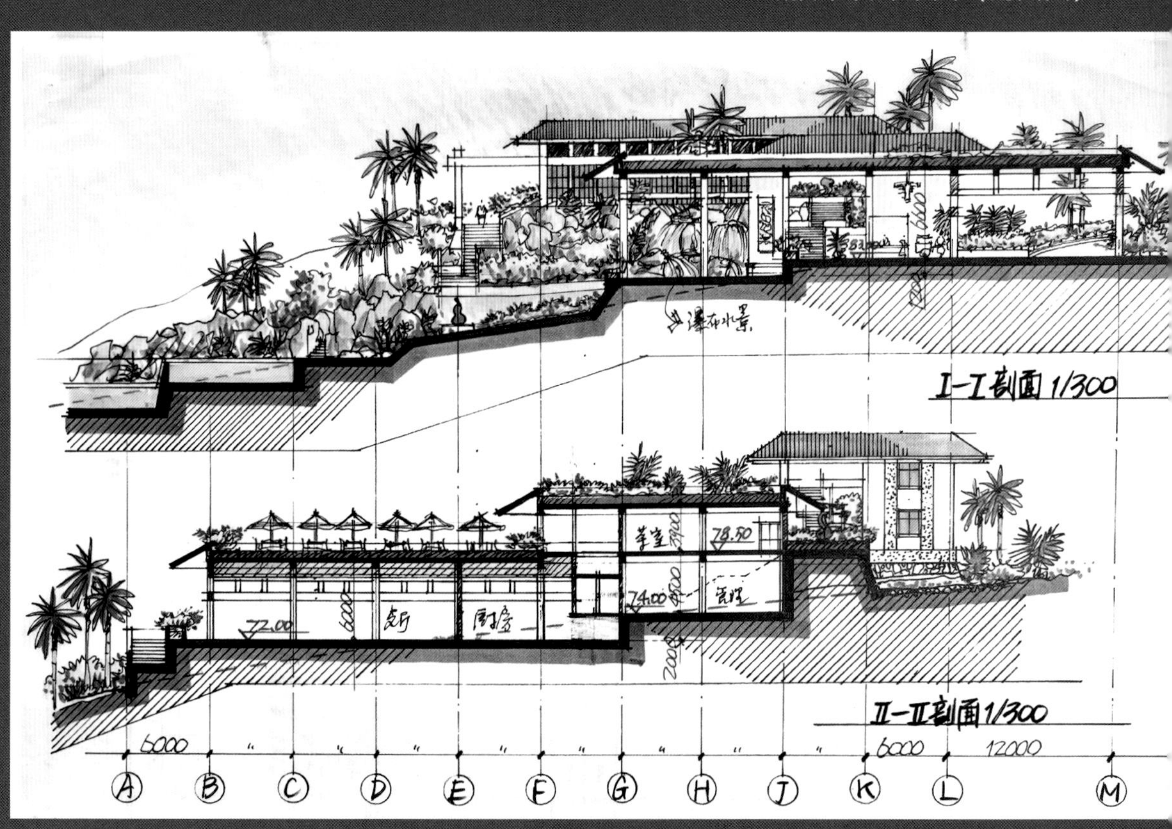

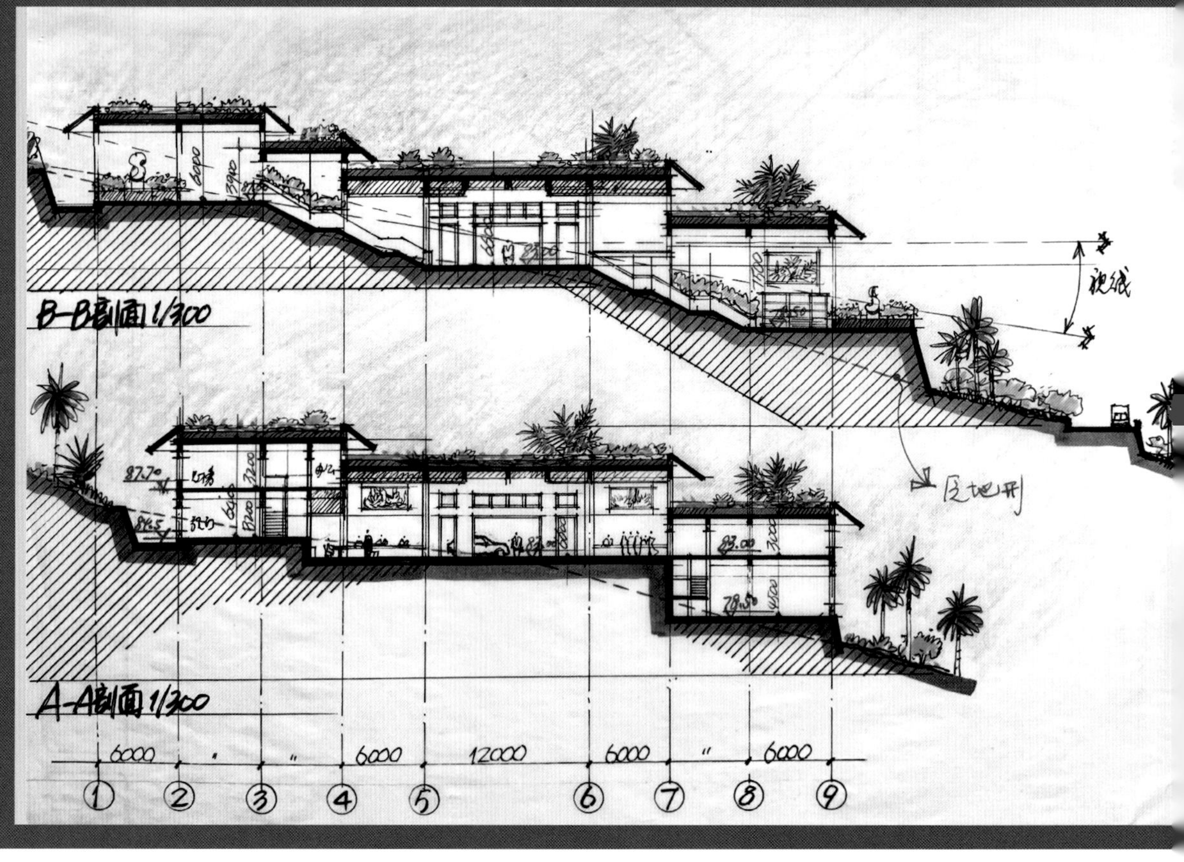

第二节　海湾景区度假酒店设计

Bay scenic resort hotel design

以个性体验为目标的价值导向，决定了酒店建筑不是孤立的存在，应当与所处的环境相互对话、相互映衬，以形成独特的空间环境性格。作为热带地区的酒店，建筑对环境空间品质的激发是度假酒店吸引力的源泉。“环境、空间、体验”三要素辩证统一，对环境特质的挖掘，将会带来独特的体验。

海湾景区度假酒店正是能带给使用者美好使用体验的独特存在，它既拥有着滨海酒店的所有特质，又因为身处景区，被赋予了美好环境自身的特点，设计者在进行这一类酒店的规划与建设时往往最重要的出发点就在于如何将自然环境、景区环境与酒店环境完美融合，最大化开发与利用环境资源，为自身赋能。

海南的七月，来自南太平洋的季风如期而至。在之后的五个月时间里，东南风夹杂着水汽和热浪，袭扰着五指山脉南部地区。在三亚绵延 209 公里的海岸线上，有一处藏匿于鹿回头山脚下的海湾，独享着大山的庇护，成为一处藏风聚气之所。在爆发式的海岸线开发时代，此处显得尤为低调和静谧，这里就是三亚鹿回头海湾。

鹿回头景区极具三亚地域文化特色，与东侧的大东海一起坐落在鹿回头山的东西两侧，前临南中国海，后靠南海情山，山清水秀、人杰地灵，在西侧 2.5 公里长的小海湾北段有一块近 500 亩的用地，这里坐落着三亚悦榕庄、三亚鹿回头国宾馆和待建的国宾馆二期工程。本节将结合三亚悦榕庄度假酒店、三亚鹿回头国宾馆、国宾馆二期项目，来谈一谈在特定条件和特殊要求下景区度假酒店的设计体会。

1958 年，时任广东省委第一书记的陶铸到海南岛考察工作，发现鹿回头这片风水宝地山岭俊秀，既有翡翠般的椰林，又有白玉一样的沙滩，随即决定在这里建设一个招待所。招待所于 1959 年动工，取名鹿回头招待所，自 1961 年建成以来，主要接待来海南岛的贵客及各国政要。随着海南的发展，政府的接待任务越来越多，在自身实力和管理水平还不到位的情况下，省政府采取了引进合作的方式，拿出鹿回头招待所的用地，引进悦榕庄品牌进行度假酒店建设，既在三亚市区增加了一个国际高端酒店，又满足了政府的重要接待的需求。自此，三亚鹿回头悦榕庄便开始策划、设计和建设。

三亚悦榕庄的建成使用，确实解决了政府接待重要客人的燃眉之急，但由于悦榕庄高端私密的品牌特征与国内政府接待上的行政氛围之间存在难以调和的矛盾，2009 年春节后，海南省政府就决定在悦榕庄的南侧建设三亚鹿回头国宾馆，并要求在 2010 年春节投入使用，一场与时间赛跑的艰巨任务开始了。

2010 年春节，三亚鹿回头国宾馆开业迎客，春节旺季的接待得到了政府和社会的认可，也让海南省政府感受到了潜在需求的压力。2010 年中期便启动了地块北侧的国宾馆二期工程的规划设计，委托首旅集团作为项目的合作公司。

三亚悦榕庄、三亚鹿回头国宾馆、国宾馆二期在一个相对集中的区域内，紧密与环境相结合。虽为三个项目，彼此之间却有不可分割的关联性。相互咬合的边界使其形成了三位一体的格局。在产品类型的选择和布局处理上有别于传统的大开大合式的滨海集中式酒店，而是建立了一种轻松自如的空间环境。这三个项目由于建设时期不同，所需达到的目标也存在一定的差异，因此，具体的处理手法上也有各自的特点。

由于三个项目紧密联系，有很多处理方法存在一定的共性，下面展开分析这三个项目的特点。

1. 方向性的消解——空间性格的塑造

除了连接城市道路的主入口具有方向感之外，总图布局则有意消除空间方向感，重新营造一个以景观朝向为脉络的秩序系统。这种半开放的外部空间在密林的掩映之下，呈现出一种自然的空间性格。初次到来，会在收放捭阖的外部空间中感受到热带地区充满张力的场景。

低矮的建筑沿着水景外环设置，通过单体内夹角的偏移和旋转成为一个扇形的单元，由此串联起来的联排别墅自然形成一道弧线，与水景的驳岸亲密咬合。所有的建筑群落皆由水体轮廓衍生而来，随岸而生，削弱了建筑的方向感。串联后的别墅长短不一，组合后的弧线从 1/5~1/3 圆弧不断变化，在形成半开放的围合空间的同时，也塑造出领域感。外部空间的高宽比控制在 1：6~1：3 之间，尺度宜人。

2. 化整为零——建筑融于自然

从设计开始，“完整”和“分散”这两个选项便具有强烈的倾向性。场地位于鹿回头山南麓，与山体根部仅有一路之隔。处于人文精神至高地位的鹿回头山便是周边区域的一个核心，所有围绕这个制高点的周边项目从规划角度均应服从这个前提。

1）总图布局

从总图布局来看，均贯彻化整为零的处理手法。首先除了东侧主入口以外，其余区域均避免大尺度的几何轴线关系。将建筑打散为 18 组聚落，以人工开凿的水面作为布局的参照系，疏密有致地散落在场地上。

2）建筑单体

在每一组建筑里，单体之间前后相互错动，避免形成整齐划一的界面。同时，通过单体自身房间夹角的变化，在连接处形成不同角度的扭转，依水就势、进退有致，与环境形成有弹性的咬合。北侧别墅区结合整个院区水系布置两栋总统别墅，采用“无中生有”“小中见大”的传统东方理念，创造别具一格的内部环境，同时结合海南热带特殊的气候特点，将建筑和环境穿插布置，创造建筑与环境、室内与户外相互交融的空间场所。建筑风格吸收悦榕庄的休闲度假的特点，采用更加优化的方式，化整为零，拆解建筑体量，创造尊贵与休闲并重的氛围。几何特征的削减，让建筑从空间环境中淡化退场。建筑与环境图的关系翻转，从而让环境从故事发生的背景突显出来，形成独特的体验。

3. 藏屋于林——私密性的保障

由于经常接待国家领导及各国贵宾，酒店的安全和私密性是一个重要的考察内容。项目北侧及东南侧均为高山，需要重点对这两个方位进行安全设防。

1）朝向控制

4 套总统套房均朝向西，在获得良好景观的同时也避免与北侧、东南侧的直接对照。此外，大部分别墅将沿着一条环绕整个地区的小河而建。绝大部分的别墅都能看到河流及莲花、百合花、水草、灌木丛等。这些别墅将朝向由地表植被、鲜花灌木丛、树木等组成的热带地表层。别墅之间互不可见，确保了私密性。

2）建筑高度与植物的关系

鹿回头雨水丰沛，原始场地中存有高大树木，都被保存下来。成年的椰子树树冠可达 15~20 米，而茂密的小叶榕的巨大树冠可超过 20 米。与此同时，除北侧和东南侧集中客房为 9 层外，整个区域大部分建筑单体均控制在 2~3 层。建筑屋顶均可被园区内茂盛的植物所遮蔽，形成天然的视觉屏障，提高了整个区域的安全性。总统别墅和豪华别墅以篱笆栅栏围合，拥有独立的前台以及公共设施。在主要路口、

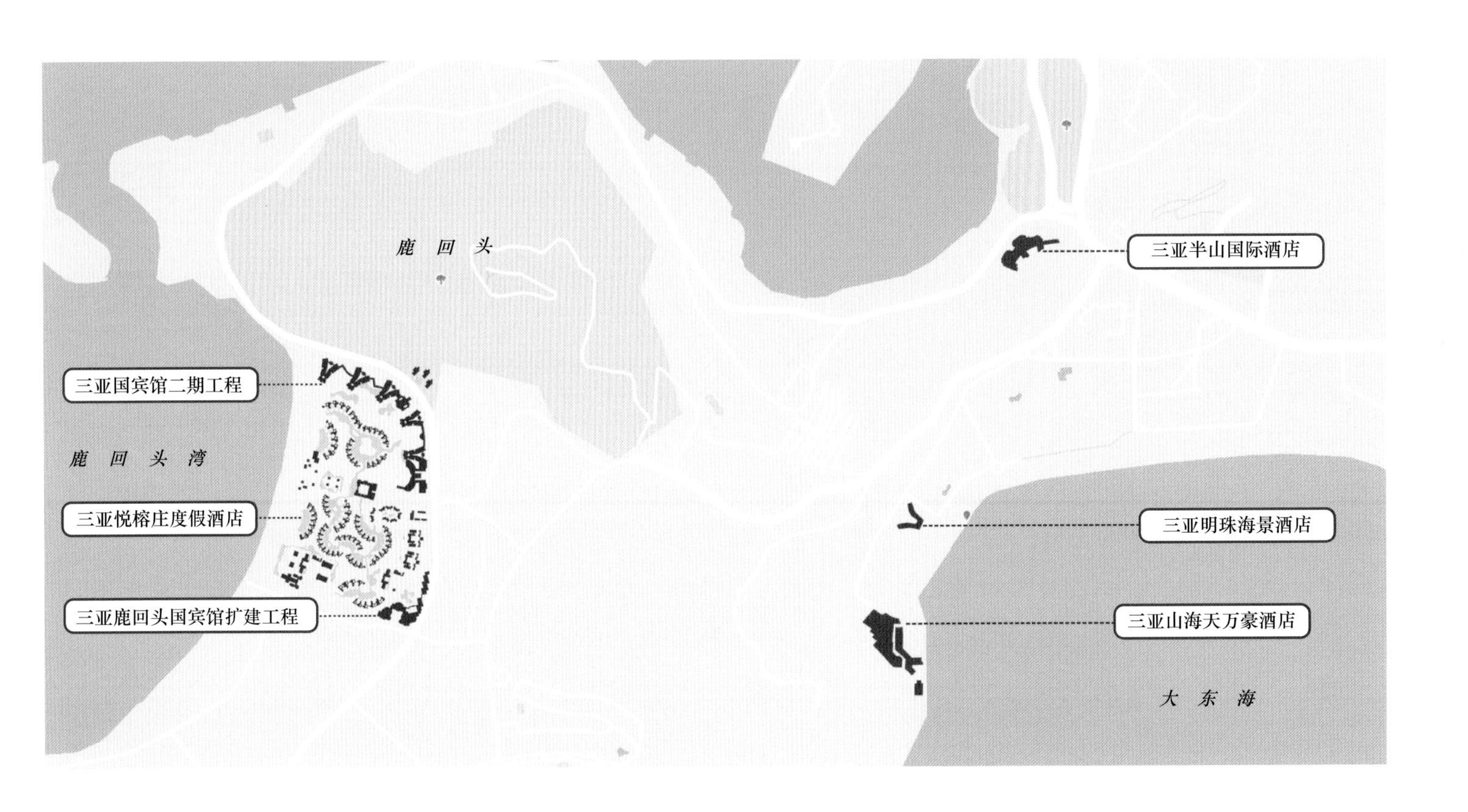

通道都配备了安全保卫措施。会议中心位于度假村东南角，并有临近主干道的一片空地。在重大活动中，大部分客人将被集中在此区域，保证其余酒店部分相对保密。

3）安全疏散

由于鹿回头片区的地理特征，在对外交通上有一定的安全隐患，出于对特殊情况下的安全性考虑，场地西南角还设计了一条向西延伸的栈桥，特殊情况时作为水路通道。在场地西南侧还设置了直升机停机坪，作为特殊情况时的空中通道。

建筑与环境互为图底、相互映衬。充分挖掘外部环境的资源，因势利导，取精华、去糟粕，提取度假产品所需要的要素，是成就个性体验的核心所在，也是一个酒店能够在更迭的时代浪潮中生存、发展、壮大的根本。

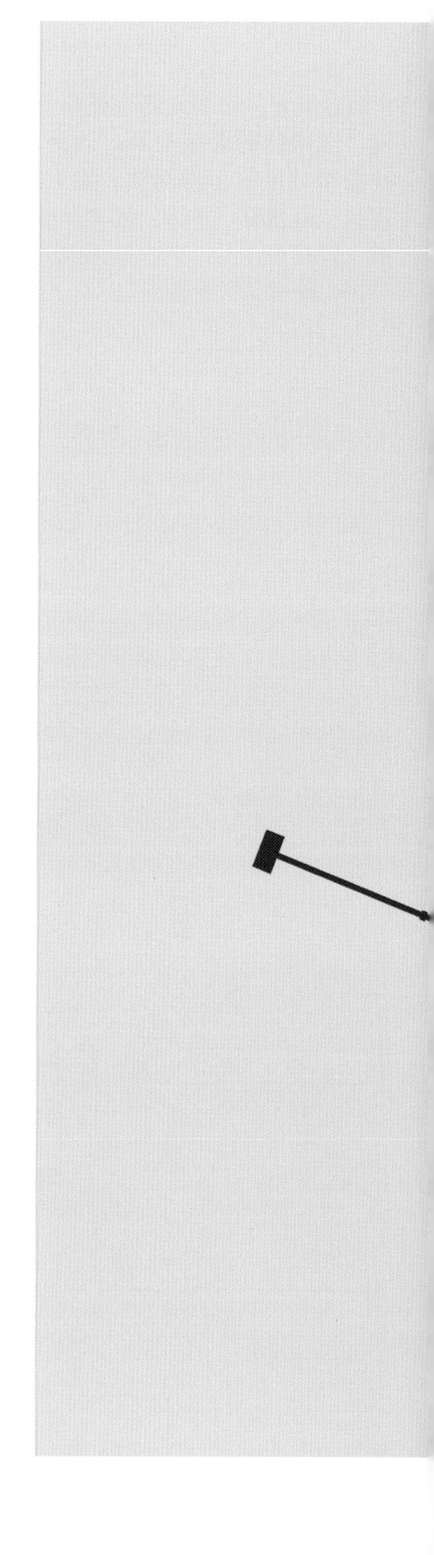

总平面图

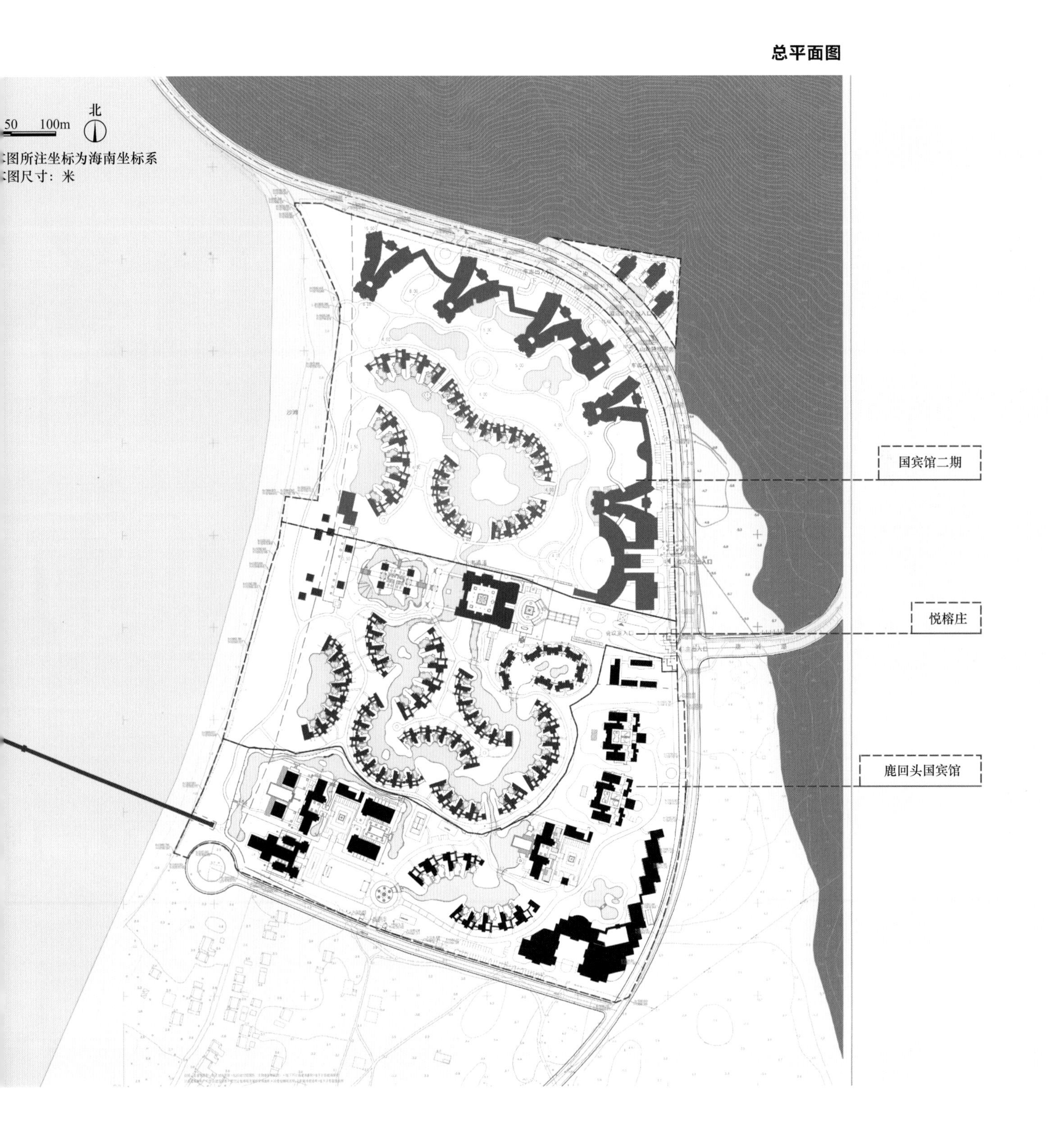

三亚悦榕庄

项目概况

三亚悦榕庄项目位于三亚著名旅游景点鹿回头山脚下，坐拥一线临海用地，总用地面积为 9.7 万平方米，建筑面积 1.34 万平方米，用地东、南、北三面环路，西临大海，临海面长度约 260 米。酒店总体包含 21 栋泳池别墅、16 栋豪华泳池别墅、12 栋泉浴泳池别墅、8 栋公寓式客房，还包含大堂、餐厅、会议中心、后勤楼等。

项目信息

业　　主：海南三亚国宾馆有限责任公司
建设地点：海南省三亚市鹿回头
建筑设计：中元国际（海南）工程设计研究院有限公司
合作设计：ARCHI TRAVE DESIGN & PLANNING
项目负责人：张新平
设计团队：张新平、李红、吕珍萍（建筑），刘彬、张震、王武军（结构），杨才龙、符霞（给水排水），周全（暖通），路增旺（电气），宁世清（总图）
总建筑面积：7.5 万平方米
酒店别墅：116 栋
设计时间：2006 年
建成时间：2008 年
图片版权：中元国际（海南）工程设计研究院有限公司、三亚悦榕庄酒店管理公司

总体布局

考虑到项目的远期发展，酒店的公共区域均布置在场地的北侧，会议中心位于度假村东北角，临近主干道区域留有一片空地。重大活动时，大部分客人可以集中于此，保证了其余的酒店部分相对私密，商务活动被安排在会议区。

别墅设计充分体现悦榕庄特色，每栋别墅都拥有一个坐落在绿荫之中的私人泳池和私家花园。大部分别墅沿一条环绕整个别墅区的小溪而建，别墅及别墅之间采用绿化、树木隔断，确保别墅间的私密性。原场地内现存的大树被保留，作为热带景观或个体别墅景观。

豪华别墅、水疗别墅在场地西侧，且均朝西面海，从别墅的二层就能欣赏到海景。在海岸沿线上，南、北半边的原有椰林也被保留，丰富的景观成为三亚悦榕度假村的特色。

交通组织

度假村入口在东侧，延伸出一条绿树成荫的通道，并连接环状交叉路。入口端庄顺畅，客人可以开车或乘车从绿荫的主道直接到达位于前厅中心区域二层的酒店大堂。SPA 亭和游泳池被安排在前厅和大海之间，客人可以从酒店大堂眺望整个度假村景观，塑造出以大海为背景、具有田园风格的池塘和亭阁景观。从接待处登记后，可乘坐电瓶车，进入别墅。电瓶车安静地沿着车道在度假村中往复行驶，车道设计人性化地连接了别墅和酒店设施。

建筑形态与材料

建筑风格采用具有滨海特色与海南传统民居元素相结合的热带度假风格，建筑层数均为 1 层或 2 层，外形轻巧、飘逸。建筑注重与环境融合，低层设架空廊及大扇折叠门，开敞、通透，将环境最大化引入室内。每栋别墅都设有私密的庭院空间及泳池，主要房间面对景观。局部设开敞的观景露台或凉亭。别墅大部分采用单坡屋顶，弱化单幢的整体性，形成群体的韵律感，与总体布局协调。别墅外观上加入热带元素，如木制圆柱，开敞棚架以及瓦片坡屋顶，彰显美丽恬适的热带风情。

建筑采用具有热带风格及本土特色的材料，屋面为橙色瓦屋面，外墙为米白色外墙涂料搭配部分毛石，门窗用深木色铝合金外框及透明玻璃，并与大量的木色装饰构件结合，具有浓郁的热带度假气息。

总平面图

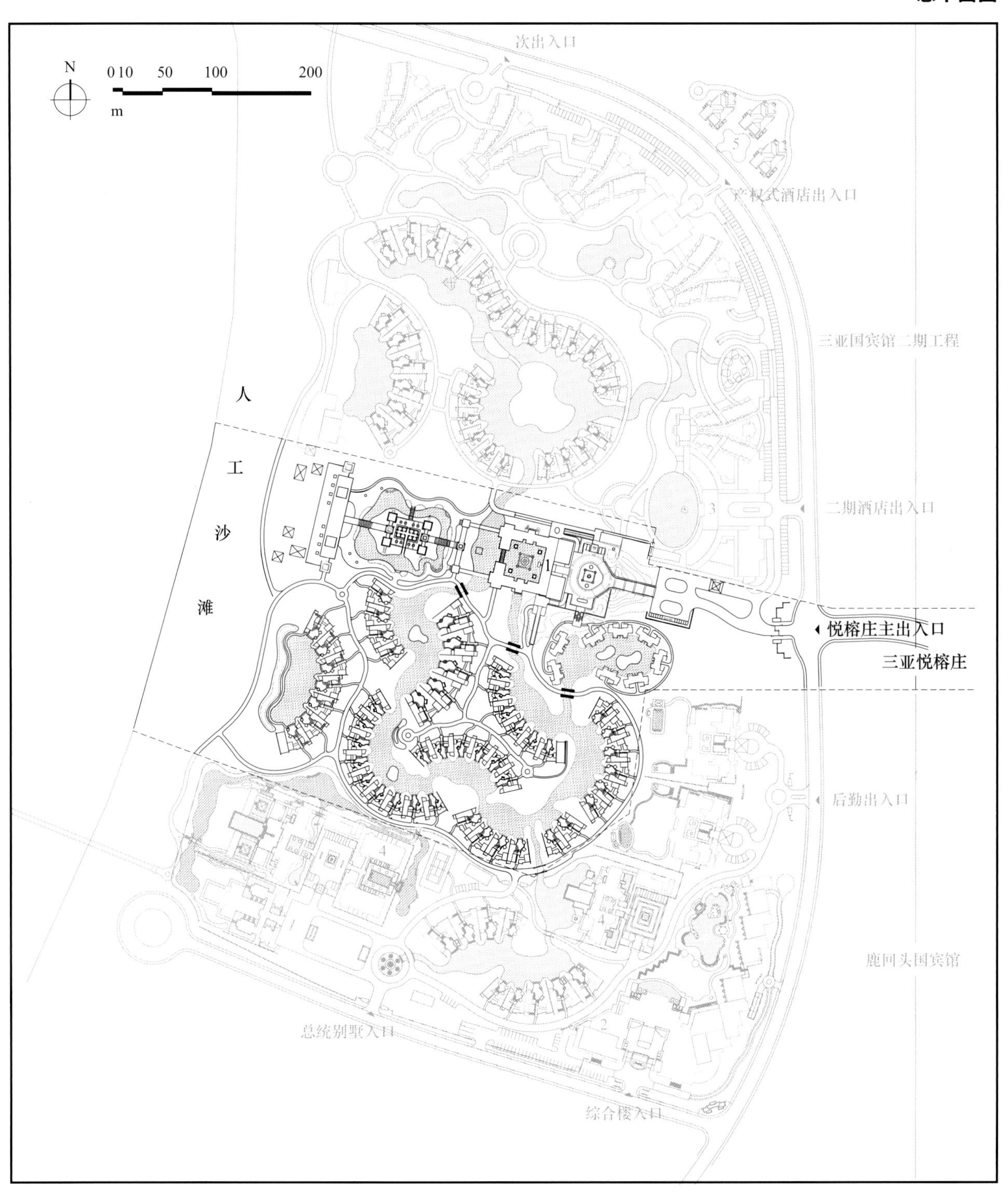
N
0 10　50　100　200
m
次出入口
产权式酒店出入口
三亚国宾馆二期工程
二期酒店出入口
人
工
沙
滩
悦榕庄主出入口
三亚悦榕庄
后勤出入口
鹿回头国宾馆
总统别墅入口
综合楼入口

大堂区一层平面图

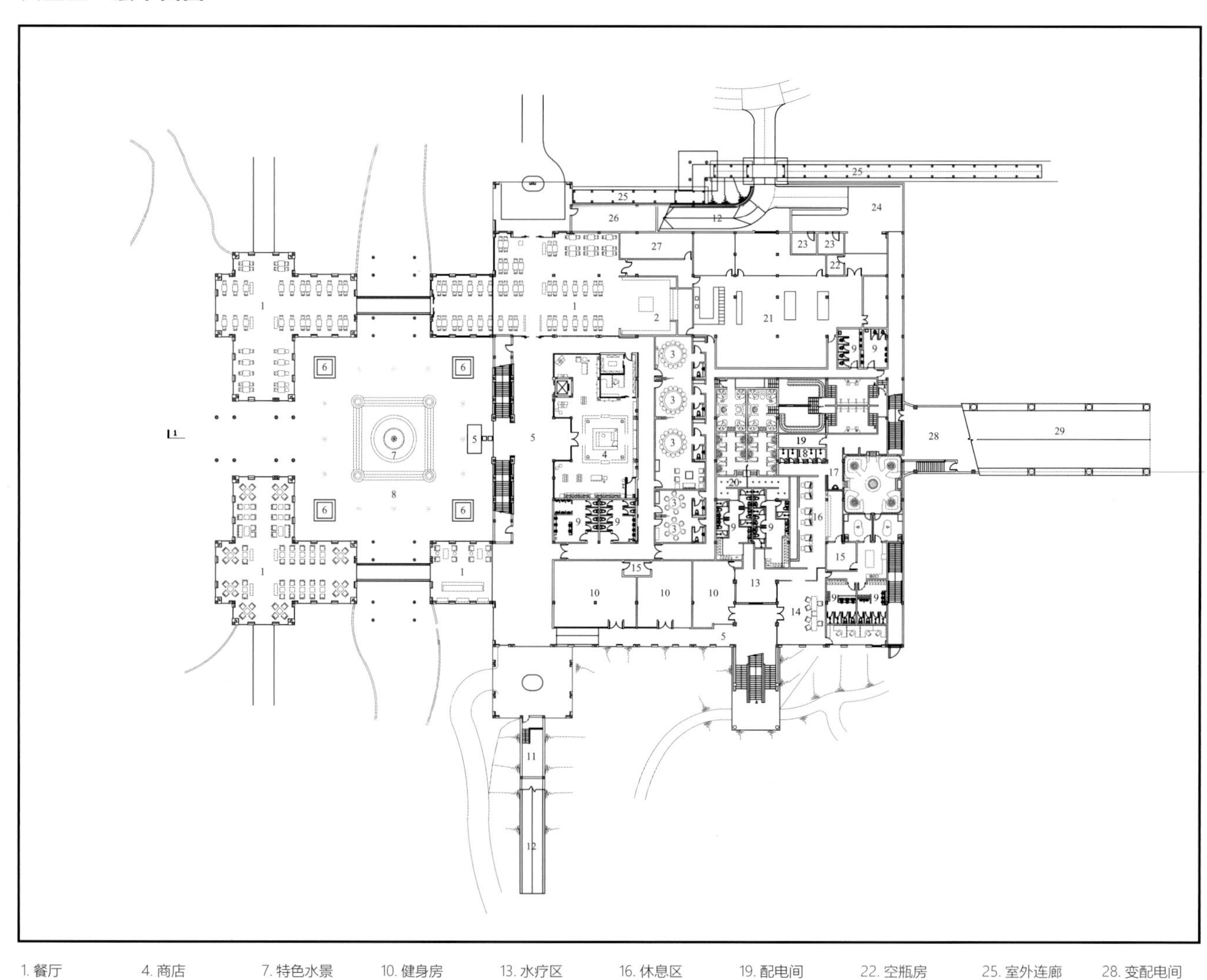

1. 餐厅
2. 开敞厨房
3. 包间
4. 商店
5. 开敞走廊
6. 花池
7. 特色水景
8. 莲花池
9. 洗手间
10. 健身房
11. 水泵房
12. 电瓶车道
13. 水疗区
14. 接待室
15. 储藏室
16. 休息区
17. 冰冻室
18. 淋浴间
19. 配电间
20. 淋浴走廊
21. 厨房
22. 空瓶房
23. 垃圾房
24. 后院
25. 室外连廊
26. 设备间
27. 空调机房
28. 变配电间
29. 汽车坡道

大堂区二层平面图

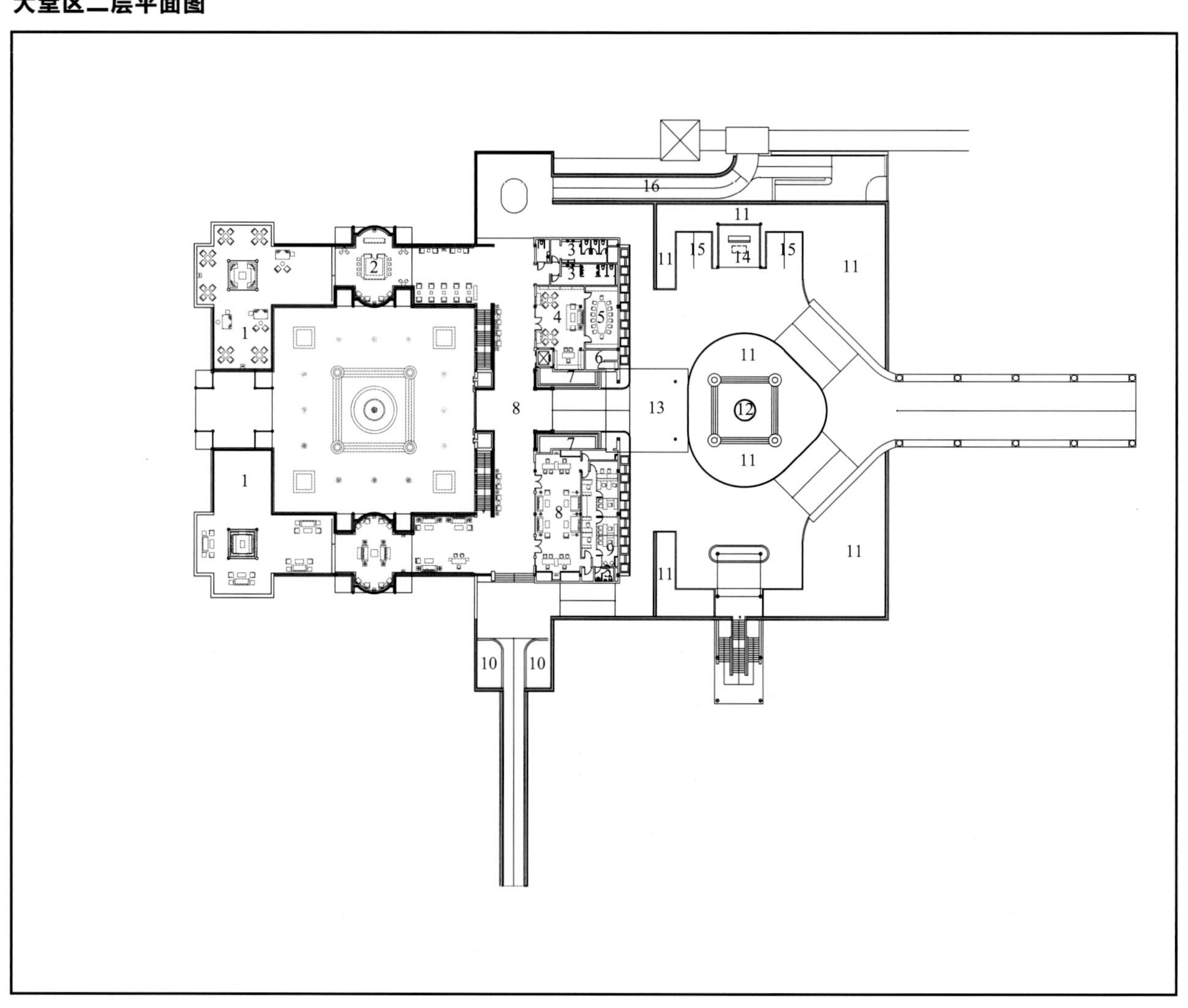

1. 室外平台
2. 大堂吧
3. 洗手间
4. 阅览室
5. 会议室
6. 行李存放
7. 水池
8. 开敞走廊
9. 办公室
10. 花池
11. 草坪
12. 特色水景
13. 入口平台
14. 休息区
15. 停车位
16. 电瓶车道

大堂区立面图

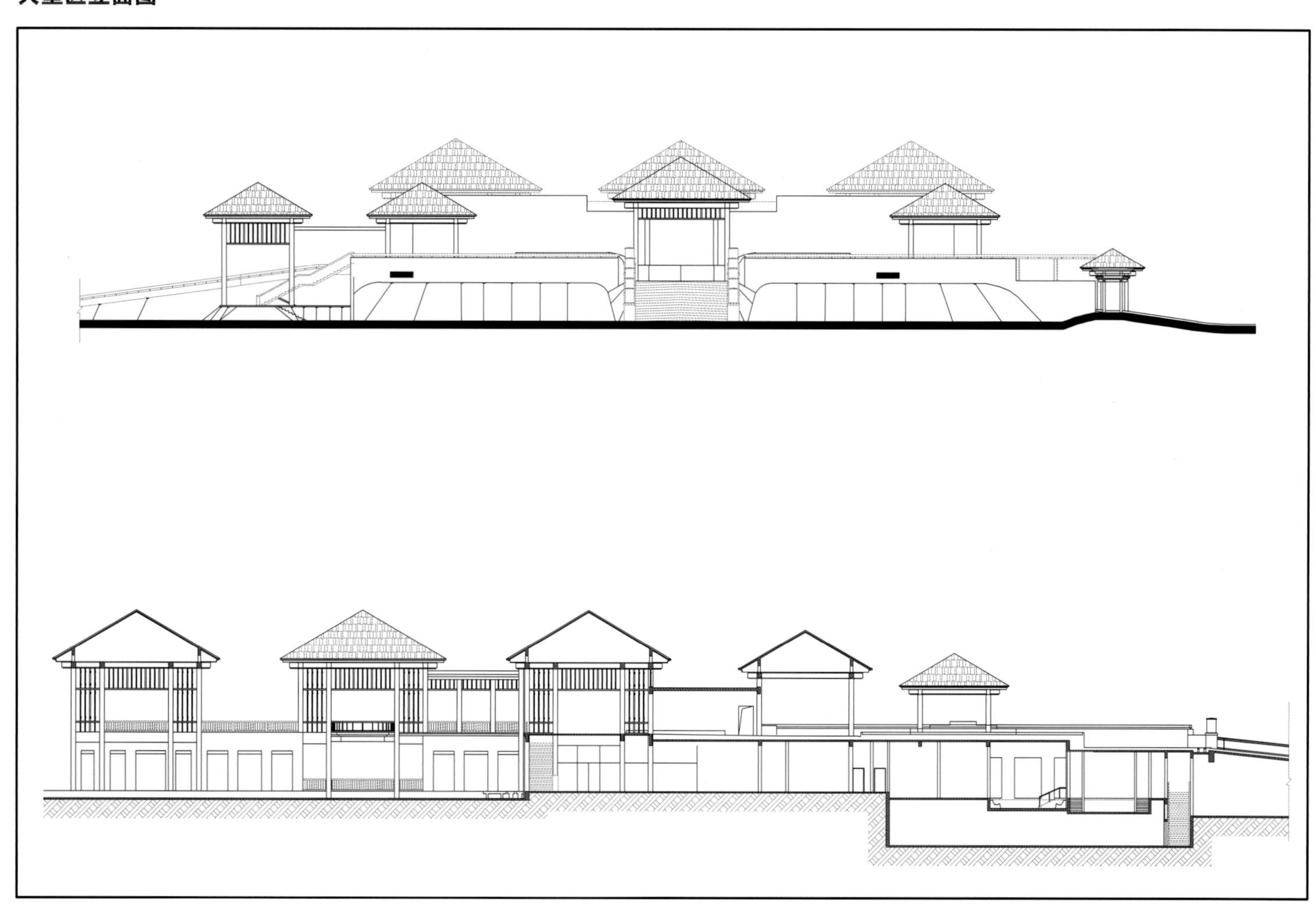

大堂区剖面图

总统别墅一层平面图

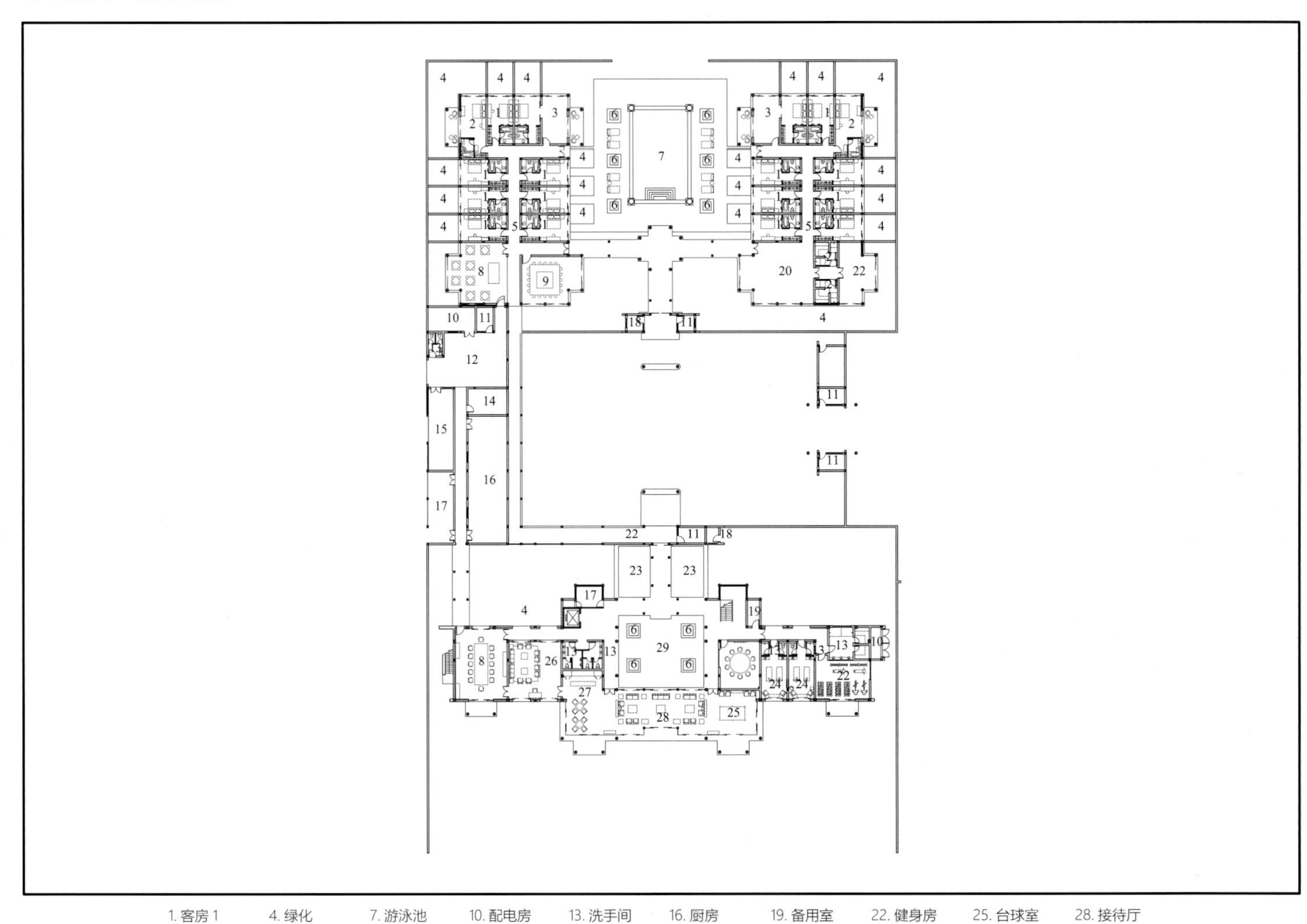

1. 客房 1
2. 客房 2
3. 客房 3
4. 绿化
5. 内走廊
6. 花池
7. 游泳池
8. 餐厅
9. 会议室
10. 配电房
11. 保安室
12. 服务走廊
13. 洗手间
14. 服务间
15. 设备房
16. 厨房
17. 储藏间
18. 弱电机房
19. 备用室
20. 休息厅
21. 桑拿房
22. 健身房
23. 水池
24. 按摩室
25. 台球室
26. 客厅
27. 游戏室
28. 接待厅
29. 水景池

标准别墅一层平面图

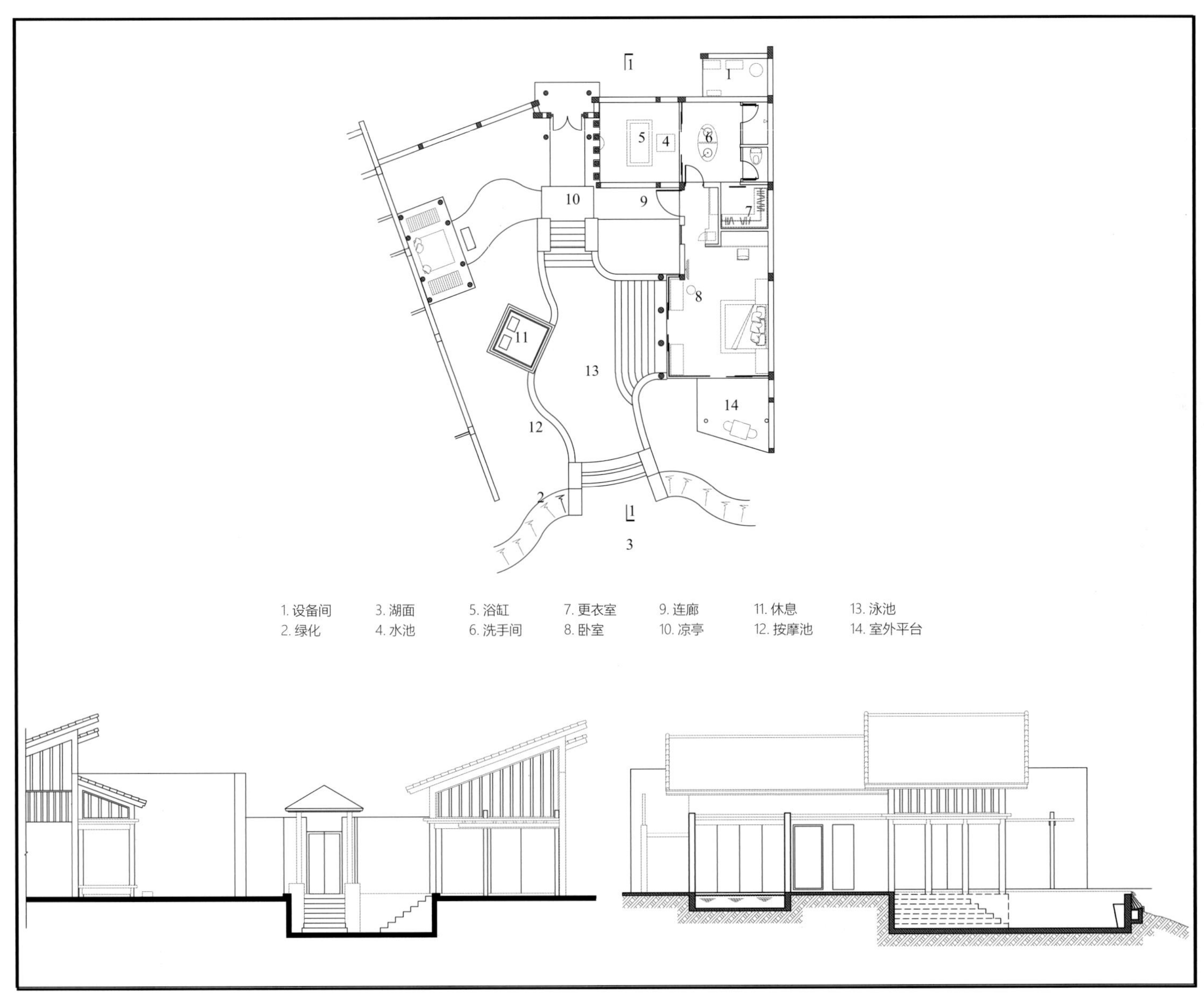

标准别墅立面图

标准别墅剖面图

豪华别墅一层平面图

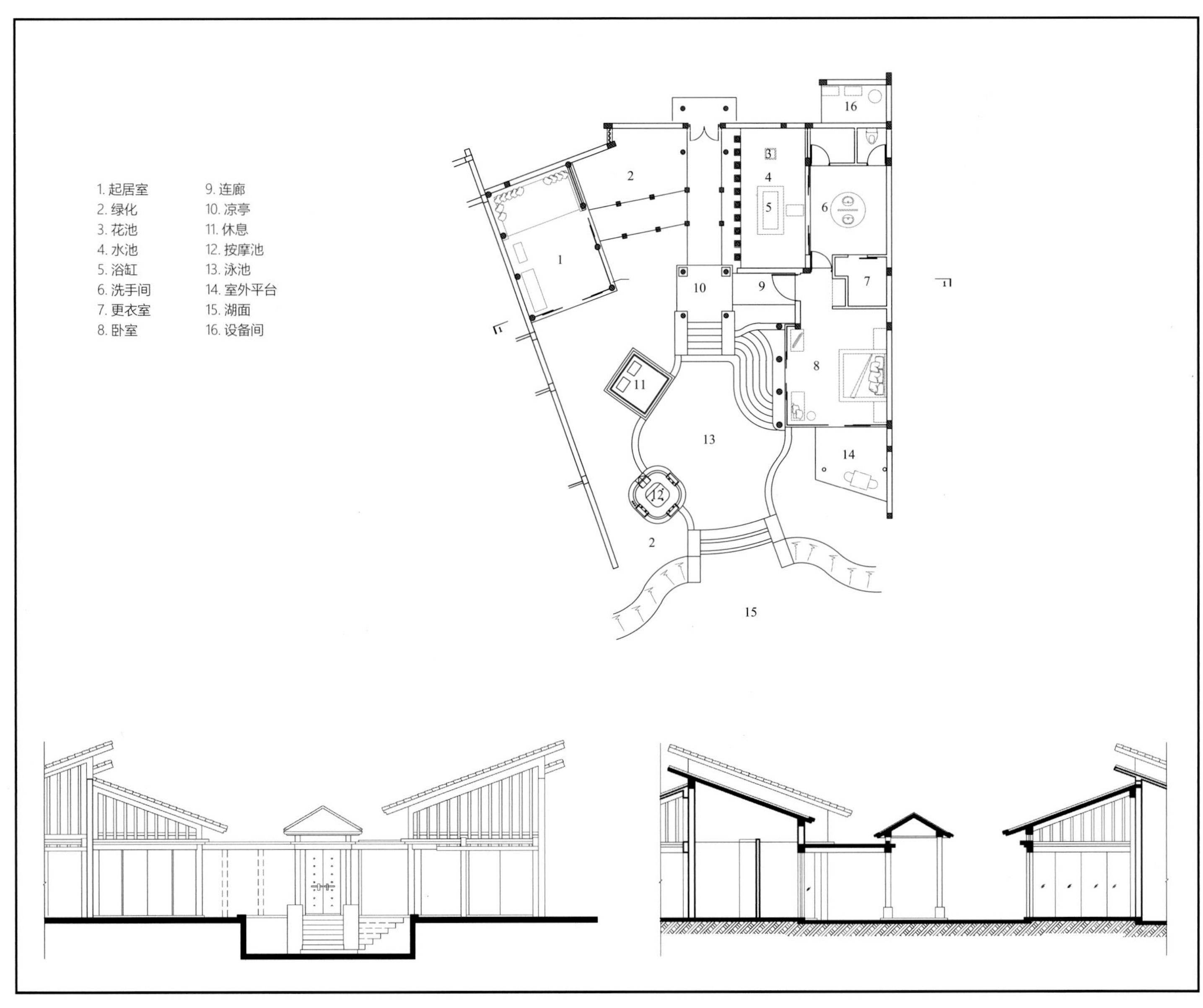

豪华别墅立面图

豪华别墅剖面图

三亚鹿回头国宾馆

项目概况

三亚鹿回头国宾馆由悦榕庄酒店划出的总统别墅、豪华别墅及新扩建项目组成，新建项目包含一座酒店综合楼和两栋总统别墅，其中综合楼为地上 2~9 层，局部地下 1 层，别墅为地上 1 或 2 层，总建筑面积约 2.94 万平方米。新建区域与悦榕庄 1、2 号总统别墅和部长别墅整合，完善了配套设施，使鹿回头国宾馆成为有特色的集政府接待、国宾接待、旅游度假为一体的园林式高标准酒店。

本项目拥有优良的热带滨海资源，地段位置显要，景观资源丰富，按照海南省政府要求，结合三亚市城市总体规划，本项目注重建筑要素、文化品位和生态环境的有机结合，注重政府接待功能的特殊要求。

项目信息

业　　主：三亚鹿回头度假村有限公司
建 设 地 点：海南省三亚市鹿回头
建 筑 设 计：中元国际（海南）工程设计研究院有限公司
项目负责人：张新平
建 设 地 点：张新平、李红、马超、陈昆元、吕珍萍（建筑）、
刘彬、张震、王武军（结构），杨才龙（给水排水），
周全（暖通），宁世清（总图）
总建筑面积：3.8 万平方米
客　房　数：178 间
设 计 时 间：2009 年
建 成 时 间：2010 年
图 片 版 权：中元国际（海南）工程设计研究院有限公司、
三亚鹿回头国宾馆酒店管理公司

总体布局

本项目布局上面临两个难题，一是用地紧张、地形狭长；二是现有的总统别墅在滨海一侧，东侧不远处建设的其他高层建筑在安保上存在隐患，本项目的客房楼也要避免对总统别墅的视线干扰。

建筑设计

综合楼位于地块南侧临近主入口处，采用 L 形平面，东侧为客房部分，南侧为酒店大堂及会议、餐厅等公共配套，三层以上均为海景房，建筑主体采用退台设计，呼应周边的自然环境。L 形布局围合形成一个半开敞花园，布置绿化及淡水泳池。酒店入口适当抬高，酒店空间界面丰富，布局与地形有机结合，建筑与环境和谐统一。

北侧别墅区结合整个院区水系布置两栋总统别墅，总统别墅后退道路红线 53.29 米，减少城市道路交通噪声的影响；与西侧别墅距离 44.17 米，避免相互干扰。总统别墅二层均拥有非常好的海景视线，并有较大的私家花园，且设置了独立泳池。

酒店公共区域设在场地南侧，靠近城市道路，出入方便，同时兼顾服务 1~4 号总统别墅的距离均好性。高度较高的酒店设在场地东侧，有效削弱半山半岛高层公寓对总统别墅区的视线干扰。建筑排列化整为零、错落有致，柔化高层建筑与东侧城市道路之间的压迫感。高层酒店客房呈锯齿形排列，主要房间均背向 3 号、4 号总统别墅，弱化酒店客房对两栋总统别墅的视线干扰。酒店客房三层以上均有良好的海景。

以庭院的方式组织酒店大堂入口区，大堂与城市道路隔开一定距离，便于清晰、有序、顺畅地组织交通系统。酒店员工及后勤出入口设在用地东侧，有直接对外的出入口，与客人流线分开，减少对主体客房的干扰。

3 号、4 号总统别墅用地环境与现有总统别墅相比不占优势，用地紧张、没有一线海景且靠近马路，本设计采用“无中生有”“小中见大”的传统东方理念，创造别具一格的内部环境。结合海南特殊的热带气候特点，将建筑和环境穿插布置，创造建筑与环境、室内与室外相互交融的具有热带特色的空间场所。

交通组织

项目用地东临鹿岭路，南侧有规划路与主入口相连。总统别墅区与综合楼的交通系统区分明确、联系方便。综合楼主入口设于南侧东端，3 号、4 号总统别墅平时主入口设于南侧中部，东侧道路设 3 号、4 号总统别墅专用出入口，适应特殊情况的需要，同时另设有货运出入口。综合楼南侧集中设 47 个停车位，其中含两个大巴车停车位，3 号、4 号总统别墅靠近入口处分别设 3 个停车位。重要贵宾接待人流与商业旅游接待人流分开，内部服务通道隐蔽、便捷，作为配套的综合楼与现有 1 号、2 号总统别墅均有很好的联系。综合楼周边设隐形消防环道，各总统别墅均有道路可供消防车到达，满足消防要求。

建筑形态与材料

建筑造型轻巧、通透、精致，具热带风格，空间流动、开敞。建筑体型设计上采用热带滨海风格，结合悦榕庄造型元素风格特点，整体简洁休闲。酒店主楼立面设计以韵律感极强的客房阳台、花池及坡檐作为外观造型元素，将结构构件、遮阳构件与装饰构件巧妙结合，创造出丰富的光影变化。

整体采用折坡顶造型，屋檐出挑较大，形成较深阴影，适应热带气候，弱化了屋顶厚重的体量。酒店顶部处理错落变化，使滨海天际轮廓更加丰富。别墅造型上采用架空外廊、深挑屋檐、落地门窗、宽大露台以及凉亭等，充分结合环境及景观，体现热带滨海度假特色。利用窗和阳台的形式变化，产生立面装饰效果。

建筑外墙饰面材料主要为外墙涂料及石材，主要墙面色彩以米黄色为主，间以白色及深褐色，屋顶则以橘红色瓦屋顶为主，建筑整体朴实、自然而具本土特色。玻璃选用淡色透明玻璃，既与外墙形成明暗虚实对比，又与蓝天、海水相呼应，使得建筑清爽明净。

总平面图

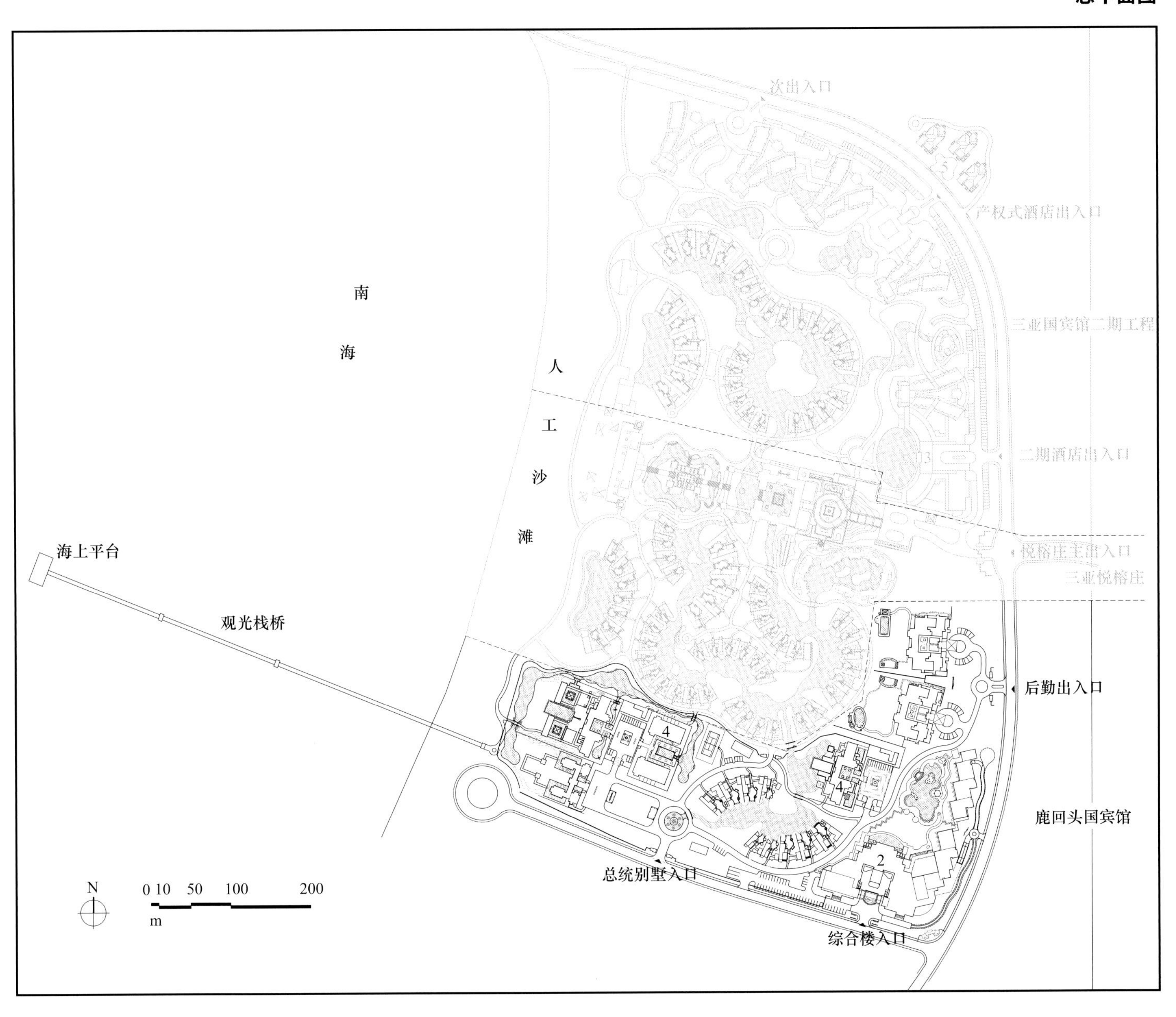
次出入口
产权式酒店出入口
三亚国宾馆二期工程
二期酒店出入口
悦榕庄主出入口
三亚悦榕庄
后勤出入口
鹿回头国宾馆
南
海
人
工
沙
滩
海上平台
观光栈桥
总统别墅入口
综合楼入口
N
0 10 50 100 200
m
4
4
2
3
5

一层平面图

1. 标准间 A	4. 开敞走廊	7. 电梯厅	10. 绿地	13. 服务间	16. 商务中心	19. 办公	22. 货运门厅	25. 中餐大厅	28. 大堂吧
2. 餐厅	5. 前室	8. 卫生间	11. 西餐厅	14. 门廊	17. 精品购物	20. 大堂	23. 包厢	26. 前厅	29. 行李房
3. 备餐间	6. 服务间	9. 架空层	12. 西餐厨房	15. 安保警卫	18. 连廊	21. 下沉庭院	24.KTV	27. 庭院	30. 财务

鹿回頭國賓館

立面图

立面图

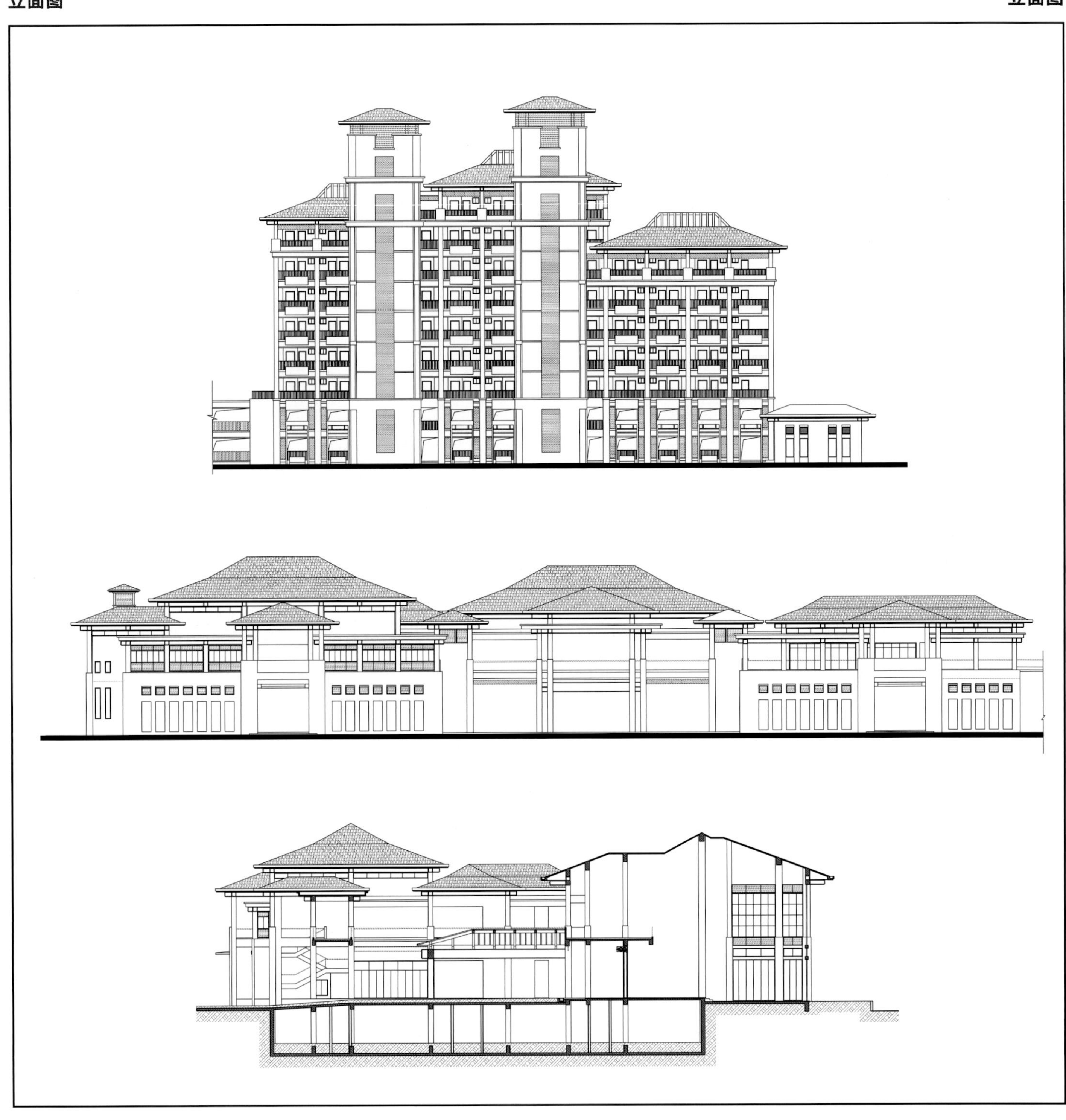

剖面图

三亚鹿回头国宾馆二期

项目概况

国宾馆二期项目总用地面积为 13.27 万平方米，为临海一线用地，规划用地为旅游服务设施项目，要求在建设星级酒店的前提下，注重产品多元化设计，适度增加建设一些产权式酒店、酒店式别墅等旅游设施项目，以满足旅游市场的需求。项目是集商业、酒店、产权式酒店、酒店式别墅等为一体的大型度假酒店，总建筑面积为 11.07 万平方米。

项目信息

业　　主：海南三亚国宾馆有限责任公司
建 设 地 点：海南省三亚市鹿回头
建 筑 设 计：中元国际（海南）工程设计研究院有限公司
项目负责人：张新平
设 计 团 队：张新平、李红、张渊、黄煦、黎可、吴朋朋、杨进（建筑），刘彬、张震（结构），杨才龙、符霞（给水排水），周全（暖通），林照宏、樊伟捷（电气），宁世清（总图）
总建筑面积：11.2 万平方米
客　房　数：612 间
酒 店 别 墅：33 栋
设 计 时 间：2012 年
项 目 状 态：未动工

总体布局

项目分为南地块（A5）和北地块（A3-2）两部分。南地块布置星级度假酒店、公共服务配套、产权式酒店及酒店式别墅。西南侧为30栋酒店式别墅，东侧及北侧沿路布置星级度假酒店、公共配套及产权式酒店，设有一层（局部两层）集中地下室，功能为设备机房、停车库及其他必要的后勤辅助用房。东地块布置3栋山地酒店式别墅。东高西低的布局使各区实现海景最大化，且各区之间绿地面积宽广，实现园林最大化。布局上东侧建筑多采用V形平面垂直海岸布局，建筑间距较大，为东侧二线用地留出较宽的观海视廊。用地东侧临近主路布置公共服务配套，兼顾对外使用。

交通组织

星级度假酒店及产权式酒店的主要出入口设于东侧，并在用地东侧设主要的行车道及停车场，酒店式别墅区配备独立的出入口。酒店与别墅车流分区设置，减少干扰。产权式酒店设外围环路和集中地下车库，产权式酒店车流不进入别墅区内，人车完全分流，酒店设次入口、后勤口及集中停车场。在产权式酒店、星级度假酒店与酒店式别墅之间各留出一条下海通道，方便酒店客人使用。主要人流控制在内部庭院与滨海步道，与外围的车流分离，方便安全。

建筑设计

酒店两侧客房楼为面向海岸的V形，大多为斜向海景房，端头设正海景豪华套房。大堂抬高一层处理，直面大海，一层及地下一层为公共服务配套。产权式酒店以V形组合平面为主，主要房间均朝海，每户设宽大阳台，方正实用；立面退台处理，建筑体量活泼生动、错落有致；户型南北通透，形成良好通风；入户花园处的采光井设计，每户都拥有较好的自然采光。别墅有三房别墅、两房别墅及山上别墅。通过地形高差处理，满足观海需求。临近东侧道路设接待酒店及产权式酒店的接待大堂、餐厅、健身、娱乐公共服务设施。

所有高层建筑均做退台处理，西低东高，形成丰富的滨海轮廓线。建筑首层架空，保证了组团绿地和中心花园的联系。公共服务配套采用大空间格局，结构布局合理，交通线路紧凑。酒店、产权式酒店均强调经济性与舒适性的结合。产权式酒店以中小户型为主，户型舒适紧凑。

建筑体型设计上采用现代休闲风格，主楼立面设计化整为零，增加细部造型元素，将结构构件、遮阳构件与装饰构件巧妙结合，极具力度和韵律，光影变化丰富。建筑色彩以银灰白色为主，部分搭配暖灰色和暖褐色，简洁、明快。

总平面图

大堂区一层平面图

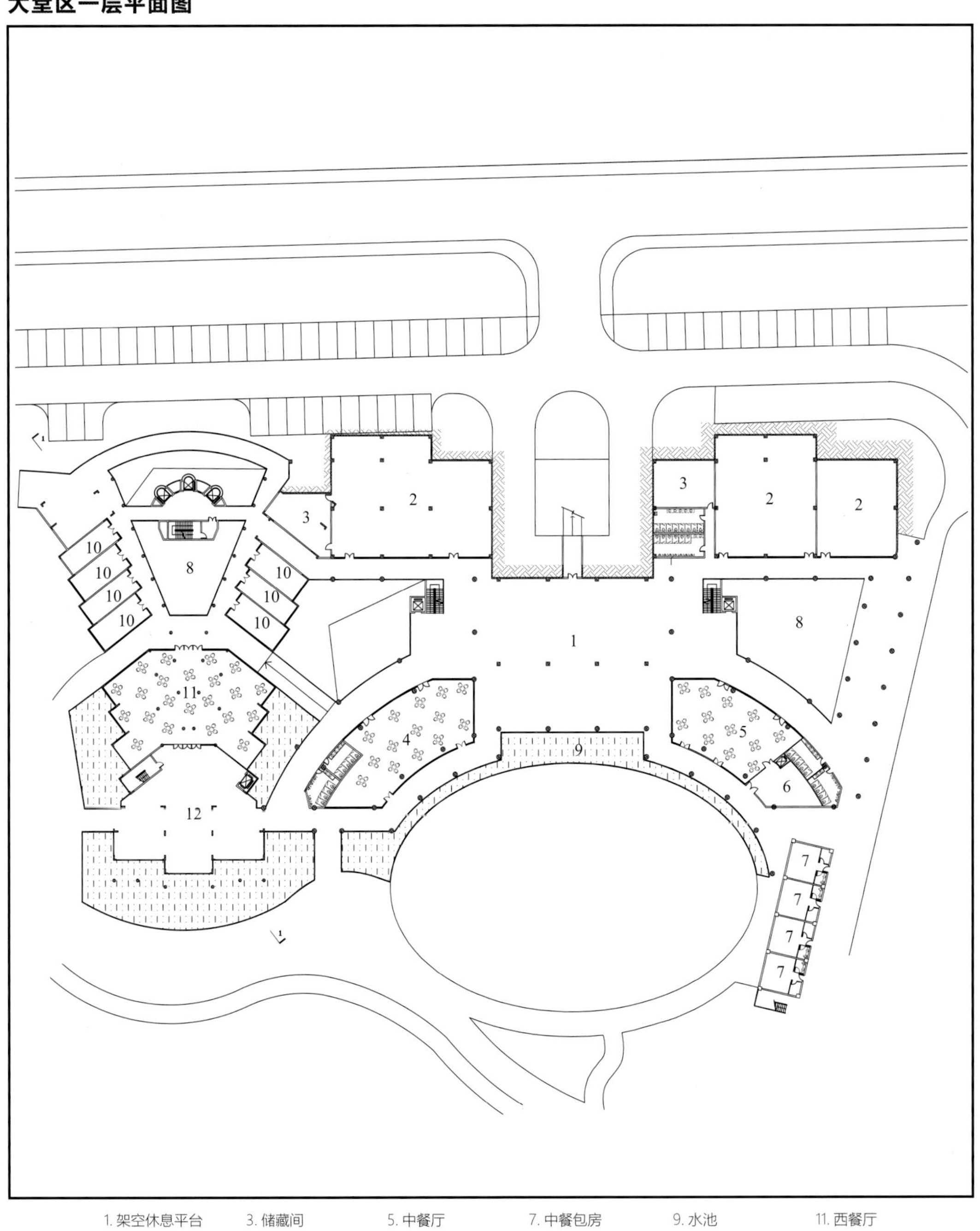

1. 架空休息平台　3. 储藏间　5. 中餐厅　7. 中餐包房　9. 水池　11. 西餐厅
2. 库房　4. 风味餐厅　6. 中餐厨房　8. 庭院　10. 棋牌室　12. 架空

一层平面图

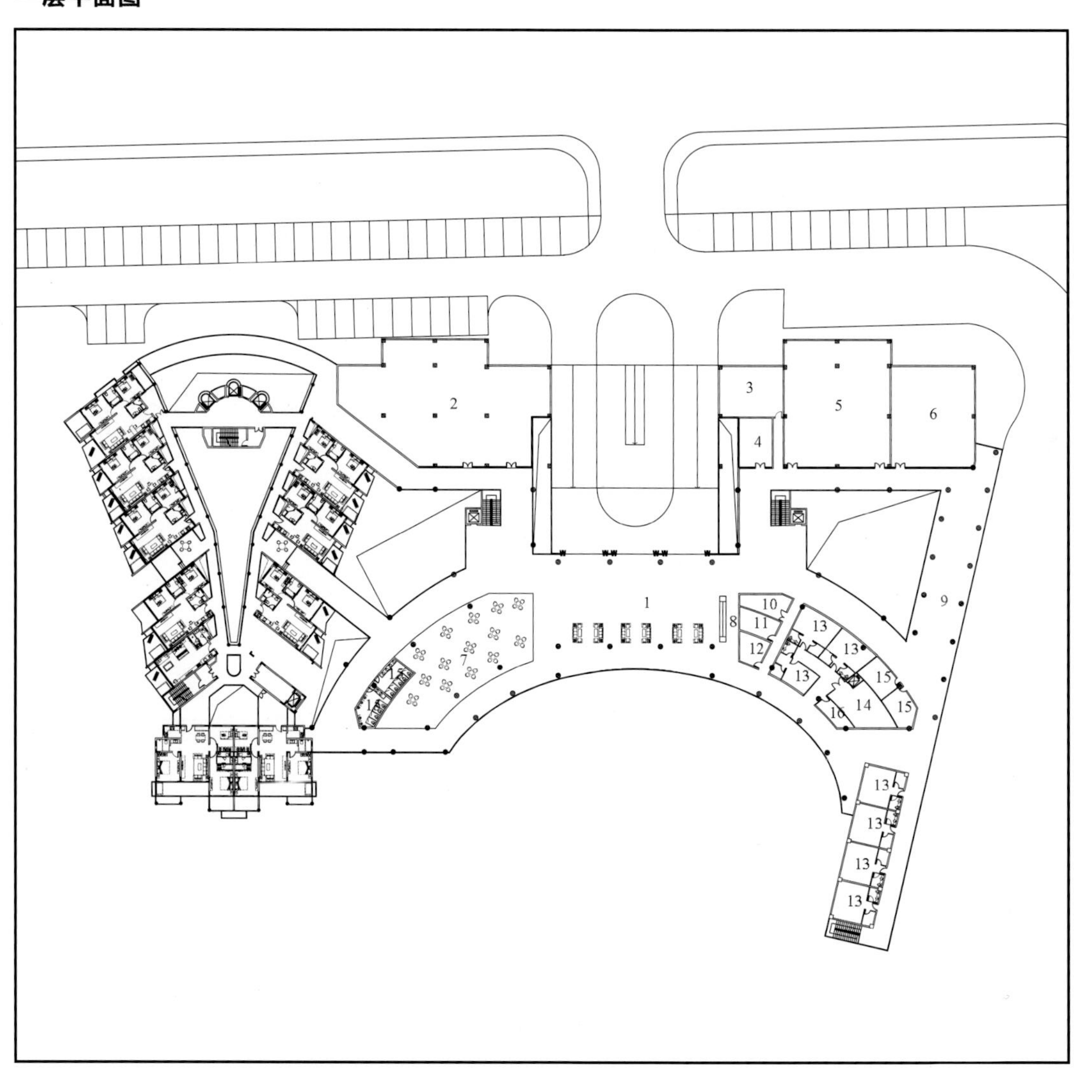

1. 前厅
2. 精品店
3. 会议服务间
4. 商务中心
5. 中会议室
6. 小会议室
7. 大堂吧
8. 前台接待
9. 休息廊
10. 行李间
11. 财务
12. 办公
13. 中餐包房
14. 备餐间
15. 卫生间
16. 储藏间

立面图

剖面图

第三节　滨海产权式度假酒店设计

Tropical seaside property resort hotel design

产权式酒店是一种特殊的酒店形式，投资者购买酒店客房和部分设施的产权，除部分时间自用以外，其他时间的使用权统一委托酒店管理公司经营，业主获取红利；酒店管理公司按正常的市场模式经营管理酒店，为社会提供酒店服务，为业主争取投资回报。产权式酒店符合酒店建筑的定义，同样按照酒店建筑进行分类（划分规模、等级、类型），并按相应的规范和标准设计建造，与其他酒店建筑相同。

三亚作为国内最早出现滨海度假酒店的热带海滨城市，度假酒店的建设、发展一直处于领先位置，酒店产品种类丰富。在投资、旅游度假需求等各类市场的推动下，三亚出现了产权式度假酒店建筑，并逐渐发展成熟，形成热带滨海产权式度假酒店这一独特的酒店业态。

热带滨海产权式度假酒店的独特性在于，不仅建筑、园林景观设计和建筑布局具有热带、滨海和度假的地域性和功能性特征，其公共设施、客房设施以及后勤配套等的配置、比例必须重点考虑产权投资等经济性指标。酒店管理不同于一般酒店管理模式，需增设投资回报管控等方面的部门。在三亚湾这个被誉为“椰梦长廊”的三亚主城区一线滨海区域，由于具备了相对完善的城市配套、商业服务、交通设施以及优越的海滨旅游度假资源，因此在产权式度假酒店建筑的建设方面尤其突出。

经过多年在海南地区产权式度假酒店的设计、实践，我们对此类建筑项目积累了一定的策划、规划及建筑设计经验。在海南岛宣布为国际旅游岛之后，为了规范产权式酒店及公寓等建筑业态的投资、建设与管理，海南省住房和城乡建设厅决定编制海南省地方标准——《产权式度假酒店设计标准》，中元海南作为先期主要起草单位参与了该标准的编写，也进一步加深了对产权式酒店建筑的理解。

海南经过 30 年的开发、发展，作为度假酒店建设用地的一线滨海区域资源已基本占用殆尽。近年来出于海洋生态保护的需求，政府对于海岸保护带提出了更严格的要求，各类度假酒店的建设逐渐脱离对滨海资源的依赖，转向山区、农村等。

热带滨海产权式度假酒店作为资源稀缺型度假建筑，具备生存、发展的空间。为了适应度假人士对度假活动和品质不断变化、提升的要求，现有滨海产权式度假酒店需要进行产品的更新换代。酒店应突出独特的风格，更新建筑、室内、园林设计，完善酒店各类设施，降低酒店运营成本，提高酒店管理效率，为顾客提供高效、舒适的度假场所，为酒店业主提供长期、稳定的利润回报，这些都需要建筑师不断学习、探索和提升。

作为在海南岛最早开始进行滨海度假酒店设计的设计公司，我们意识到产权式酒店与传统度假酒店相比，在建筑设计、酒店配套、酒店管理等方面均有着特殊的意义和地位，并对这方面资料进行了大量收集和分析研究，在海南岛产权式度假酒店的设计实践中不断总结经验，提高水平。在三亚湾滨海沿线，我院积极参与度假酒店策划、设计，完成了一系列优质的产权式度假酒店，本章节所举案例皆为其中较有特点的代表作品。

三亚天泽海韵度假酒店

项目概况

三亚天泽海韵度假酒店项目位于三亚市中心城区滨海一线、三亚湾路和团结路的交汇口，地块呈长方形，地势平坦，地块西侧为大海，可欣赏到三亚湾海景、鹿回头公园等景观。项目占地面积 8762 平方米，总建筑面积约 2.11 万平方米，地上 12 层、地下 1 层，建筑高度 38.20 米，主要功能为产权式度假公寓型酒店。

项目信息

业　　主：三亚天泽实业投资发展有限公司
建设地点：海南省三亚市
建筑设计：中元国际（海南）工程设计研究院有限公司
项目负责人：张新平
设计团队：张新平、陈昆元、吕珍萍（建筑），刘彬、张震（结构），杨才龙（给水排水），宁世清（总图）
总建筑面积：2.1 万平方米
客　房　数：178 间
设计时间：2003 年 4 月—2004 年 5 月
建成时间：2005 年 9 月
图片版权：中元国际（海南）工程设计研究院有限公司、三亚天泽海韵度假酒店管理公司

总体布局

项目平面采用 U 形总体布局，两侧单元呈 45°朝向大海，每个客房单元的客厅和主卧室均拥有中心花园和大海景观视野，充分发挥了用地的位置和景观优势。建筑平面采用外廊组织水平交通，垂直交通核设于 U 形的两个转角处，公共区域沿外围布置，动静分区明确。

大堂设在东侧，方便与停车场联系。大堂高出地面约 2.2 米，进入大堂后可透过庭院看到大海。室外公共庭院设置在 U 形中部，庭院开口面向大海，与城市绿化带连成一体，形成丰富的视觉景观层次。

建筑形体东高西低，向三亚湾路逐步退落，既减少对主干道的压力，也有利于形成轻松活泼的城市街景，与三亚旅游城市的整体风格相协调。

建筑设计

客房单元的户型设计考虑了景观视线、阳台遮阳、自然通风等地域性建筑设计要素，紧凑实用，被动节能效果显著。U 形建筑两翼的两室一厅是客房楼的主力单元户型，两翼端头临海面布置了高端三室一厅的大户型，联系两翼的连接部分布置了标准客房，保证每间客房均有穿越酒店庭院的海景视线，同时减少城市道路上交通噪声的影响。

客房楼两翼端头均做退台式处理，宽大的露台给客房提供了充分享受椰风海韵的室外私密空间，坡檐和坡屋面丰富了建筑形体。利用坡屋面和屋顶花园，改善建筑顶层的防晒隔热效果，彰显热带滨海建筑的特色。客房单元户型平面设计充分考虑了穿堂风的形成，以适应三亚的气候特征，便于在非炎热气候通过自然通风满足室内环境的舒适度。

为了减少噪声和视线干扰，营造私密的客房环境，在各层客房入口设有与公共外廊相隔离的景观花池。走廊外侧每层设垂直绿化，形成独具热带特色的立面效果。南侧建筑首层架空，东南角和东北建筑主体透空，有效地解决建筑群体的通风问题，同时也提供了具有适宜风环境的舒适停留空间。

建筑色彩设计中，白砂色的墙面、淡灰绿色的玻璃和深灰绿色的坡屋面组成明、暗、灰三个层次。45°客房朝向形成的三角形平面阳台，在建筑立面创造出丰富的光影效果，使建筑生动、富于变化。

总平面图

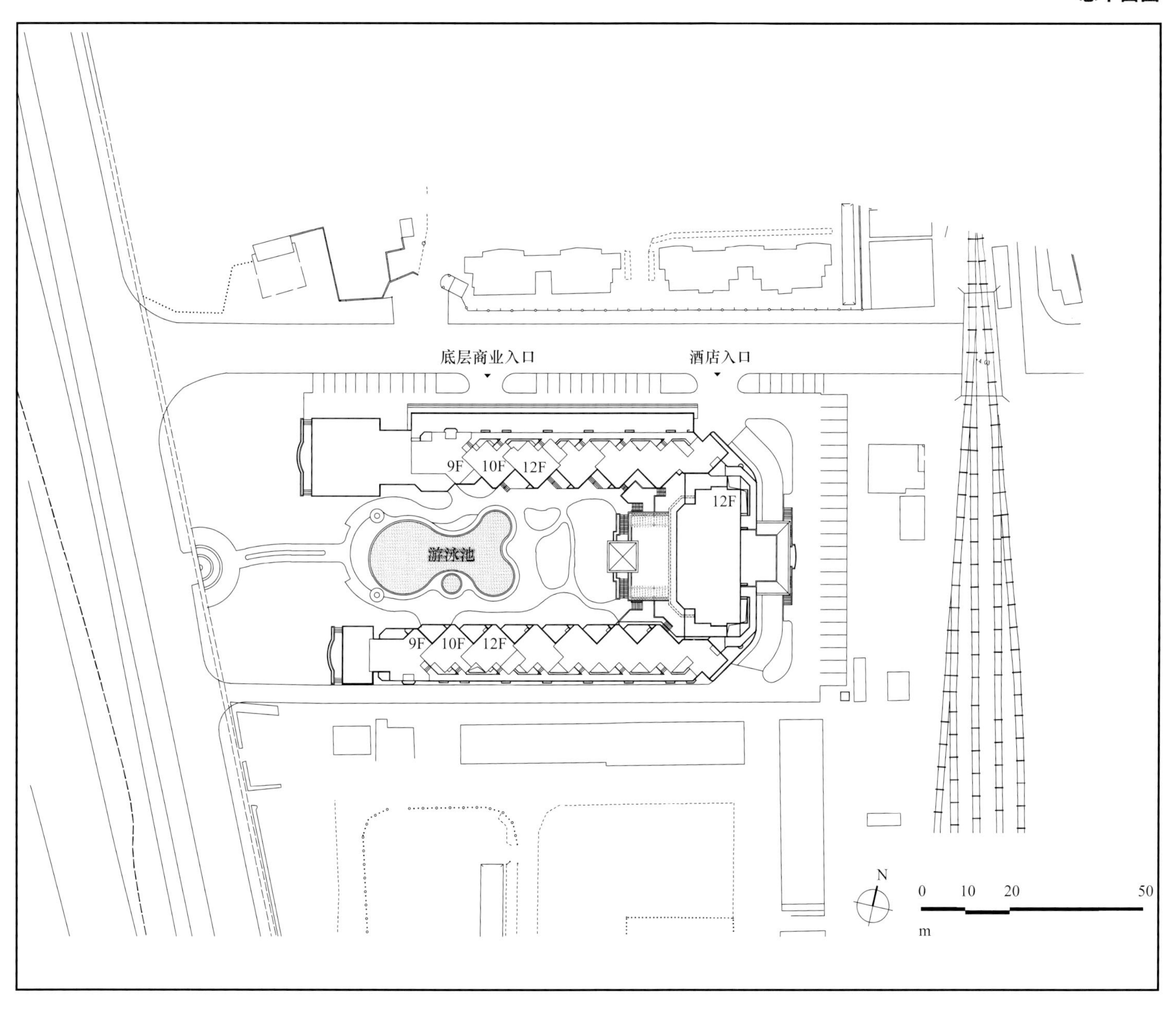

一层平面图

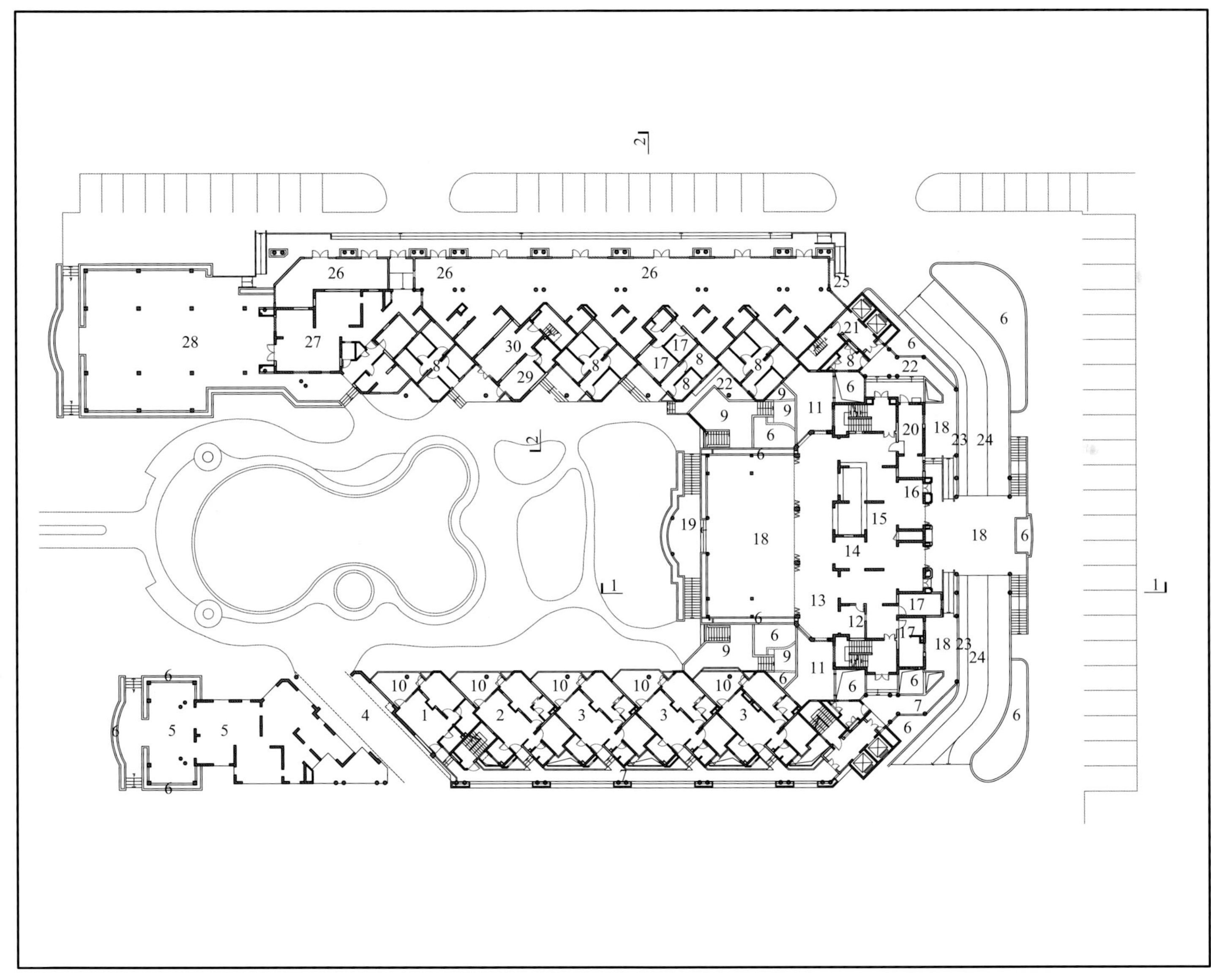

1. 户型 G	5. 架空场地上空	9. 庭院	13. 大堂吧	17. 卫生间	21. 前室	25. 残疾人坡道	29. 管理
2. 户型 E	6. 花池	10. 阳台	14. 公共电话区	18. 室外平台一	22. 开敞走廊	26. 商场	30. 门厅
3. 户型 F	7. 开敞走廊	11. 雨篷	15. 大堂	19. 室外平台二	23. 人行道	27. 厨房	
4. 消防车道上空	8. 储藏间	12. 服务间	16. 大堂副理	20. 消防控制室	24. 汽车坡道	28. 室外茶座	

正立面图

侧立面图

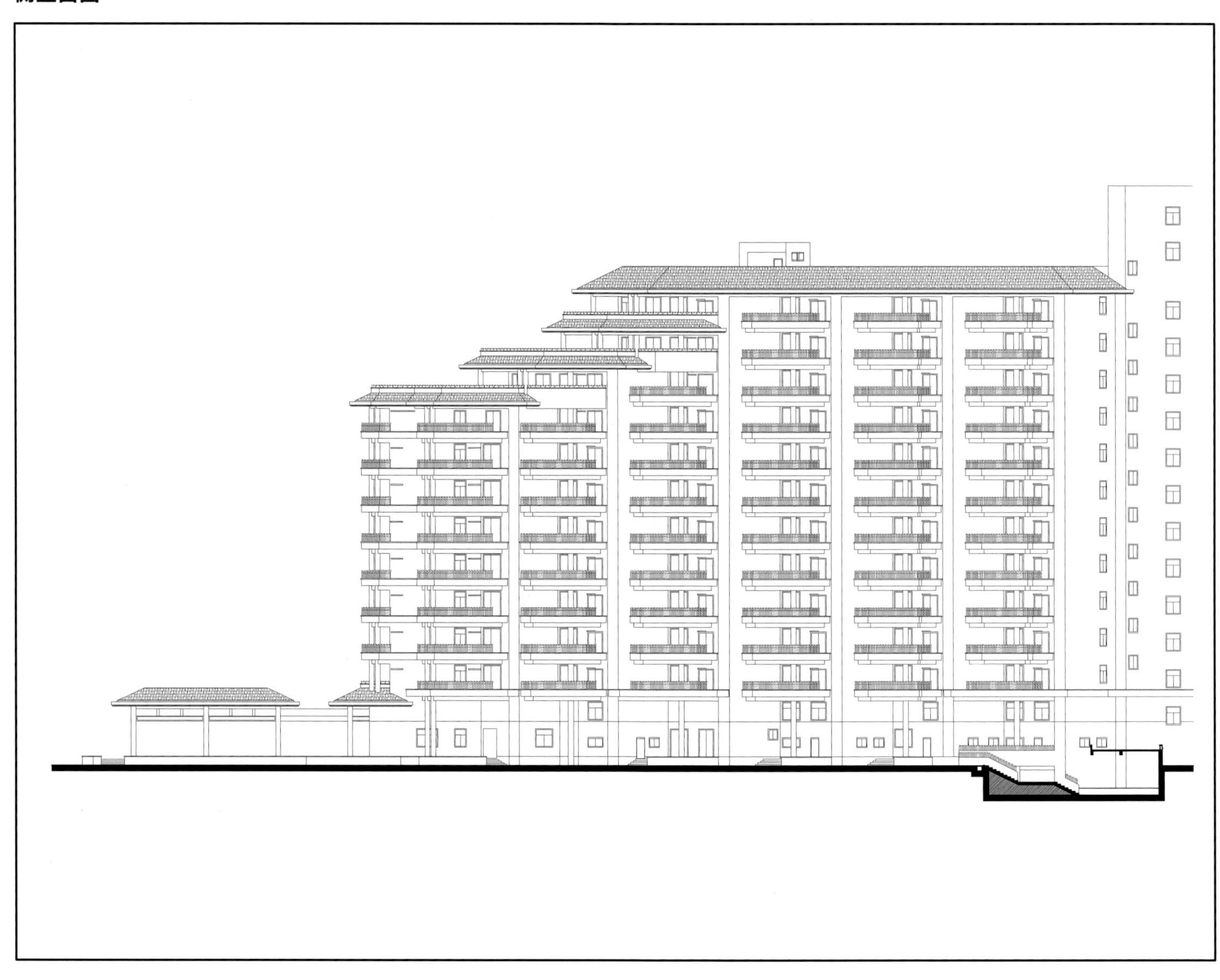

剖面图

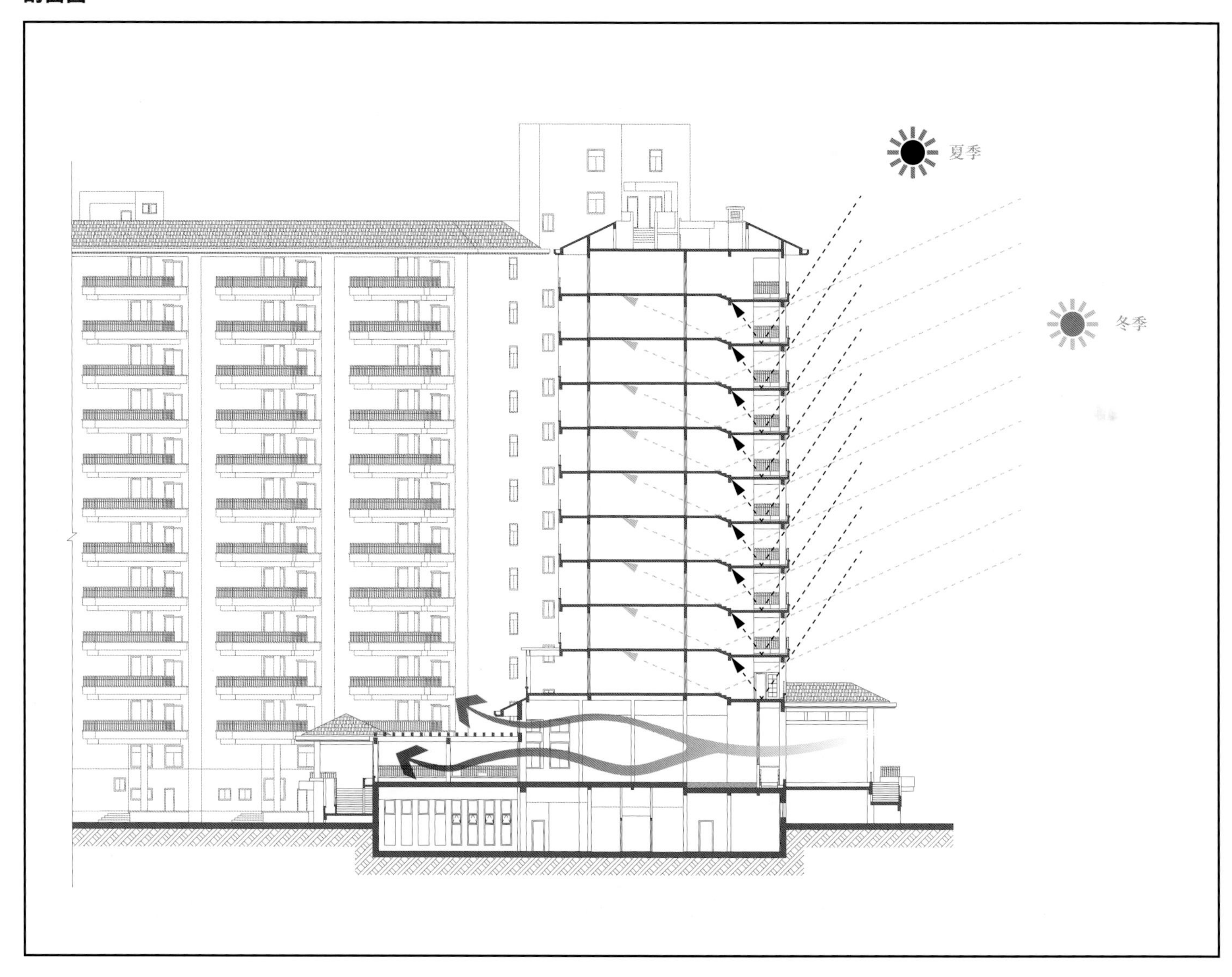

户型放大图

1. 起居厅　2. 餐厅　3. 卧室　4. 阳台　5. 花池　6. 储藏室　7. 卫生间　8. 厨房

三亚国光豪生度假酒店

项目概况

三亚国光豪生度假酒店位于三亚湾海坡开发区内中心地段，坐北朝南，与海面、椰林、沙滩仅一路之隔。项目地块东西临海面宽 290 米，南北纵深长 396 米，总用地面积 173 亩。项目地处滨海大道和海虹路（机场路）交会处，交通便利。区位优势得天独厚，具有极大的开发潜力。

项目信息

业　　主：三亚国光投资置业有限公司
建设地点：海南省三亚市
建筑设计：中元国际（海南）工程设计研究院有限公司
项目负责人：张新平
设计团队：张新平、李红、张渊、吕珍萍（建筑），刘彬、张震、马月（结构），杨才龙、符霞（给水排水），周全（暖通），宁世清（总图）
总建筑面积：10.2 万平方米
设计时间：2004 年 5 月—2006 年 7 月
建成时间：2008 年 9 月
图片版权：中元国际（海南）工程设计研究院有限公司、三亚国光豪生度假酒店管理公司

项目定位

作为项目策划、设计单位，中元海南会同项目投资开发商和其他参与团队，经大量的市场调查分析后，决定在这个具有独特区位优势的用地上兴建一个大规模的生态型高端度假酒店，用于提升三亚湾区的整体度假品质，并考虑进行产权分割、销售，引进分时度假模式，吸引资金并通过酒店运营回报投资者。由于特殊的用地位置，建成后的项目将成为由凤凰机场进入三亚湾的门户建筑，也将是三亚湾的标志性建筑。

在大量市场调查分析的基础上，经业主、度假物业管理顾问和国内外设计师的充分交流和研究，确定本项目的立意和建设目标：①海景最大化；②花园最大化；③注重自然通风，体现地域特色；④突出环境，营造阴凉空间体现生态特征。

总体布局

在确定了目标和立意的基础上，经过近半年的分析和探讨，我们提出了十多个构思草案，最终确定了布局方案。主入口设在北侧，酒店大堂设在建筑中部，形成很强的南北主轴线，从北至南将主入口、大堂、泳池及中心花园、三亚湾海景串成一线。设计中将酒店入口区及大堂抬高处理，与南侧花园场地形成超过 7 米的高差，使大堂视线升高，能够俯瞰花园，直视大海，将大海、花园、泳池等不同层次的景观连成一体，形成开阔、震撼的视觉效果，给予住客独特的到达体验。

不仅大堂区拥有良好的海景视线，餐厅、咖啡厅、大堂吧等主要公共空间均可观海，通过大面积折叠门开启，最大限度地引入海景，形成建筑与景观环境的有机融合。

酒店共设 1160 套海景套房（由一室、二室和三室构成），采用双 L 形的建筑主体布置在用地北侧，东、西两栋建筑间距达 170 米，每间客房均有良好的海景视廊，实现了海景最大化和花园最大化的目标。在建筑的开阔庭院空间中布置了三组不同功能的泳池、水上活动区，并设置室外水边 BBQ 场地，丰富酒店空间，给住客提供多样的度假设施。

用地南侧沿海岸线布置 38 栋高档别墅式客房，分为东、西两区，中间为 80 米宽的景观带。通过对每栋别墅不同位置一、二层主要功能房间开窗和阳台进行海景视线模拟、分析，最终确定每栋别墅建筑的布置位置和朝向角度。每套别墅拥有独立的前、后私人庭院，并与公共庭院进行视线、路径的隔离，保证私密性。

临近北侧规划路为生态停车场、室外运动场地。建筑北侧东、西两翼设住客辅助入口，既方便住客，又减轻了大堂的压力。货物及员工出入口设在东、西两侧道路上，减少对客人的影响。

建筑设计

在借鉴美国夏威夷当代热带度假物业建筑理念的基础上，结合海南的市场环境，建筑设计贯彻了海景最大化、花园最大化和自然通透的原则，形成了本项目建筑的重要特色。

建筑主体采用对称设计，力求海景最大化，让客人可以欣赏三亚湾日落的独特景观。两栋主体建筑由南向北梯级退台，充分利用海景并减少对周围建筑和滨海大道的视觉影响。东、西主体建筑所有客房均为单边走廊，保证自然通风。垂直海面的客房建筑采用双外廊设计，中间为露天庭院，并设有垂直绿化。

酒店大量采用架空、开敞外廊设计，既增加与环境的亲和感，又保证了节能通风。入口大堂抬高一层处理，设置折叠推拉门，前后气流贯通。大部分公共区域在与环境接触的一侧均设置折叠推拉门，将环境引入建筑，同时利用自然通风减少空调使用能耗。如餐厅、多功能厅前厅、会议和功能厅北侧的下沉庭院等，均为开敞通透空间。酒店深远宽大的外廊空间、阳台与屋顶挑檐，既保证了良好的遮阳效果，也丰富了建筑立面光影变化，形成舒适的半室外过渡空间。

别墅采用热带休闲度假风格，强调通透性和通风效果，首层采用大面积落地门窗，在室内就能欣赏到泳池的景观。二层主人房设有大面积休闲阳台。屋顶采用坡顶设计，深远的檐口保证了良好的遮阳效果。

设计结合海南热带气候特征，采用热带建筑语言，体现地域特色。如功能及造型上采用架空骑楼、坡屋檐、落地折叠门窗、各种形式（结构或装饰）遮阳构件等，体现出浓烈的热带滨海建筑特色；选材上则更多地使用当地出产的具有地方特色的材料，如沙色涂料外墙、火山岩石、竹藤家具、椰壳装饰等，将地域特征与建筑功能布局、景观条件、建筑造型等紧密结合，营造出浓郁的热带度假酒店风情。

前期构思分析：关于建筑布局、空间形态、交通流线、花园空间和海景视线的可行性研究。

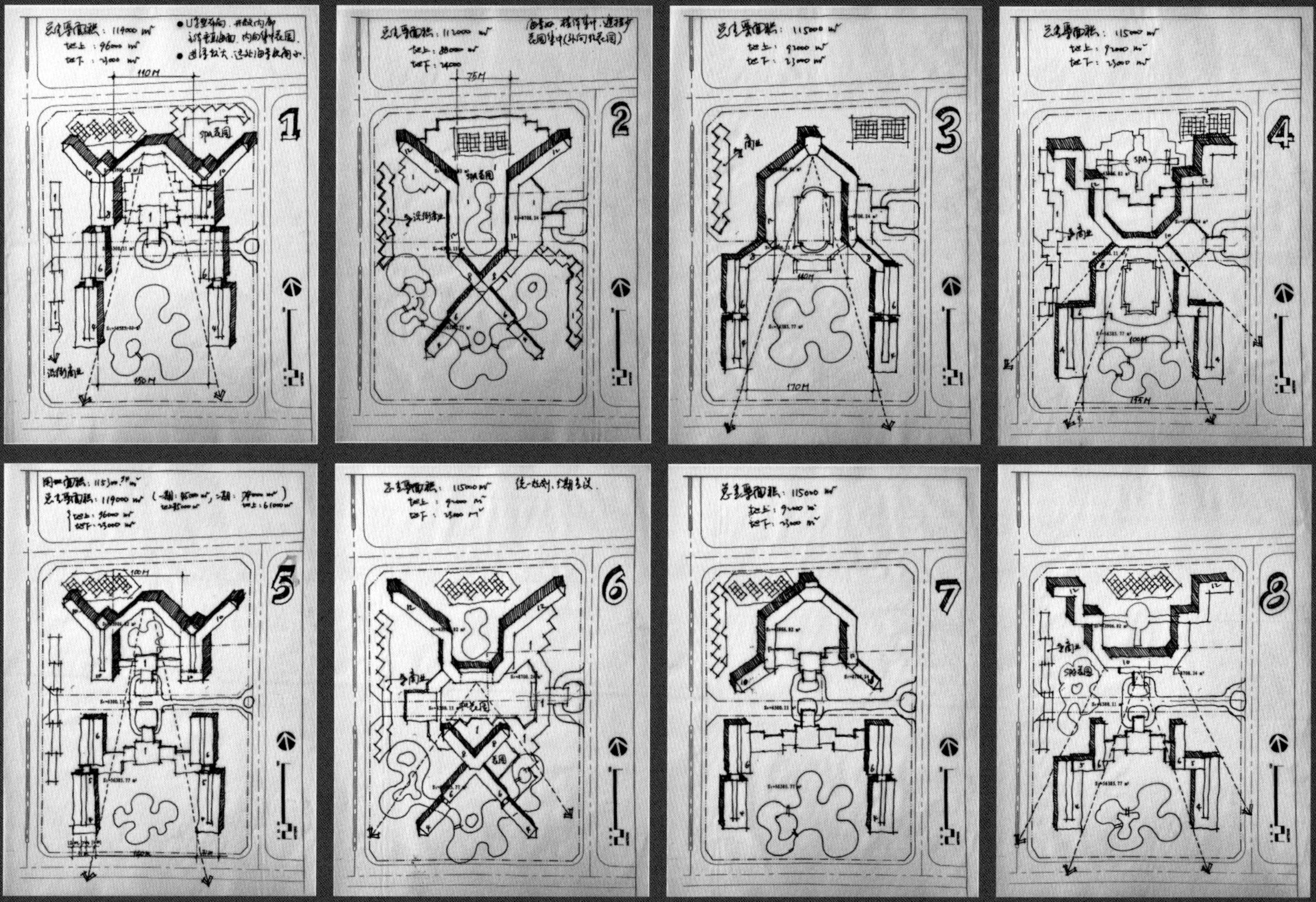

前期构思分析：关于建筑布局、空间形态、交通流线、花园空间和海景视线的方案比较。

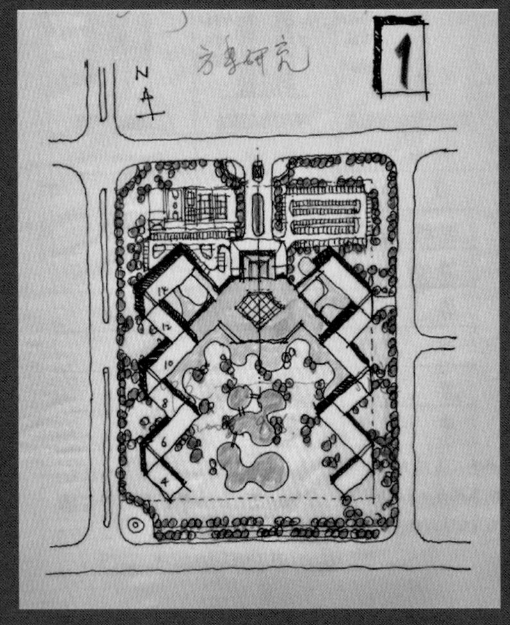

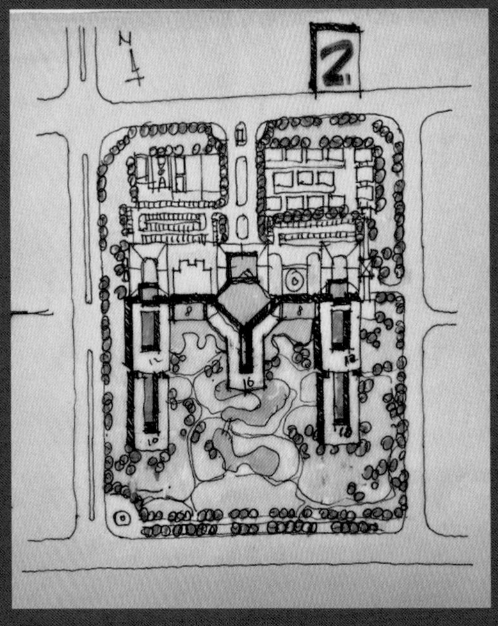

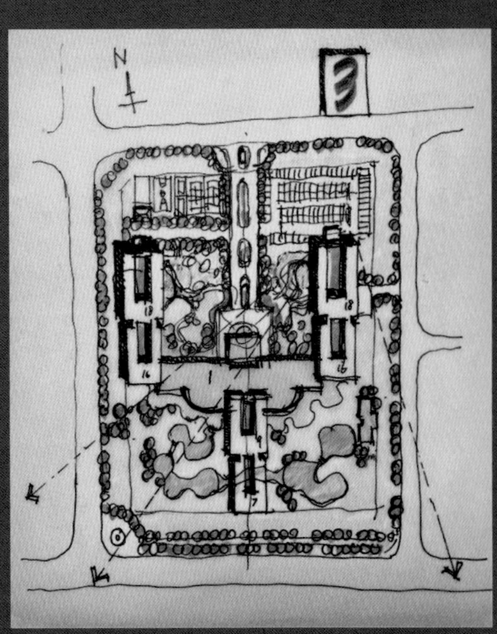

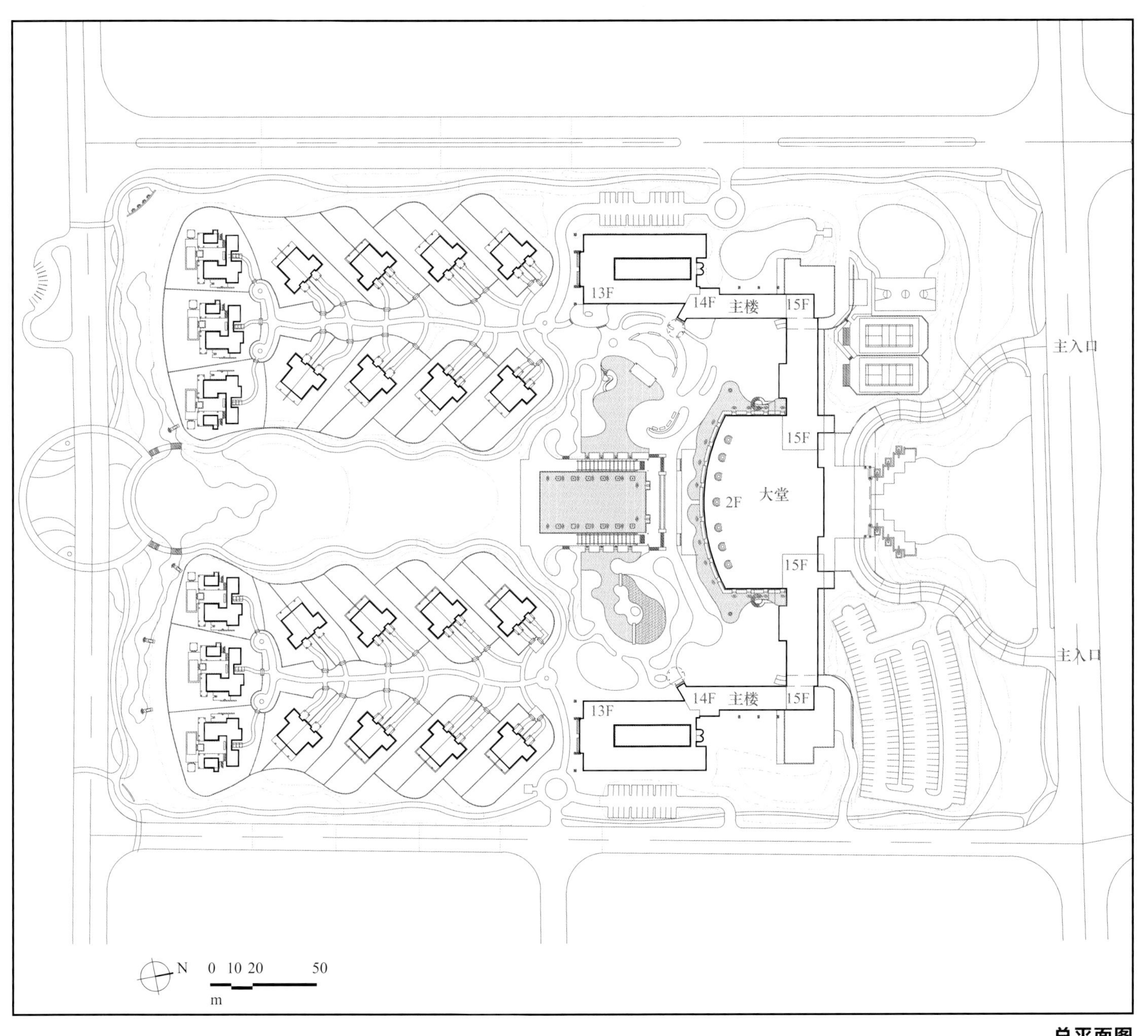

总平面图

一层平面图

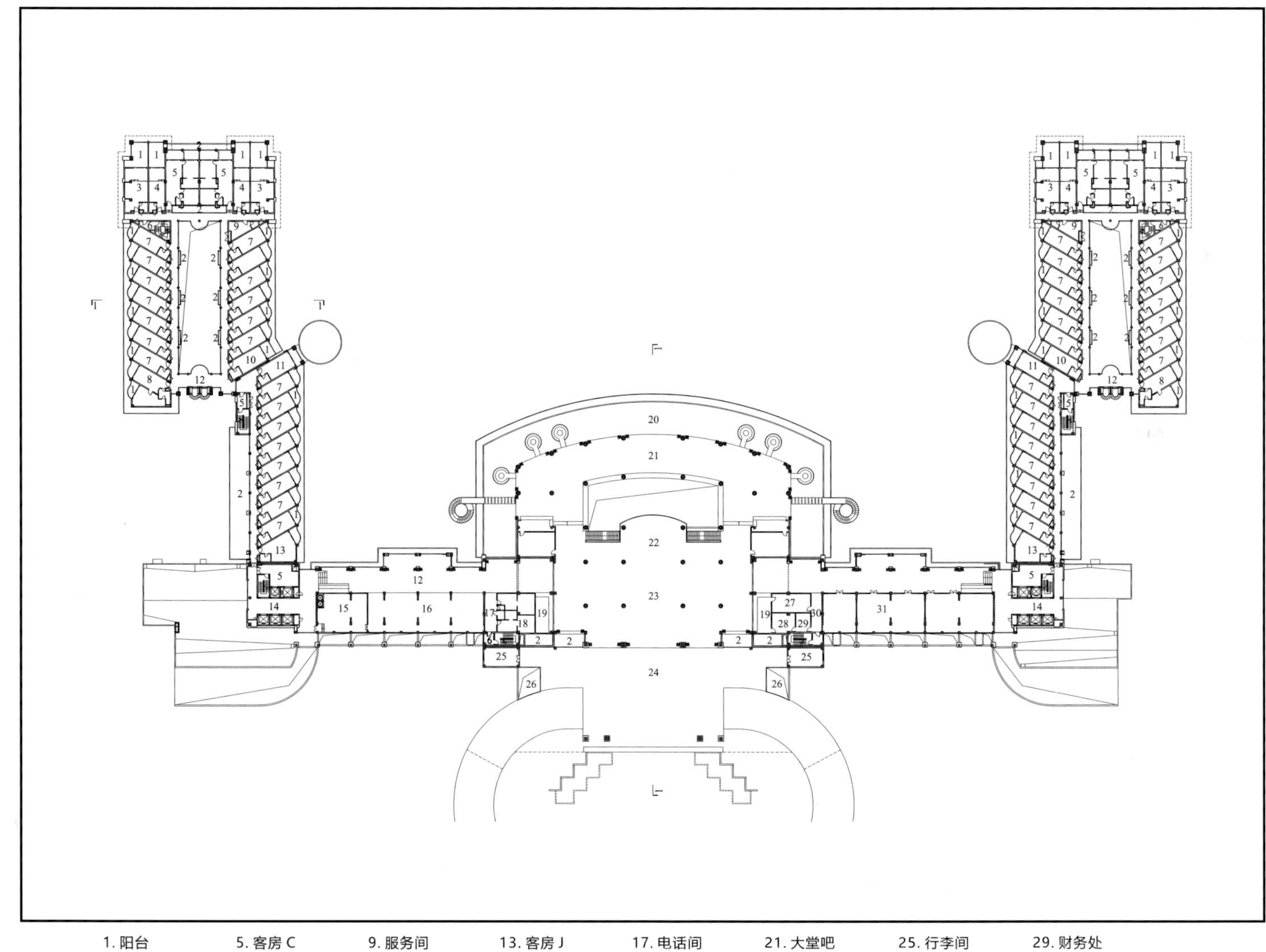

1. 阳台
2. 花池
3. 客房 B2
4. 客房 B3
5. 客房 C
6. 前室
7. 客房 F
8. 客房 K
9. 服务间
10. 客房 G
11. 客房 H
12. 开敞走廊
13. 客房 J
14. 电梯厅
15. 西餐厨房
16. 西餐厅
17. 电话间
18. 洗手间
19. 团队区
20. 水景池
21. 大堂吧
22. 休息区
23. 大堂
24. 大堂入口
25. 行李间
26. 庭院上空
27. 预定区
28. 前台
29. 财务处
30. 经理办公室
31. 商店

立面图

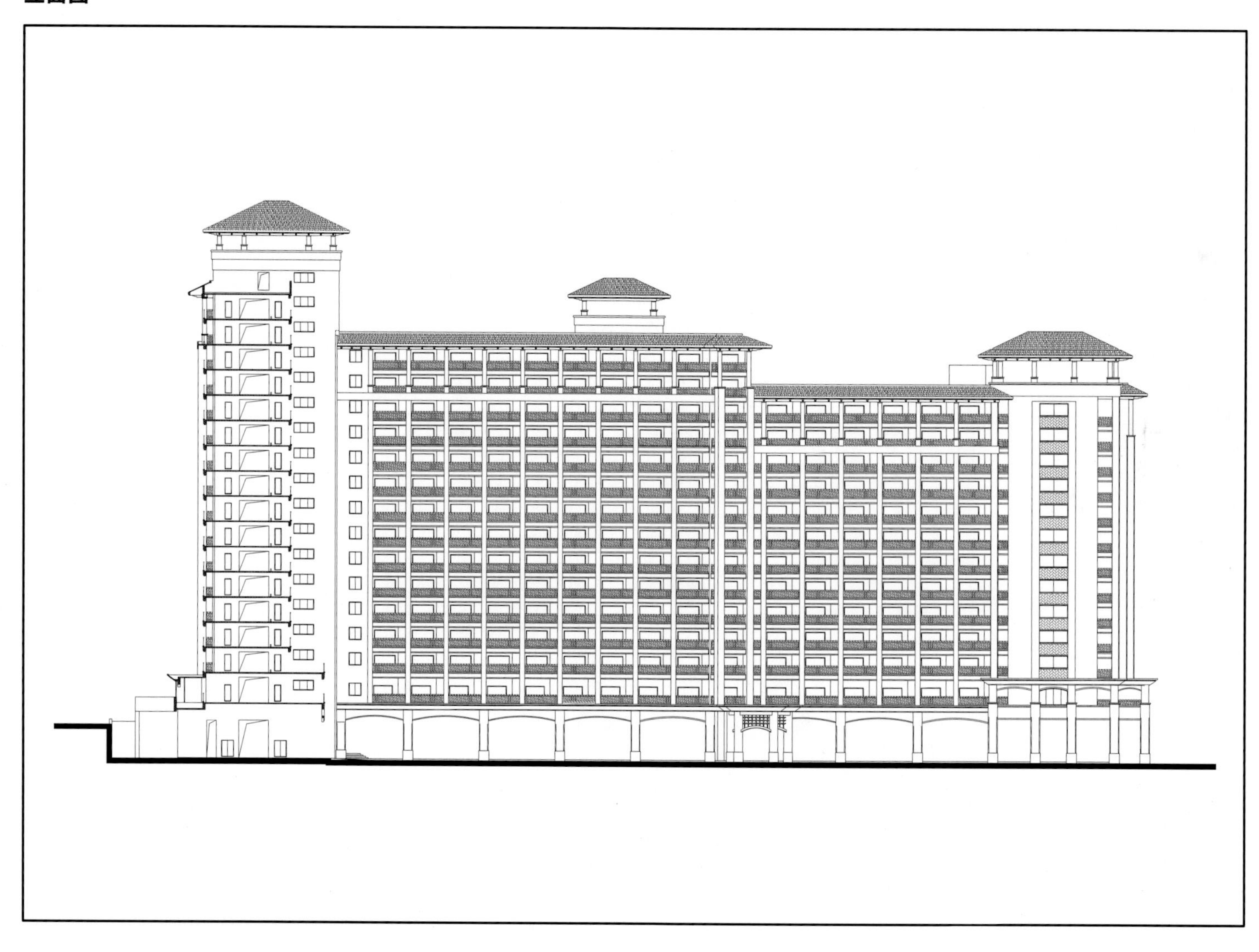

剖面图

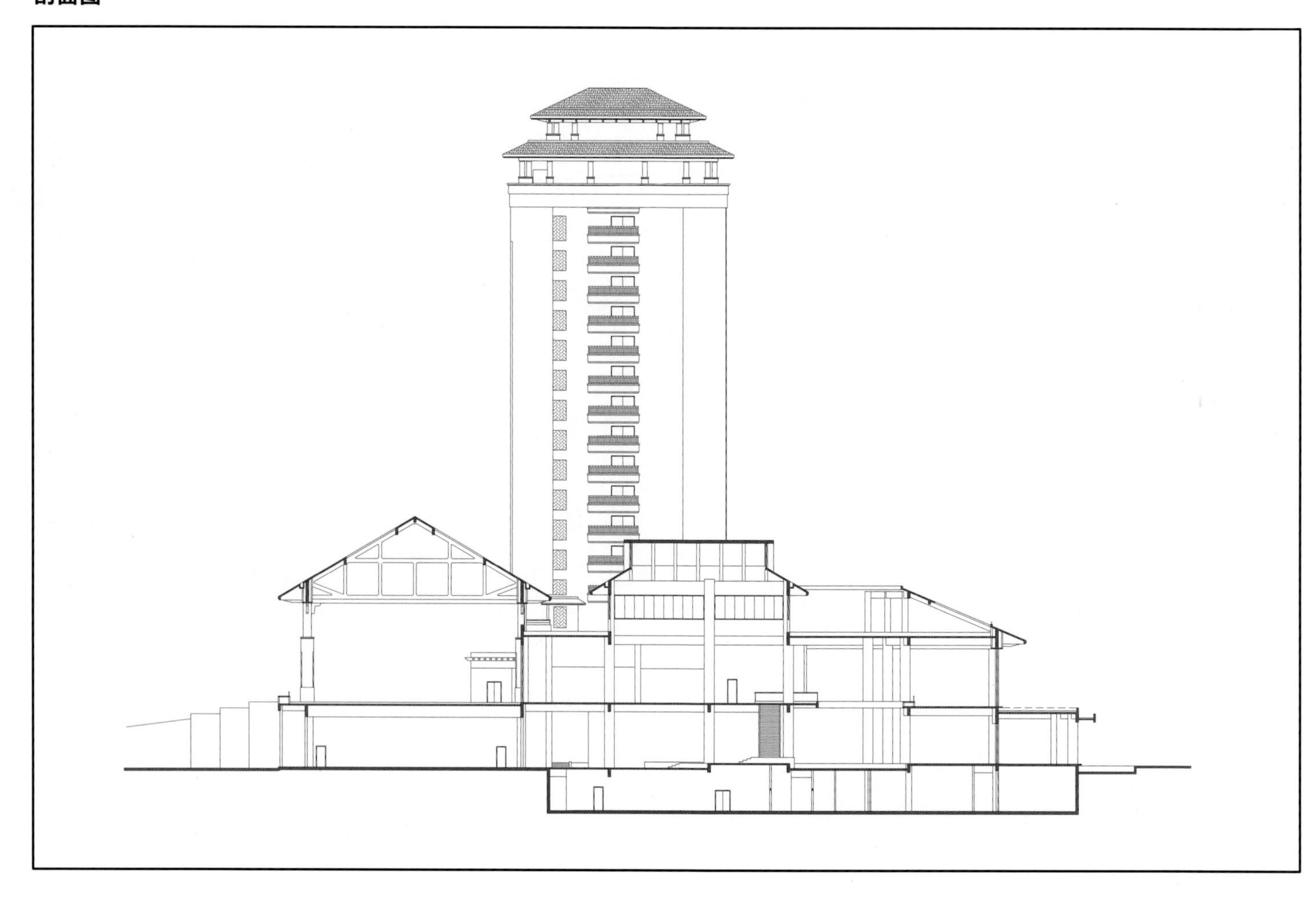

B 型别墅一层平面图

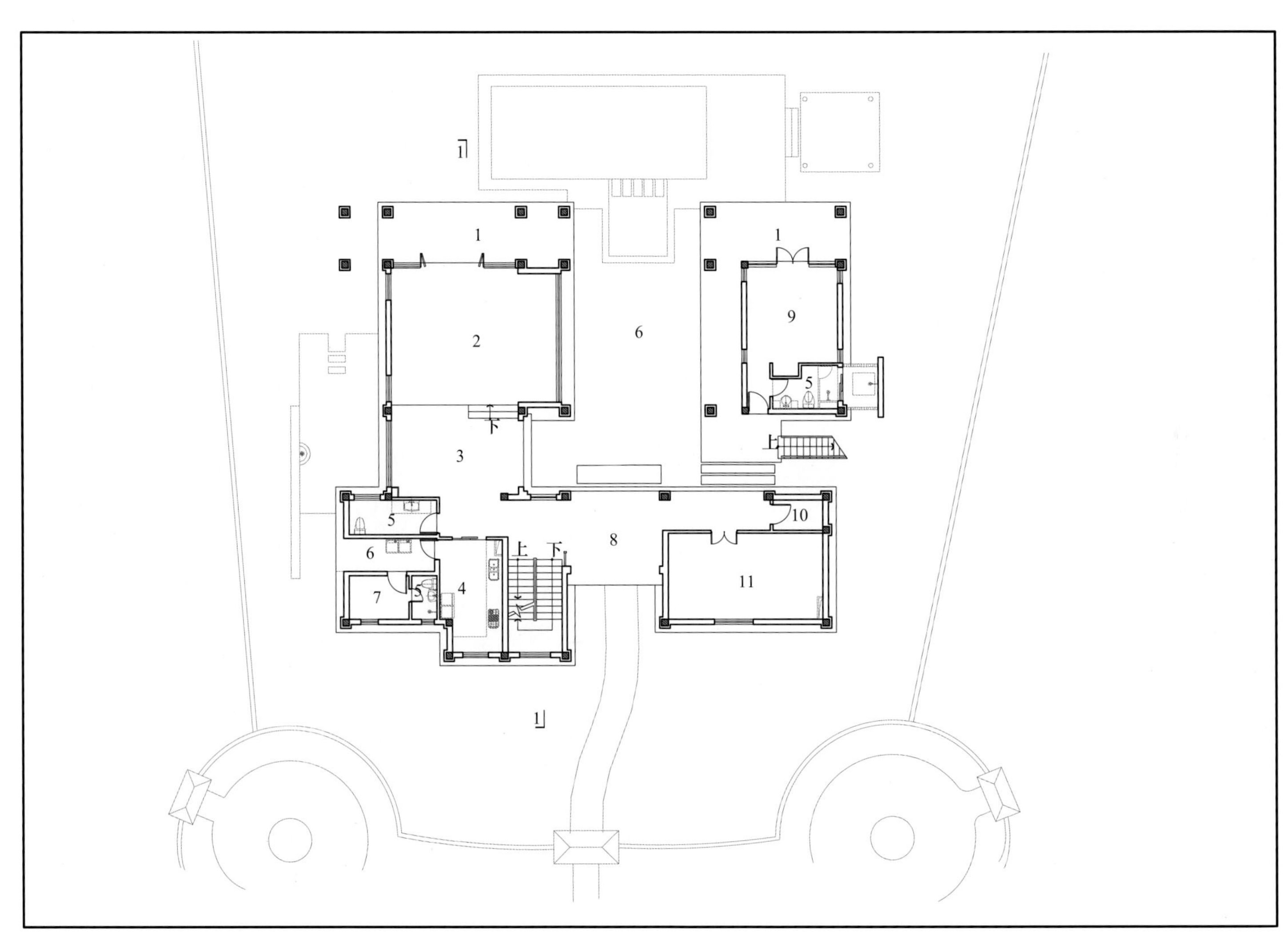

1. 外廊　3. 餐厅　5. 卫生间　7. 保姆间　9. 卧室　11. 书房
2. 客厅　4. 厨房　6. 内院　8. 门厅　10. 贮藏

C 型别墅一层平面图

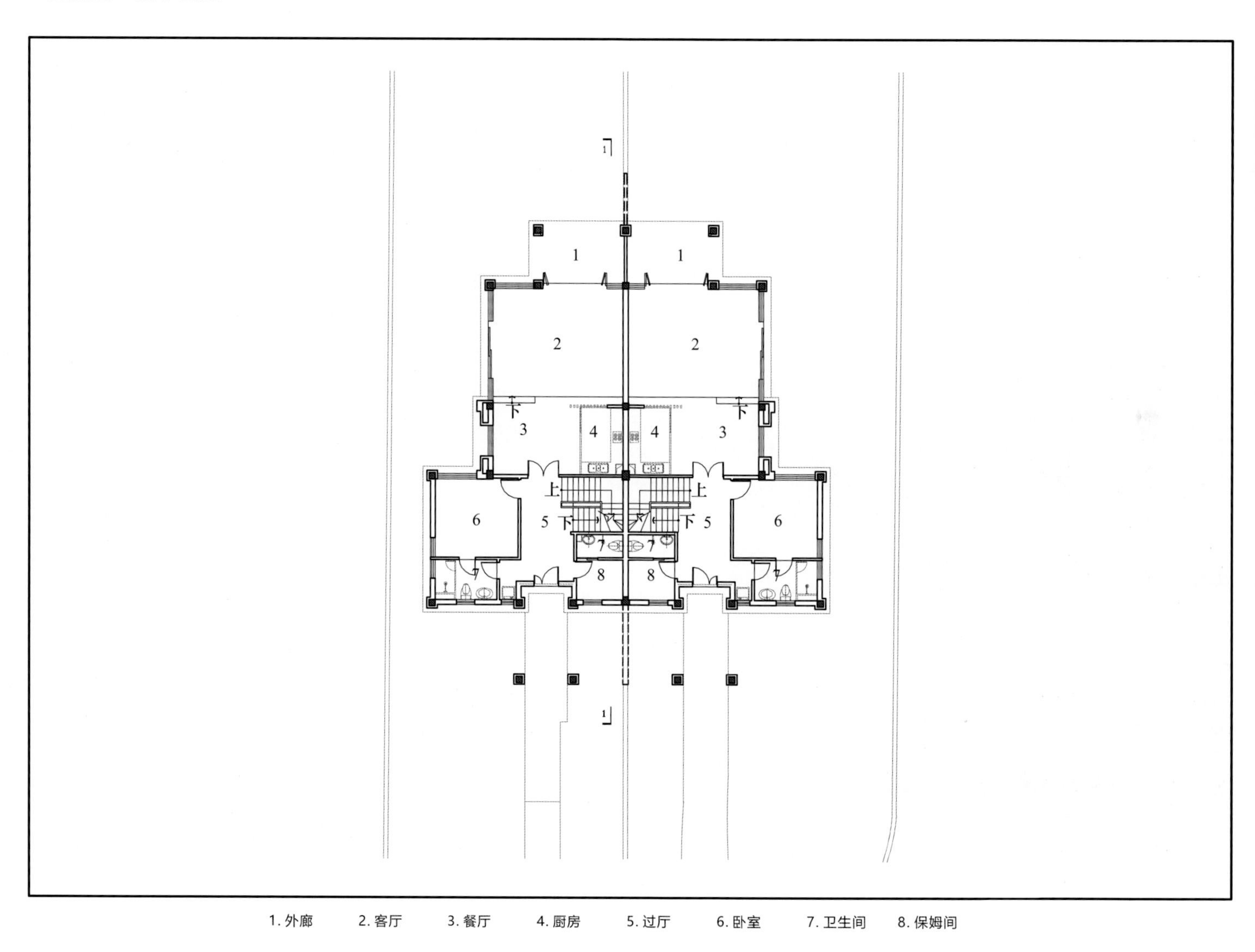

1. 外廊　2. 客厅　3. 餐厅　4. 厨房　5. 过厅　6. 卧室　7. 卫生间　8. 保姆间

B 形别墅剖面图

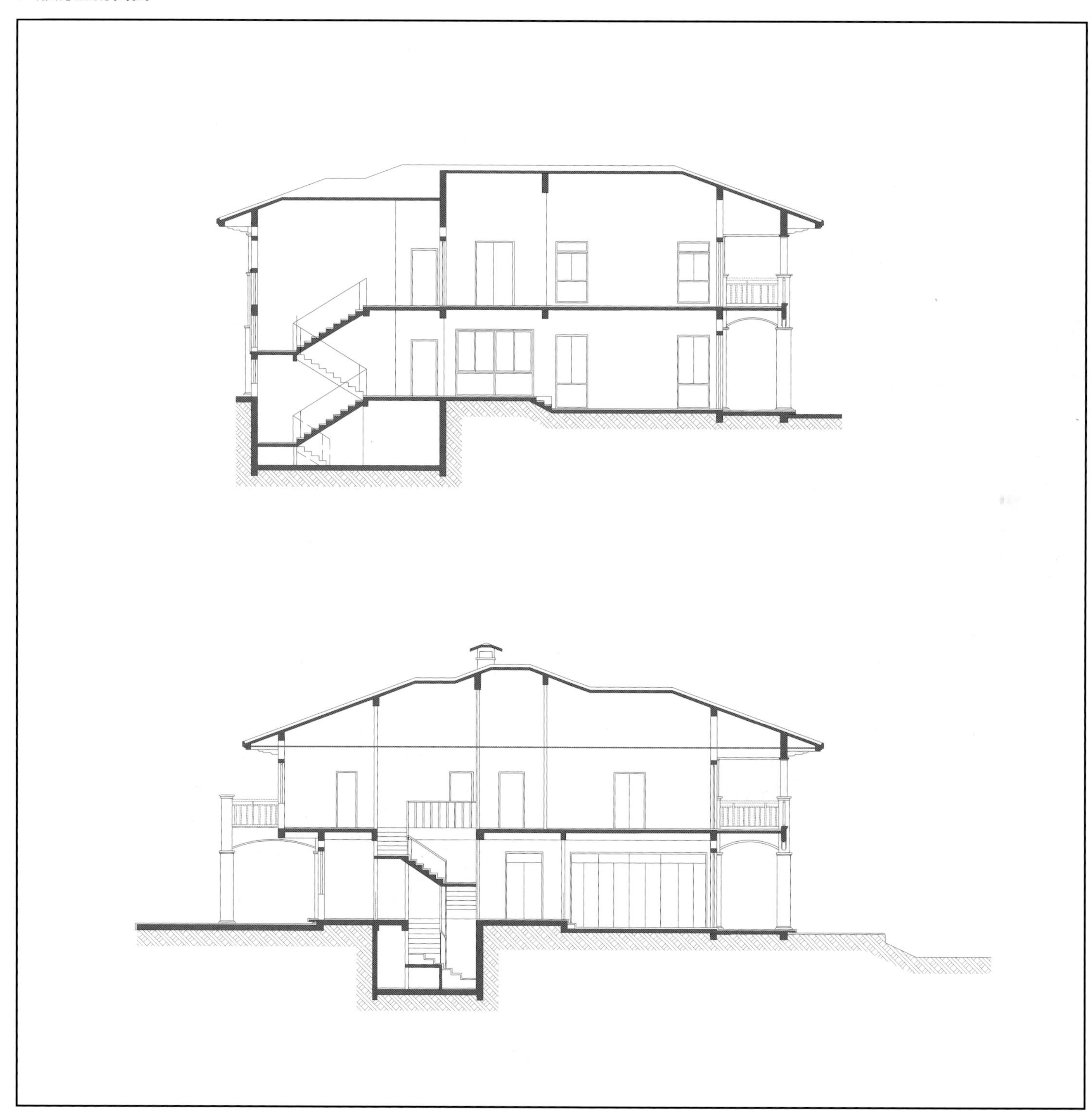

C 形别墅剖面图

三亚海立方度假酒店

项目概况

三亚海立方度假酒店项目位于三亚湾海坡开发区，用地面积约为 1.26 万平方米，用地东侧为二号路，南侧为滨海大道，海景尽收眼底，自然景观优越。项目为一座高层公寓式酒店，地上 14 层，地下 1 层，总建筑面积为 2.46 万平方米。

项目信息

业　　主：三亚汇金置业有限公司
建设地点：海南省三亚市
建筑设计：中元国际（海南）工程设计研究院有限公司
项目负责人：张新平
设计团队：张新平、李红、黄煦、胡艳香（建筑），刘丽娜（结构），杨才龙、林矗（给水排水），廖儒慧（暖通）
建筑面积：2.5 万平方米
客 房 数：191 间
设计时间：2010 年 5 月
建成时间：2012 年
图片版权：中元国际（海南）工程设计研究院有限公司、三亚海立方度假酒店管理公司

海立方度假酒店

总体布局

设计采用 V 形布局，大部分房间均有良好的海景，同时尽量减少体型面宽。首层局部架空维持场地内外的气流通畅，使得建筑与城市空间关系更加协调。V 形布局前部底层形成一个半开敞花园，布置绿化及泳池，酒店入口适当抬高，与地形有机结合，建筑与环境和谐统一。建筑主体与北侧道路保留基本间距，把有限的用地更多地留给内部庭院，缓和与南侧滨海大道的关系。

建筑设计

酒店大堂抬高 1.8 米，采用开敞布局，大堂吧、花园、泳池相连形成开敞视野。大堂南侧的客房楼首层架空，将三亚的主导风向（东风）引向大堂吧，提高公共空间的环境品质。酒店客房采用单廊布局，采光通风俱佳。大堂首层架空 5.5 米，保证最低的楼层也能饱览美丽的三亚湾海景，二层以上所有酒店客房均为海景房，并在端头部位设套房。酒店主要设备用房及员工后勤用房等均设于地下一层，通过地下车道与地面联系。

园林景观

酒店庭院花园设计为多种热带植被组成的巴厘岛风情园林，以棕榈科和其他热带乔木为主，其间设计泳池、花园、凉亭、休闲廊道等，小中见大，在行走中移步换景，将建筑与环境完美融合。酒店大堂区设置屋顶绿化、步道、绿化植被、花架等，形成丰富的立体绿化景观。

造型与色彩

建筑体型设计上采用热带滨海风格。酒店主楼立面设计以韵律感极强的客房阳台、花池作为外观造型元素。屋顶采用平顶造型，弱化屋顶厚重的体量。建筑外墙饰面材料主要为外墙涂料及石材，墙面色彩以灰色为主，间以深褐色毛石，屋顶则以白色为主。建筑整体朴实自然，彰显本土特色。

总平面图

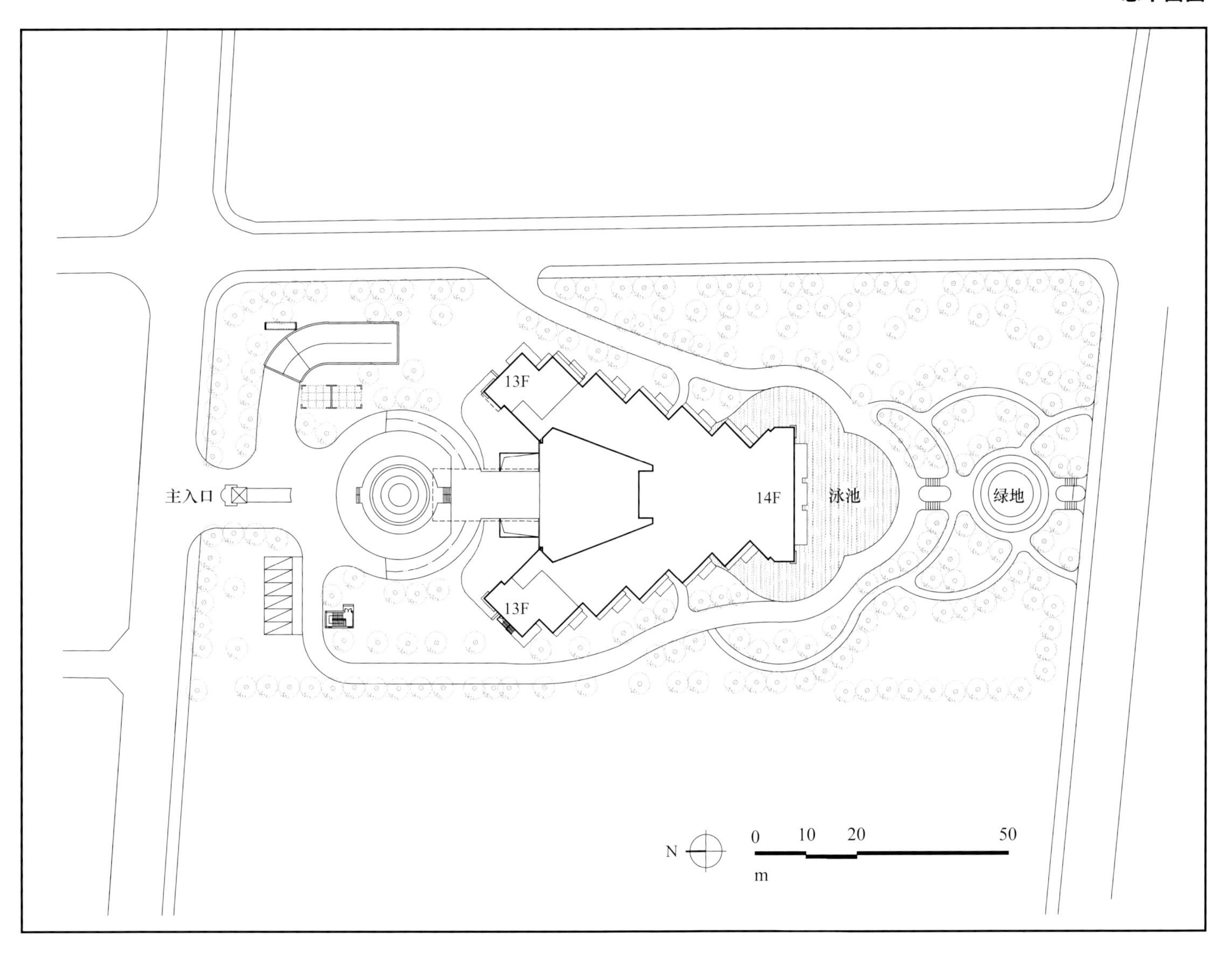

一层平面图

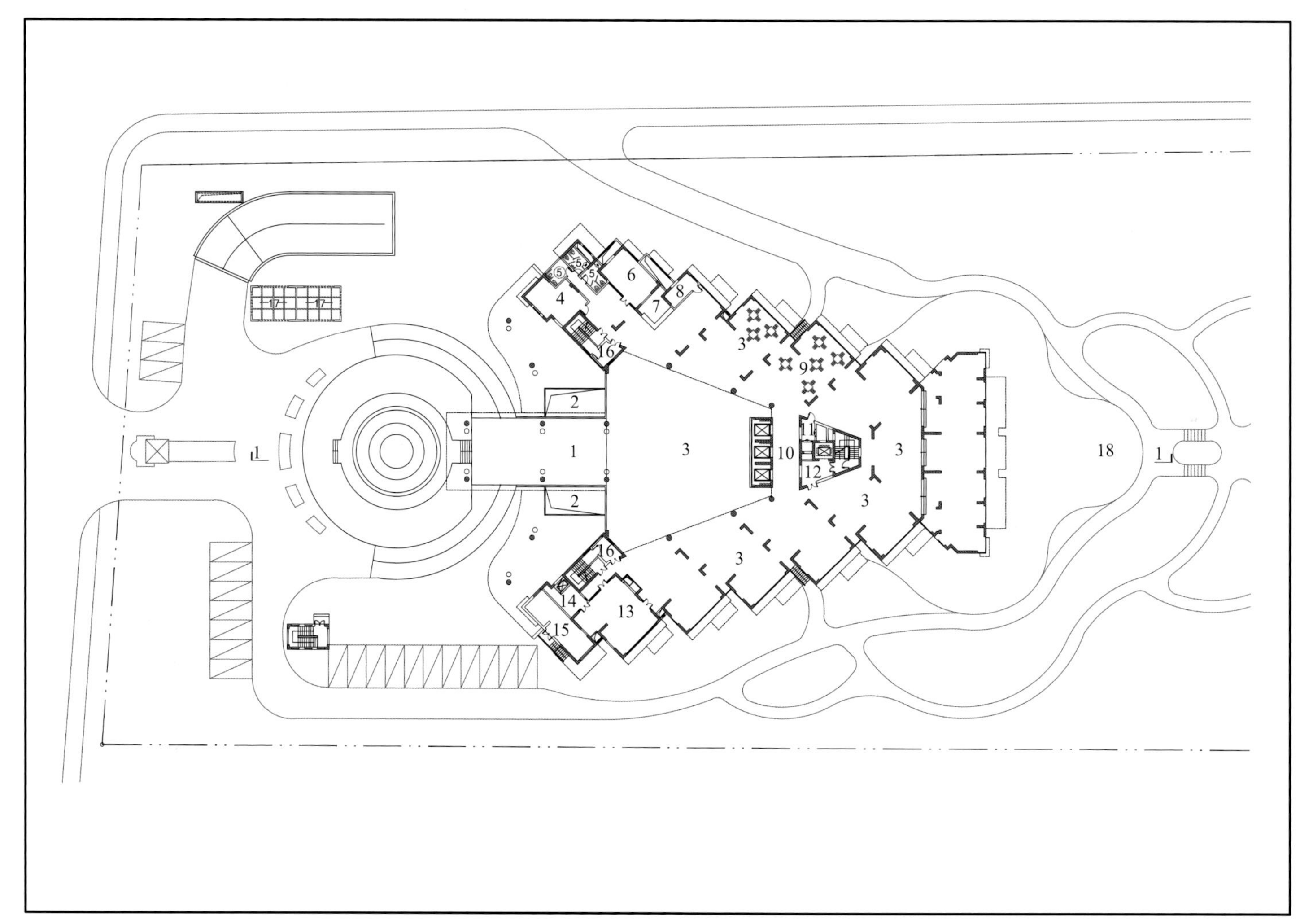

1. 酒店入口
2. 庭院上空
3. 架空层
4. 管理用房
5. 卫生间
6. 商务中心
7. 总服务台
8. 办公
9. 大堂吧
10. 电梯厅
11. 储藏间
12. 前室
13. 西餐厅
14. 备餐间
15. 消控室
16. 凹廊
17. 天窗
18. 泳池

标准层平面图

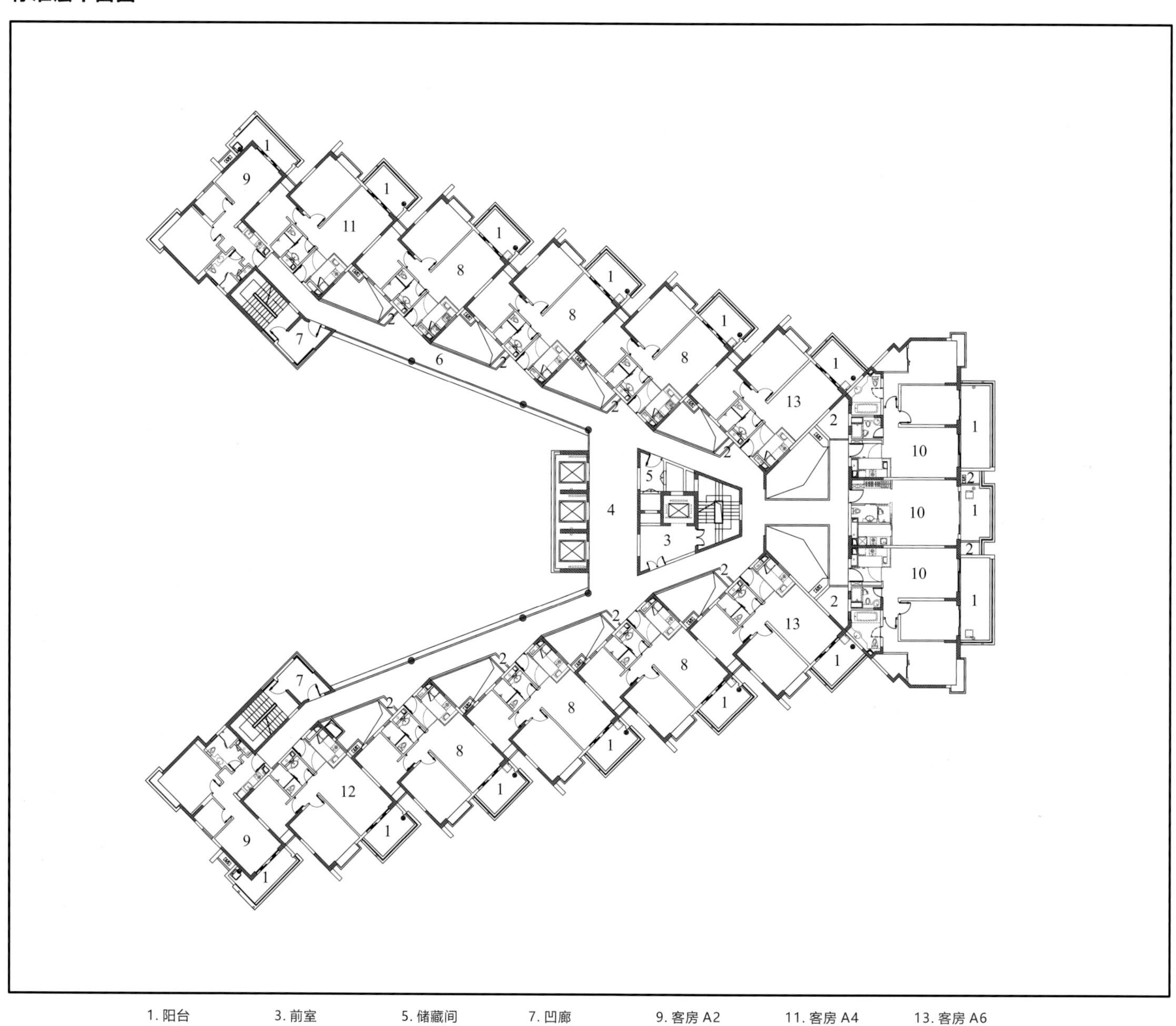

1. 阳台　3. 前室　5. 储藏间　7. 凹廊　9. 客房 A2　11. 客房 A4　13. 客房 A6
2. 花池　4. 电梯厅　6. 走廊　8. 客房 A1　10. 客房 A3　12. 客房 A5

海立方度假

立面图

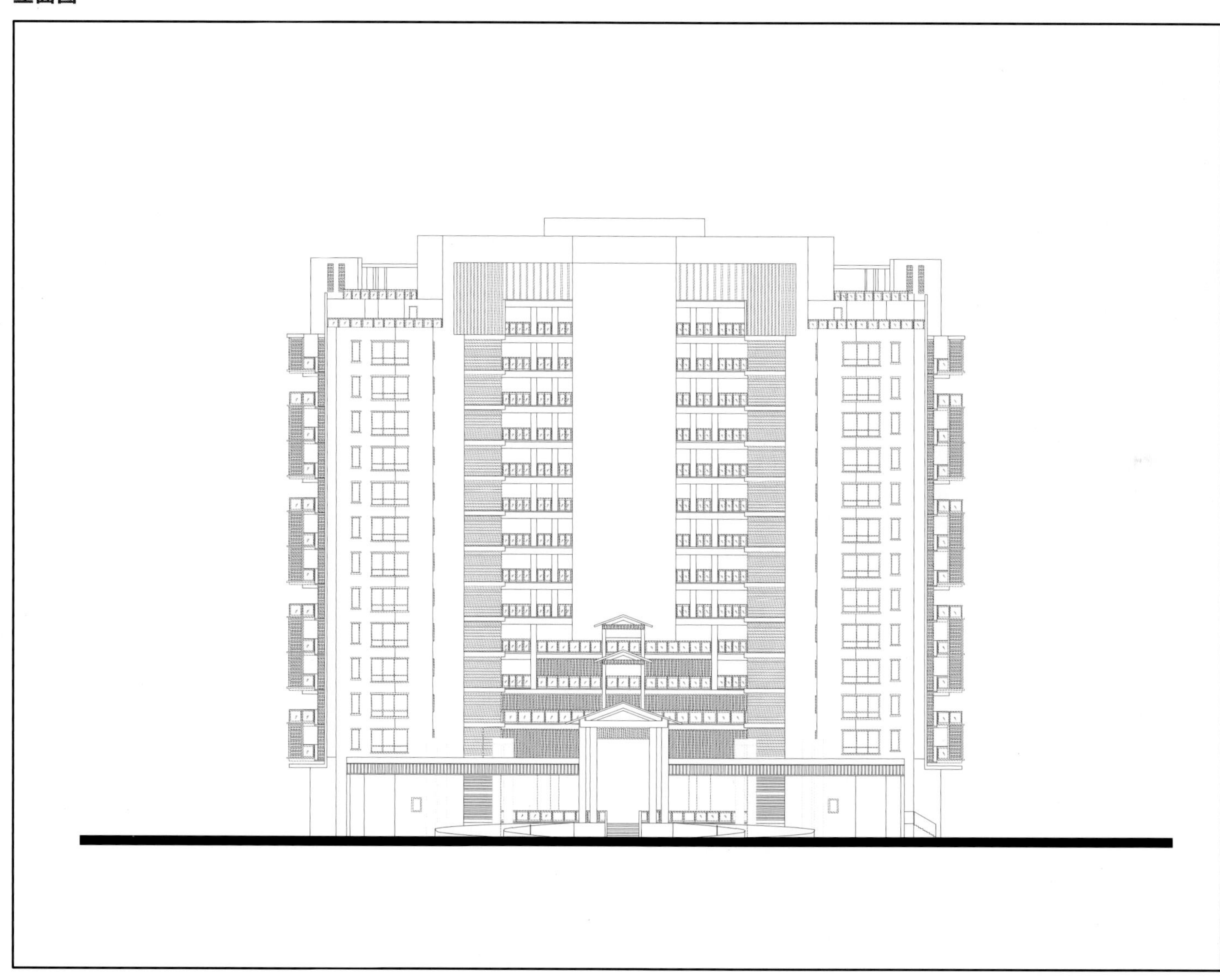

海立方度假酒店

剖面图

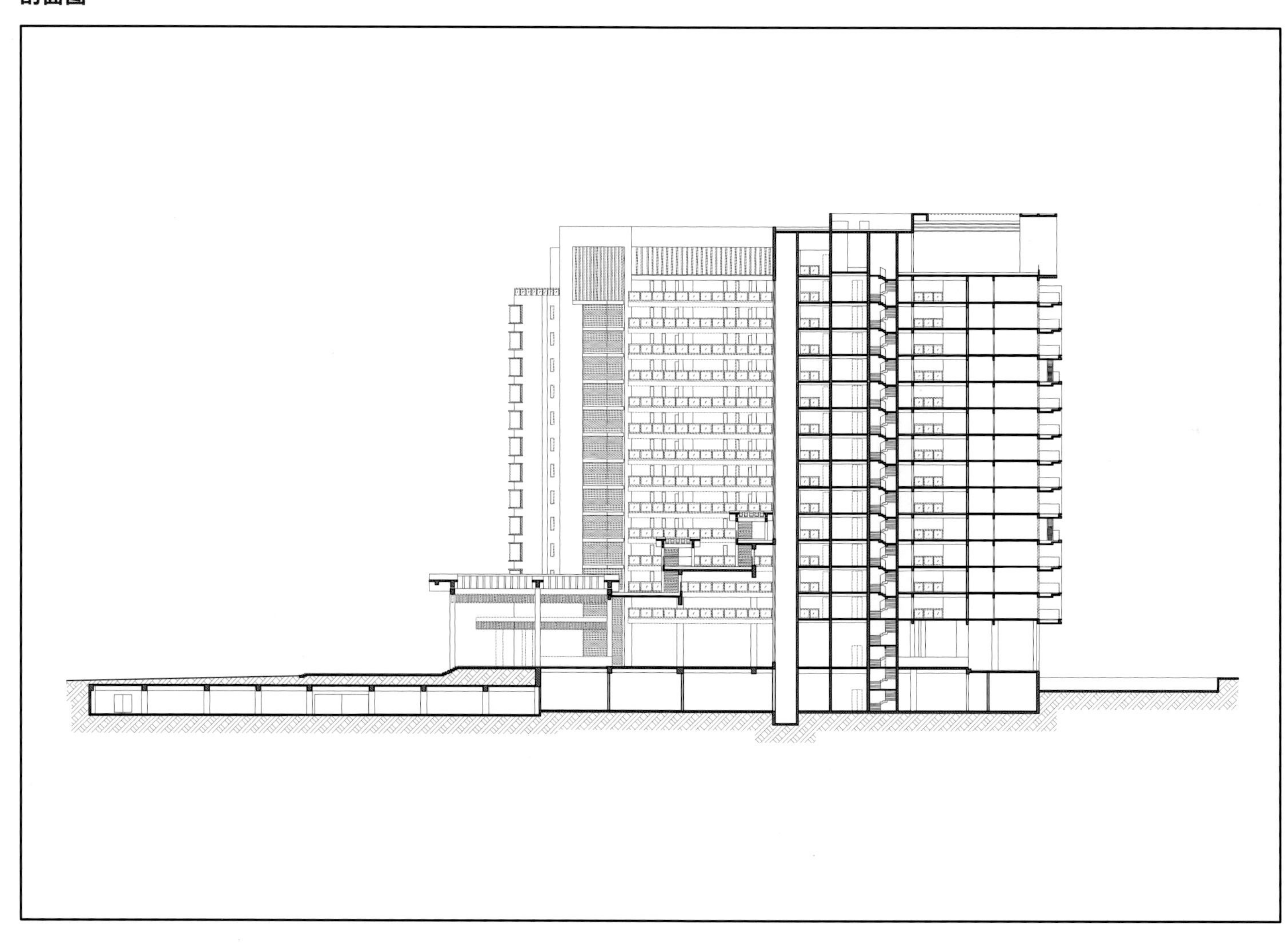

户型放大图

红树山谷度假酒店二期

项目概况

红树山谷度假酒店二期项目位于海南省三亚市亚龙湾西北角，红树林保护区西侧，总用地面积约 18.8 万平方米，总建筑规模约 8.7 万平方米，东侧有 600 米宽的红树林景观面，其余三面为自然生态山景。酒店客房主要为别墅式，公共区域设有酒店服务中心，包括大堂吧、餐厅、咖啡厅、泳池、健身室等配套设施。

项目信息

业　　主：三亚德商房地产开发有限公司
建设地点：海南省三亚市亚龙湾
建筑设计：中元国际（海南）工程设计研究院有限公司
合作设计：MCO.ASIA MYKLEBUST COMPANY
项目负责人：张新平
设计团队：李红、吕珍萍、张菁、吴朋朋、杨进（建筑），刘彬、王武军、马月（结构），杨才龙、王春婷（给水排水），廖儒慧（暖通），梁海云（电气），宁世清（总图）
建筑面积：8.5 万平方米
客 房 数：124 间
酒店别墅：152 栋
设计时间：2012 年
建成时间：2014 年
图片版权：中元国际（海南）工程设计研究院有限公司、红树山谷度假酒店管理公司

总体布局

根据场地标高及地形地势特点，采用多环向心式布局结构。中部低洼部分营造出了迂回曲折的中央水系景观，并在靠海一侧设置大堂和公共服务设施。别墅式客房围绕中央景观并结合场地高差呈多环台阶式分布。多层公寓户型布置在地势较陡的东南侧，减少视觉上对景区和酒店内部的影响。

建筑组织

单体建筑的布局定位考虑红树林景观面和自然山景视线，展示亚龙湾富有特色的自然环境。注重花园环境的营造，适应度假旅游需求，强调建筑与景观、人与自然的结合，尤其注重体现园林的地域特色，充分展示海南岛独特的热带植物和花卉，使住客真正体验到热带度假休闲的特色。在外部空间处理上，体现生态与山地特征，注重与自然山地和气候条件的结合，营造实用型、生态型的山地园林和环境。建筑设计结合海南的气候条件，注重自然通风，减少空调使用，强调人性化设计。

整个项目拥有完善的配套设施和后勤服务系统，可提供完善、周全的服务。

建筑风格

建筑设计追求简洁、明快、生态的现代东南亚建筑风格，立面强调水平构件与坡屋面的结合。私家花园及游泳池朝向海湾景观面，视觉上将亚龙湾水体景观与私家游泳池融为一体，扩展自然景观视野。采用大檐口坡屋顶及实用型构架处理，整体形态既轻盈又富有层次。立面细部处理结合平面元素，采用热带休闲度假风格，强调建筑的通透性和通风效果。

首层采用大面积落地窗，室内外空间融为一体，在室内可欣赏到泳池与私家花园景观，二层主人房与其他卧室也都设有大面积落地窗与休闲阳台。坡屋顶深檐口保证了良好的遮阳效果，其他主要门窗设有百叶式遮阳板。度假屋主要连廊走道采取开放式柱廊设计，自然通风良好。

建筑材料与色彩

建筑采用耐久、耐腐蚀的外墙材料以减少海边盐化空气的侵蚀。使用不同颜色、材质的天然石材与木架，自然面处理为涂料和灰石等建筑材料。通过材质的对比、色彩的变化、丰富的建筑造型，以现代方法表现热带元素，令建筑具有较强的地域性，表现一体化的休闲度假建筑风格。

总平面图

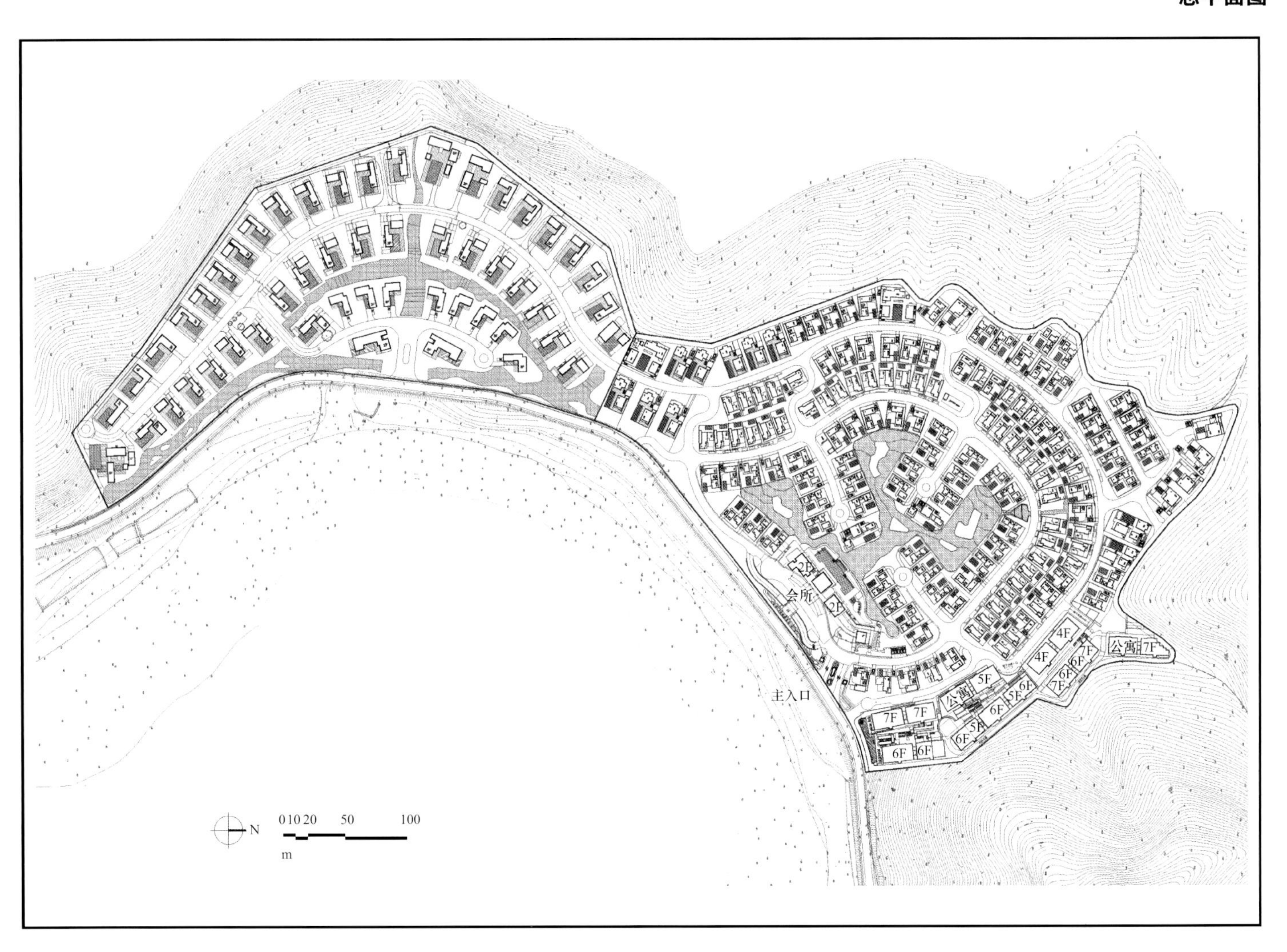

可持续性的建筑设计

整个用地为低密度低层建筑布局，顺着山地高差依山而建。平均建筑高度只有 3 层，为确保自然通风，尽量减少空调使用，所有房间都设有大面积落地窗与休闲阳台。屋顶深檐口有很好的遮阳效果，其他主要门窗及纵向天窗设有百叶式遮阳装置。度假独立式客房主要连廊、走道都采取开放式柱廊设计以达到较好的自然通风效果。每户均有私家花园及生态水池，在屋顶设置了太阳能板，充分利用太阳能。

节约与环境保护

建筑外形相对规整，减小建筑体形系数和外墙散热面积，以达到节能效果。外墙设计严格控制开窗面积，所有外墙均采用墙体外保温隔热技术，以减小外墙的热传导系数。酒店服务中心大堂采取开放式设计，形成自然通风，减少空调能耗。度假别墅户型设计尽量做到明厨明厕，减小人工照明和机械排烟用电量。总体布局形成较宽敞的花园水体环境，提高土地使用率。采用生态停车位，增加绿地面积。发电机房等有噪声的设备均采取减震、消声、隔声措施。东侧与城市道路相邻的部位种植较大较密的树种，减少噪声干扰。酒店服务中心洗手间等服务性用房，直接采光通风，减少人工照明和机械排烟的用电量。地下一层局部利用下沉庭院直接采光，减少平时照明和通风排气的能耗。

项目的经济效益、社会效益

本项目为酒店式度假别墅和公寓式酒店，由国际知名酒店运营公司喜达屋酒店和度假酒店集团（Starwood Hotels Resorts PTTE. Ltd）等负责管理及运营。为三亚市亚龙湾增加了一处档次高、规模大的现代生态型且具有东南亚特色的度假酒店，吸引投资置业，提升了亚龙湾的整体品味和效益，同时也对三亚市的旅游度假市场产生了积极的影响，成为三亚市亚龙湾区域新的亮点。

会所一层平面图

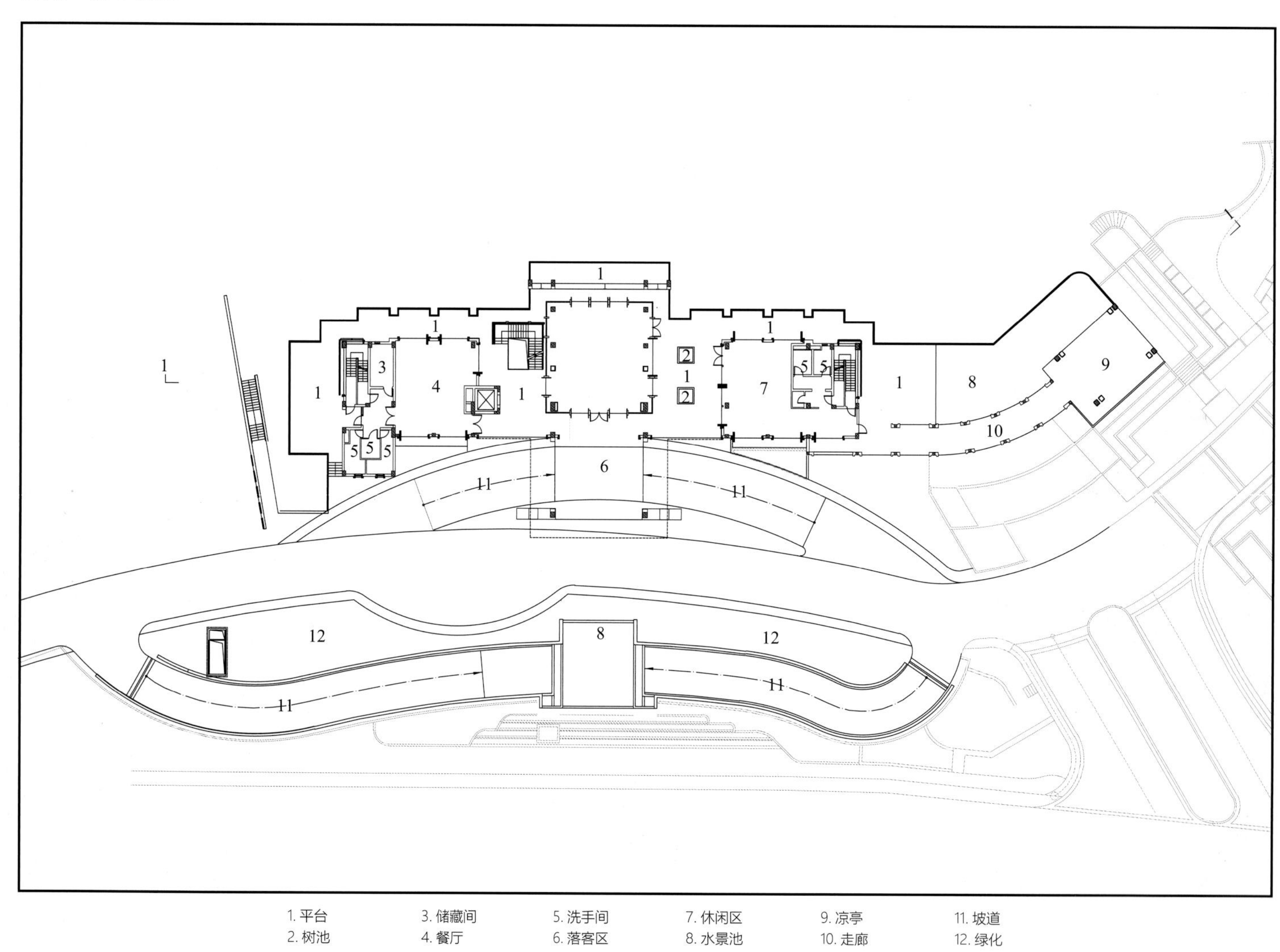

1. 平台
2. 树池
3. 储藏间
4. 餐厅
5. 洗手间
6. 落客区
7. 休闲区
8. 水景池
9. 凉亭
10. 走廊
11. 坡道
12. 绿化

立面图

剖面图

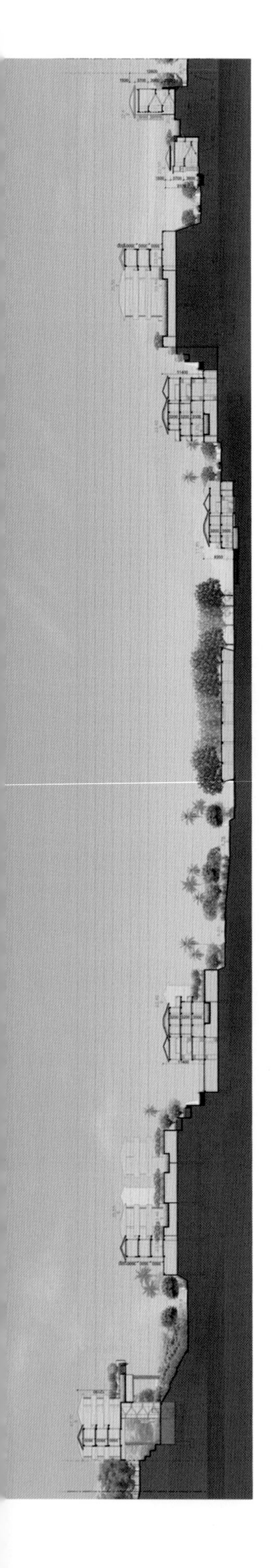

OV2 型别墅一层平面图

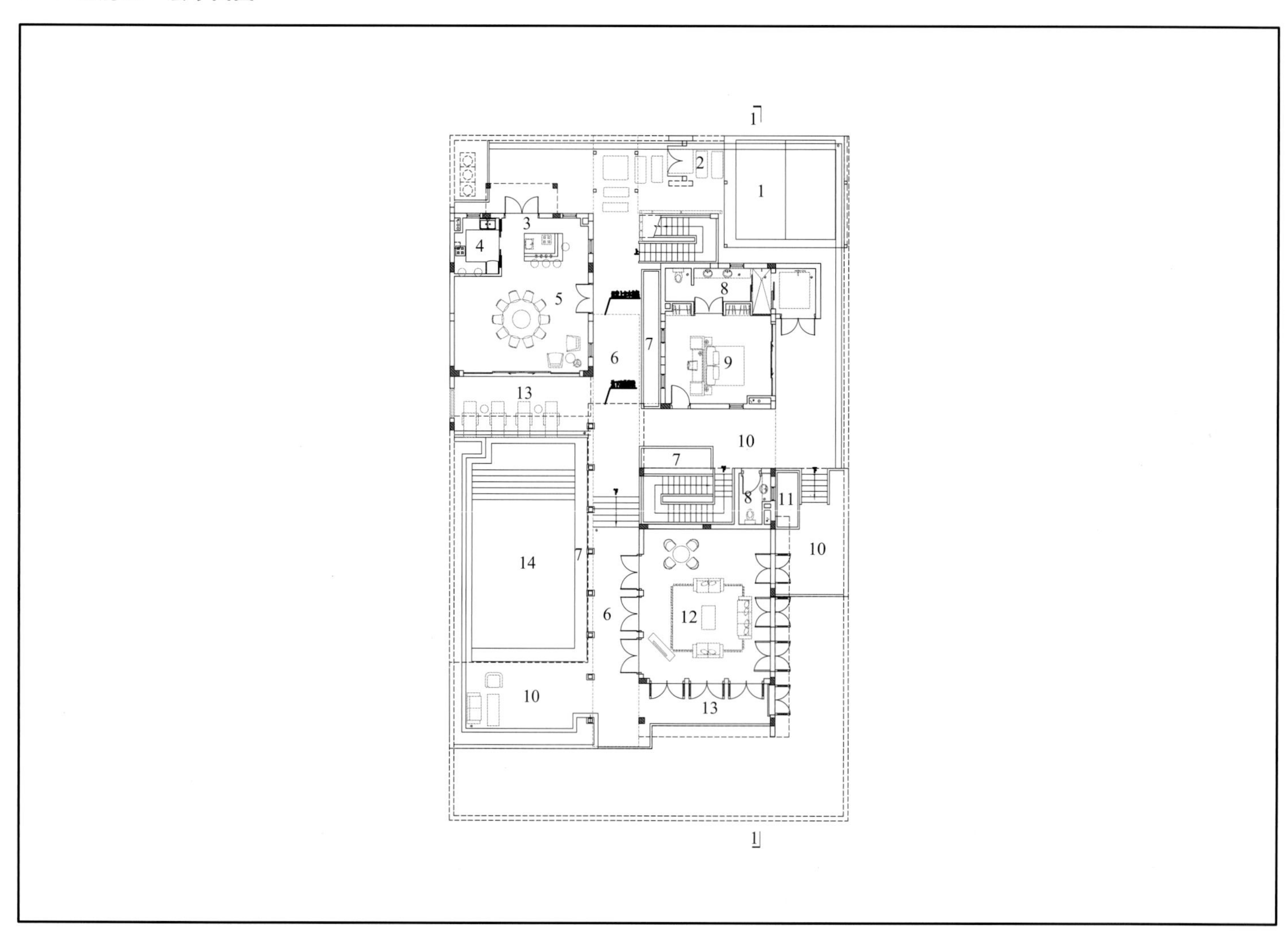

1. 停车位
2. 主要入口
3. 早餐厅
4. 厨房
5. 餐厅
6. 外廊
7. 水池
8. 卫生间
9. 卧室
10. 平台
11. 花池
12. 客厅
13. 阳台
14. 游泳池

OV2 型别墅立面图

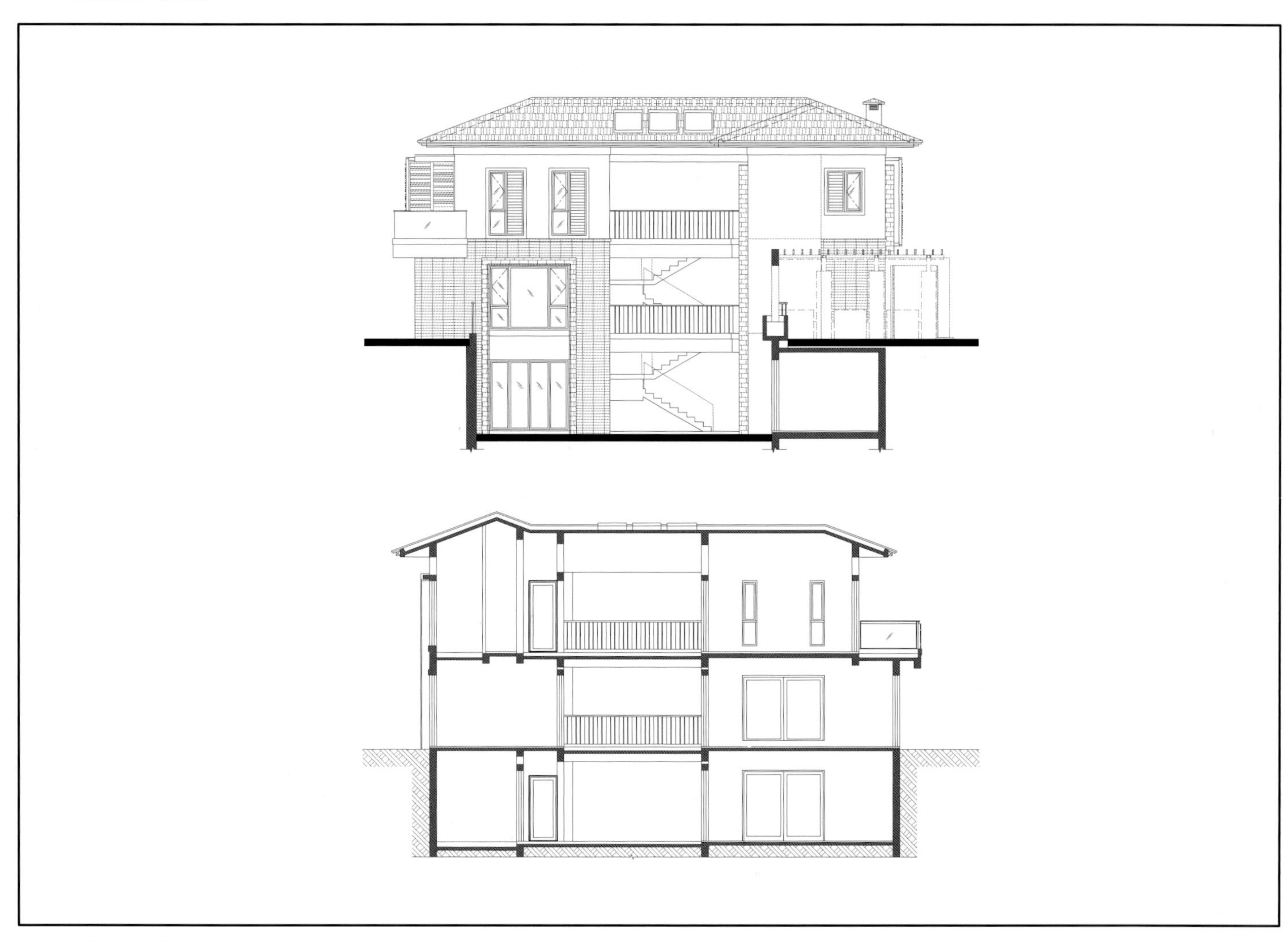

OV2 型别墅剖面图 1-1

金色阳光度假酒店

项目概况

本项目定位为高档产权式度假酒店，位于海口市西海岸滨海大道北侧。用地北侧朝向大海，西侧邻城市规划路，隔路为海南省政协培训中心，东、南两侧为热带海洋世界。地块为南北长向规则长方形，用地范围内地势南高北低，场地较平整。

用地景观条件良好，东、西、北三个方向均有开阔的海景面，可远眺海口湾的城市轮廓与浩瀚的大海。该用地交通方便，景观优越，是开发建设高档滨海度假酒店的理想用地。

项目信息

业　　主：海南宝景房地产开发有限公司
建设地点：海南省海口市
建筑设计：中元国际（海南）工程设计研究院有限公司
项目负责人：张新平
设计团队：张新平、李立红、张菁（建筑），张震、王武军（结构），符霞（给水排水），周全、廖儒慧（暖通），林照宏、林小江（电气），宁世清（总图）
建筑面积：4.12 万平方米
客 房 数：458 间
设计时间：2007 年
建成时间：2008 年
图片版权：中元国际（海南）工程设计研究院有限公司、金色阳光度假酒店管理公司

总体布局

主体建筑采用 L 形布局，酒店分三段沿用地南、西南、西三个方向布置，中间围合出的场地为景观庭绿化院。这种布局既能形成开敞、完整、安静的室外庭院，又能保证主体建筑有开阔的海景面，同时也有利于场地内的通风顺畅，适应炎热的气候特点。

在流线设计上，西南侧设酒店车行主入口，沿汽车坡道到达酒店入口，步行客人也可通过东侧步行台阶到达酒店。人流经主入口进入大堂，再分别由左右两侧的电梯厅到达各层房间。地块西侧中部设餐厅入口，便于对外服务。后勤辅助入口设于东侧，供货物及员工后勤使用。

布局注重环境和景观设计，体现滨海度假酒店的特色。身处酒店内，近有休闲度假庭院，远可眺望海口湾美景。中心庭院除乔木、灌木、花卉、草坪外，还设计了凉亭、泳池、假山等景观。底层客房设休闲平台直接临水，一侧配置临水植物，营造舒适怡人、轻松休闲的度假环境。东侧餐厅屋顶及部分退台屋顶设计了屋顶花园，与中间庭院一起，形成丰富的立体绿化景观。

建筑设计

大堂位于一层，标高抬高，可形成泳池、园景、海景相连的开敞视野。地下一层设多功能厅、餐厅等配套用房。利用地势，地下一层在北面敞开，与室外庭院相连，处于同一标高。主要设备用房及员工后勤用房设于地下二层。

客房设计采用客厅加卧室的格局，提升客房的度假功能，方便使用，符合海南度假旅游的市场需求。在板块的端头或转角部位设套房，主要房间如卧室、客厅等均有开阔海景。客房注重通风采光设计，部分客房做错层处理，高差 45 厘米，形成较好的视线效果。客房入口采用高差和转折设计，避免视线干扰，保证私密性。

酒店主体为 13 层，最上两层设安全部门工作用房与豪华套房，11 层及以下设一般客房。西侧较长板块考虑造型，做退台处理，缓和与海的关系，使建筑更活泼舒展。退台端头设置成豪华套房，由 13 层退至 8 层，并形成宽大的观景平台。顶层屋面放置太阳能集热板，为泳池和客房提供热水，降低建筑的总体能耗。

造型与色彩

建筑体型设计上结合用地采用简洁的切角 L 形，利用外廊、阳台板、遮阳构件作为造型元素，突出热带滨海建筑特色，适应海南的地理及气候特征。

采用大面积外窗和宽大阳台，利用窗和阳台的形式变化，产生立面装饰效果，体现滨海建筑特色。建筑外墙饰面材料主要为外墙涂料，以浅色为基调，采用类砂色的仿石漆，使建筑庄重、典雅。玻璃选用浅蓝灰色透明玻璃，与蓝天、海水相呼应，使得建筑清爽、简洁，成为西海岸一道独特的风景。

总平面图

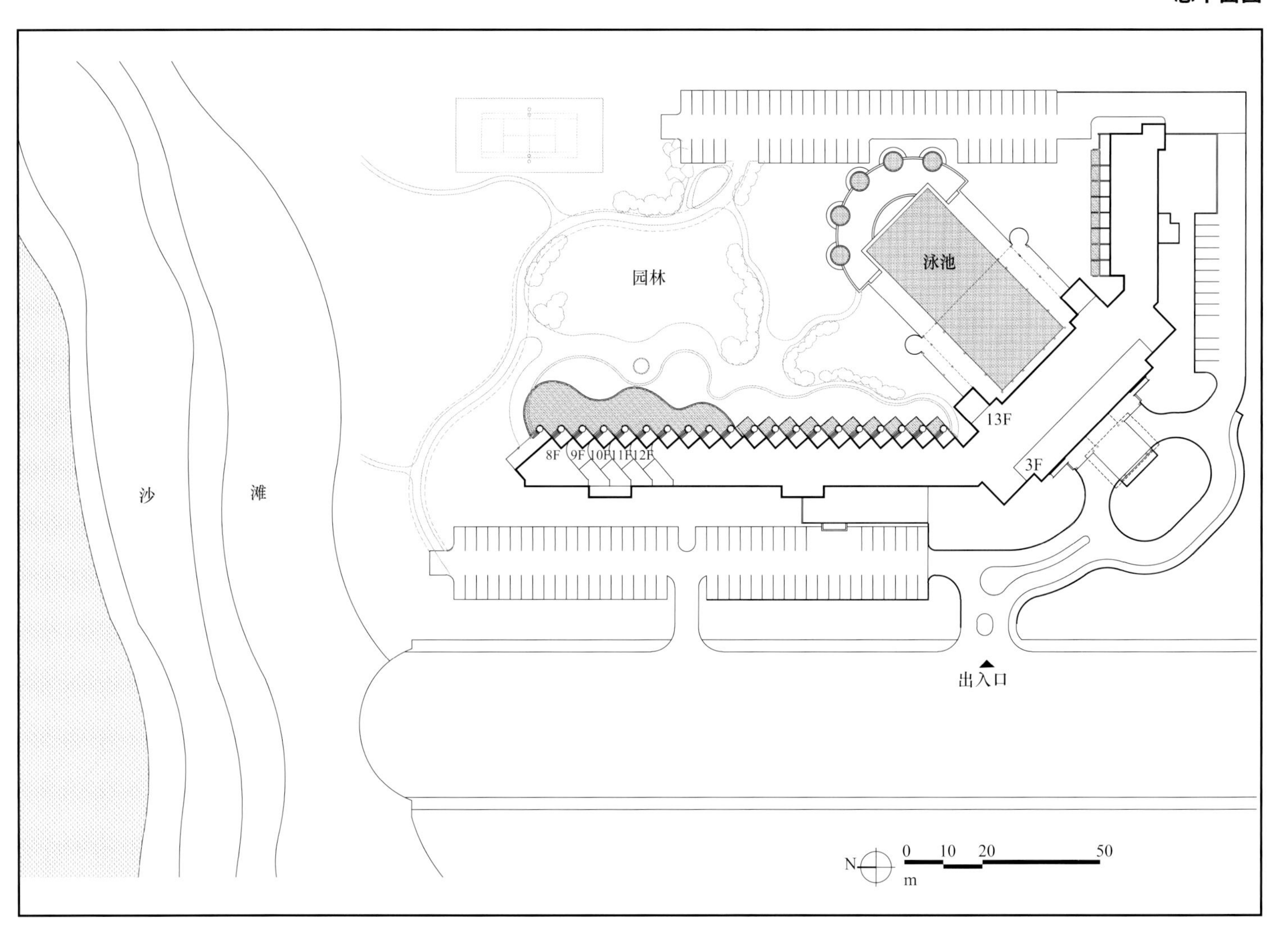

地下一层平面图

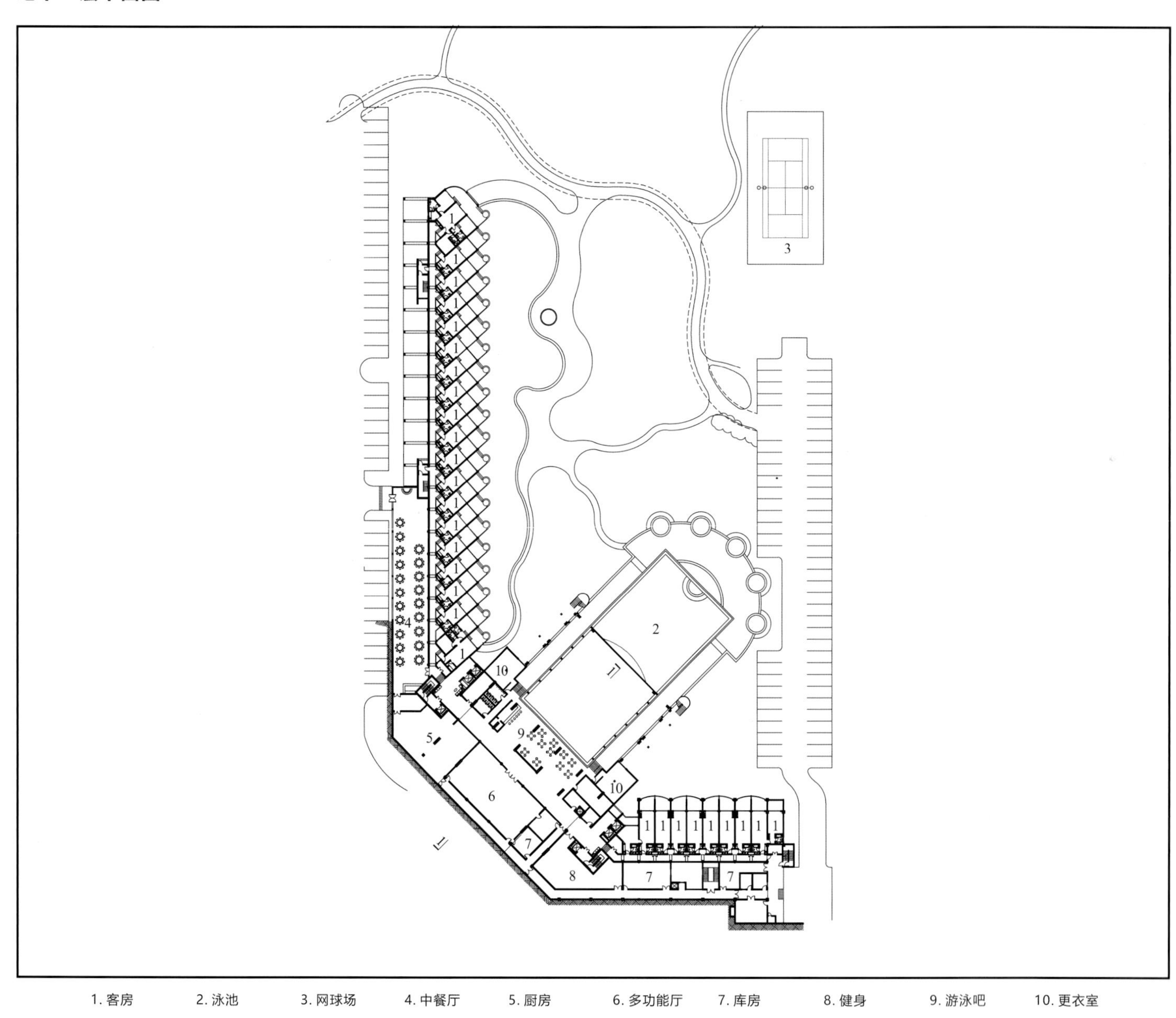

1. 客房　2. 泳池　3. 网球场　4. 中餐厅　5. 厨房　6. 多功能厅　7. 库房　8. 健身　9. 游泳吧　10. 更衣室

剖面图

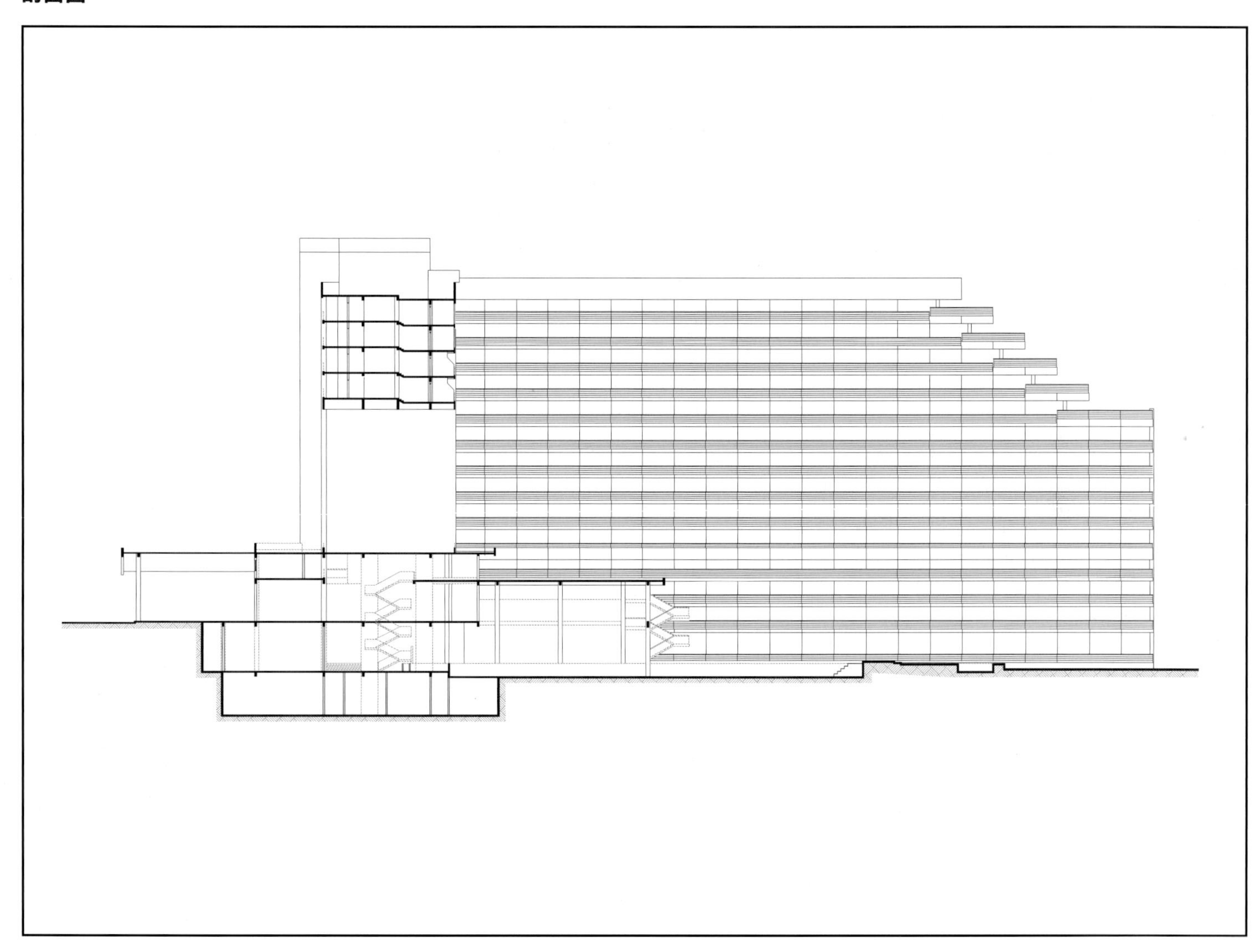

户型放大图

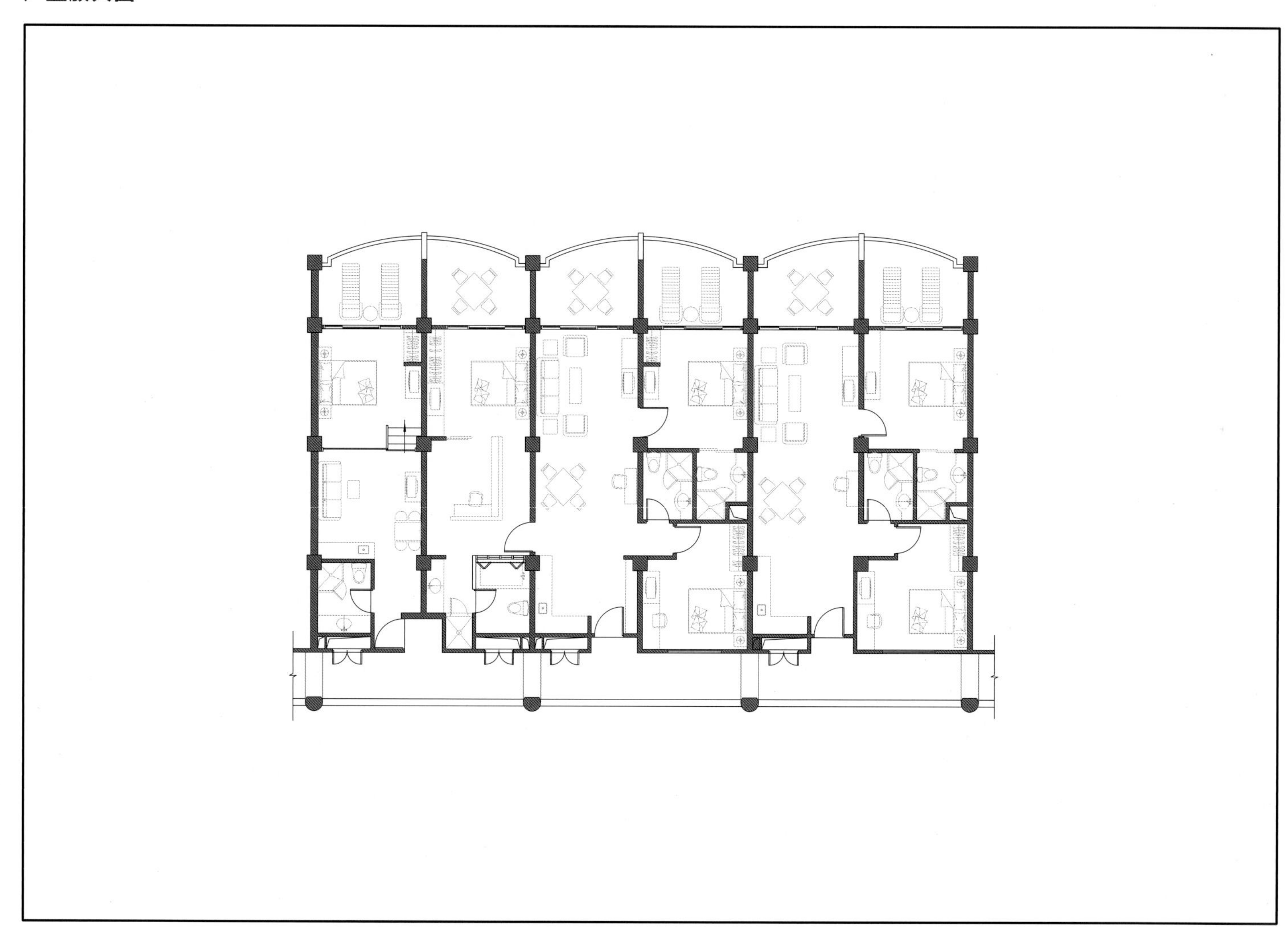

海南陵水珊瑚宫殿

项目概况

本工程位于海南陵水清水湾度假区，用地内部植被良好，地势北高南低坡向海面，南侧面向南中国海，有绝佳的海景视野。

用地沿海面宽约 340 米，纵深约 400 米。总用地面积 11.8 万平方米，总建筑面积 12.87 万平方米。

总客房数 1195 间，其中高层区域 1151 间，别墅客房 44 套。

项目信息

业　　主：海南陵水御海房地产开发有限责任公司
建 设 地 点：海南省陵水县
建 筑 设 计：中元国际（海南）工程设计研究院有限公司
合 作 设 计：阿克摩森国际设计顾问公司
项目负责人：张新平
设 计 团 队：陈昆元、刘洋（建筑），张震、陈金星（结构），
符霞（给水排水），付晓兰（暖通），
樊伟捷、路增旺（电气），宁世清（总图）
总建筑面积：12.87 万平方米
客　房　数：1195 间（套）
设 计 时 间：2012 年
建 成 时 间：2013 年
图 片 版 权：中元国际（海南）工程设计研究院有限公司、
海南陵水珊瑚宫殿酒店管理公司

总体布局

结合地形合理布置高层公寓式酒店和低层别墅式酒店。两栋非对称的高层酒店位于地块的北侧，低层酒店靠海边布置，形成北高南低的空间布局，较好地协调整个项目和海岸线空间的关系。场地中间是台阶式的大型景观庭院，设有游泳池、草坪、休息亭等公共休闲设施。公寓式酒店主楼布局舒展，让每间客房都能享受海景，主楼东高西低，与周边项目充分协调；低层别墅式酒店与花园环境相结合，注意营造舒适、私密的庭院空间。

竖向设计

本工程场地南临海岸线，整个地势北高南低，高差 11 米左右，向海岸线方向倾斜。考虑到周边环境和场地特点，方案设计充分结合现状地形特征，通过道路纵坡设计连接不同的场地平台，在组团场地内合理确定建筑设计标高、建筑出入口和地下室出入口标高，顺应地形地势变化，将建筑和场地有机结合，减小土方量，实现建筑和场地的一体化设计。

公寓式酒店主体建筑位于场地北面，东西长约 257 米，南北深约 120 米。因酒店主体建筑占地面积较大，场地内部有一定高差变化，为了更好地顺应地形走势，根据建筑内部不同的功能分区，采用不同的室内外地坪标高，通过内部台阶或外部缓坡来衔接，以解决各部分的高差。主体酒店北侧入口处标高为 22.9 米左右，酒店楼部分入口层设计标高为 20 米左右，中间内部庭院及游泳池依原地形设计为几个台地，低层酒店标高约为 11.00~19.00 米，沿地形自然布置。

交通组织

公寓式酒店的主出入口设置在用地的北侧中部位置，低层酒店在用地的东侧及西侧设置了两个可独立使用的出入口。地下室出入口位于酒店主入口的两侧。

在主体酒店前区共设置了 4 个大巴停车位及 30 多个临时停车位，地面停车位共计 242 个。同时在酒店主体地下设置了有 142 个车位的地下停车库，满足度假客人的停车需求。各栋低层酒店配有独立的停车库。

建筑设计

整个项目高层区的公寓式酒店和低层区的别墅式酒店作为一个整体来设计。沿海区域东、西侧布置豪华的带庭院的低层别墅式酒店，北侧布置了 2 栋 9~22 层的公寓式酒店主楼，中部与大堂及公共区域相连。场地中部设计了大量的园林绿化景观及水景，丰富内部环境。

公寓式酒店分为东楼和西楼两部分，均为 Y 形布局，共 9~22 层层高低错落，共 1151 套客房单元。每套公寓单元都能看到海景，景观最好的端头布置了大户型的单元。东楼和西楼之间的裙楼 1 层为入口大堂、大堂吧、商店等公共服务空间，负一层设有库房及辅助用房等。酒店的后勤部分及设备用房、管理用房和停车场等设置于地下二层。主体建筑的主入口两边设置有独立的货物及后勤人员出入口，避免了对酒店日常运作的干扰。

沿海区域的东、西侧布置了 44 栋豪华的别墅式酒店，采用灵活的布局方式，尽量让每栋低层酒店都有良好的朝向和景观视线，同时保证酒店低层区域相对于公共花园保持了一定的私密性，并考虑让低层酒店的客人能方便地使用位于高层酒店区域的各项公共设施。

建筑造型

依据策划和管理的要求，项目整体风格体现地中海建筑特点，希望以地中海的建筑元素，营造出一种特别的滨海度假氛围。在建筑的各个细节把握上，仔细推敲了各部位及部件之间的尺寸和比例关系，保持建筑风格的协调统一。

通过一条明确的中轴线来组织建筑群中各个建筑之间的关系，形成对称且变化丰富的建筑立面关系，屋顶高低错落处理丰富了建筑的体块造型和轮廓线。

总平面图

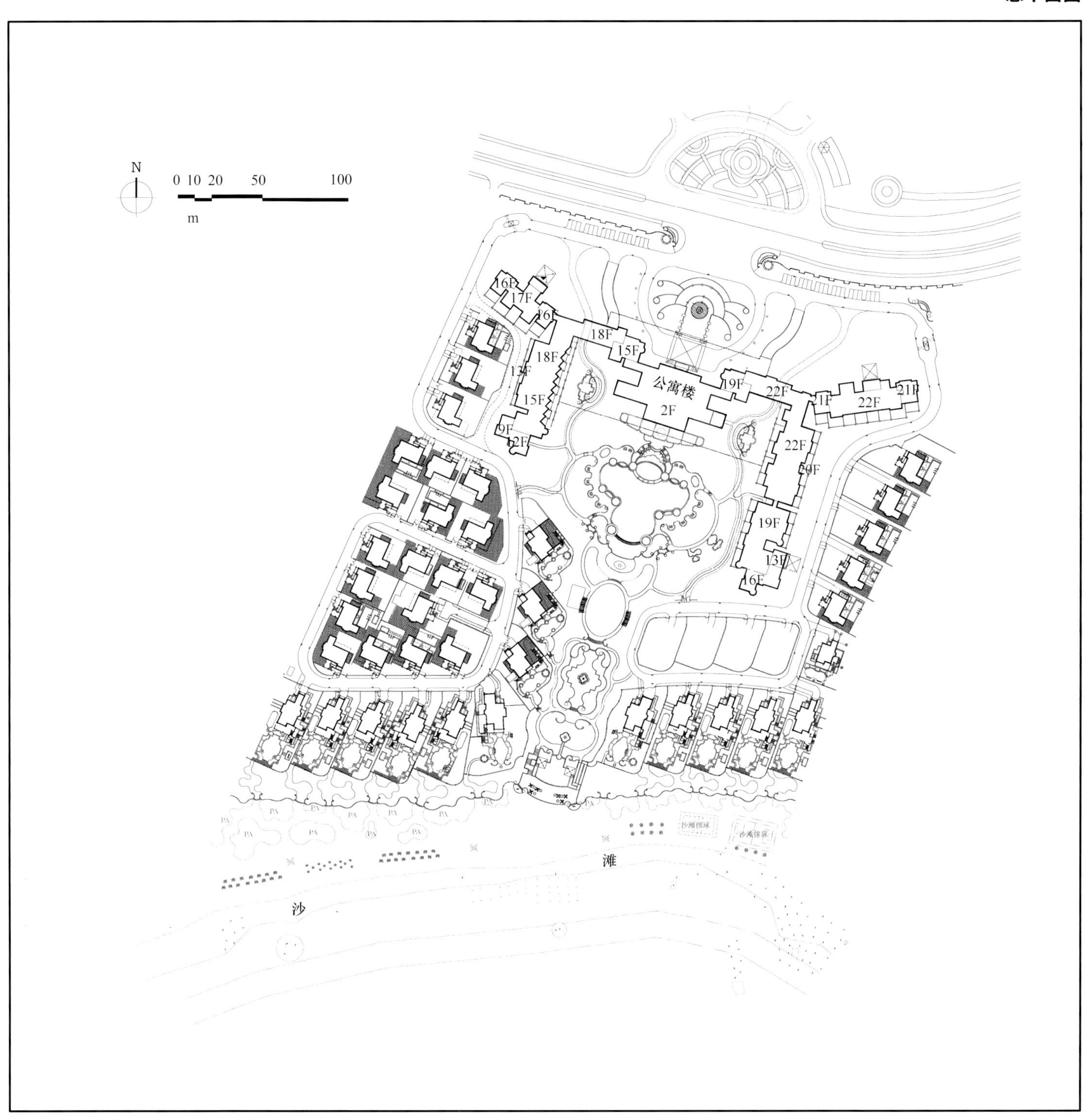
N
0 10 20 50 100
m
16F
17F
18F
15F
13F
9F
12F
公寓楼
2F
19F
22F
21F
20F
沙
滩

标准层平面图

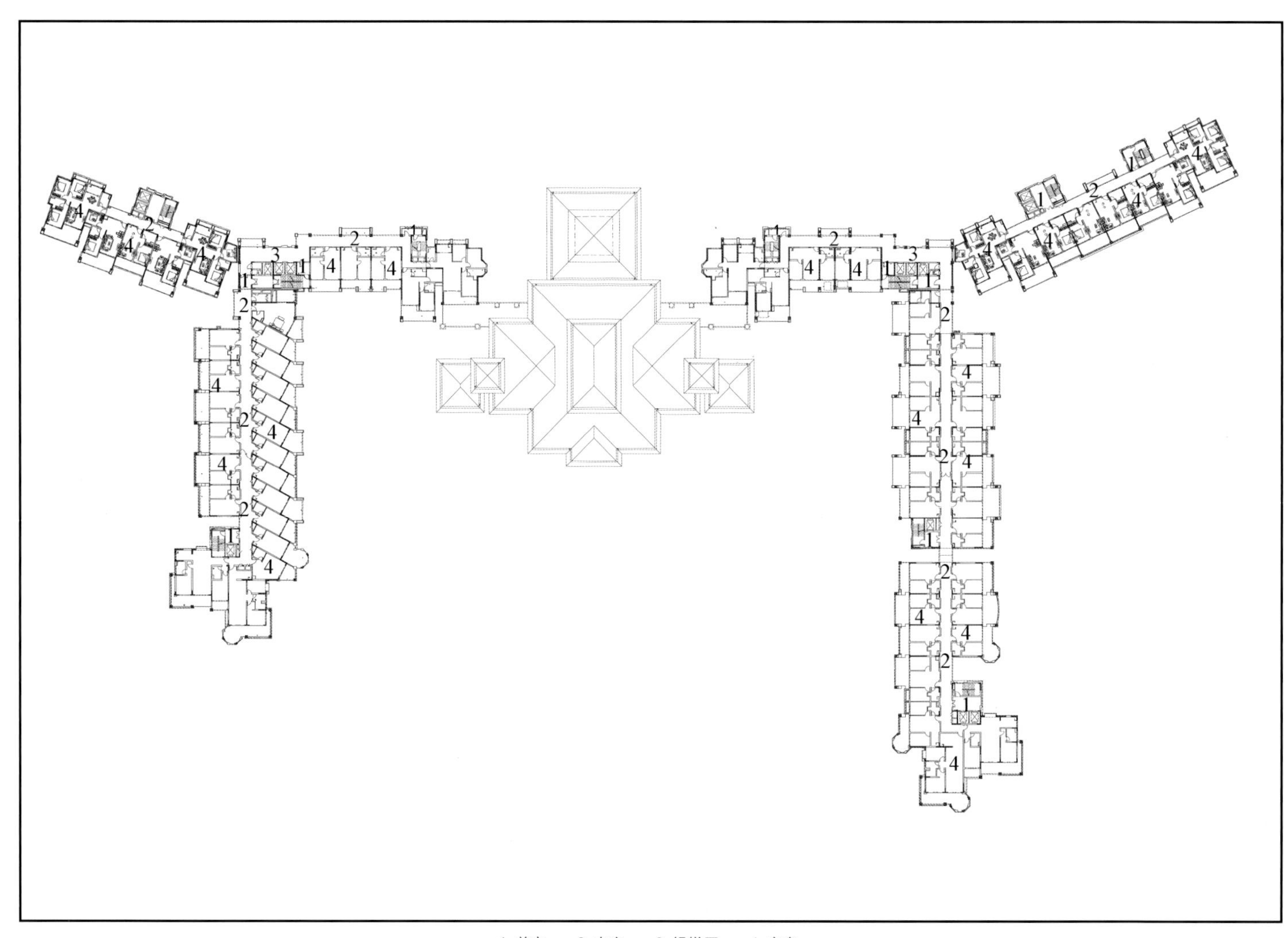

1. 前室　2. 走廊　3. 候梯厅　4. 客房

正立面图

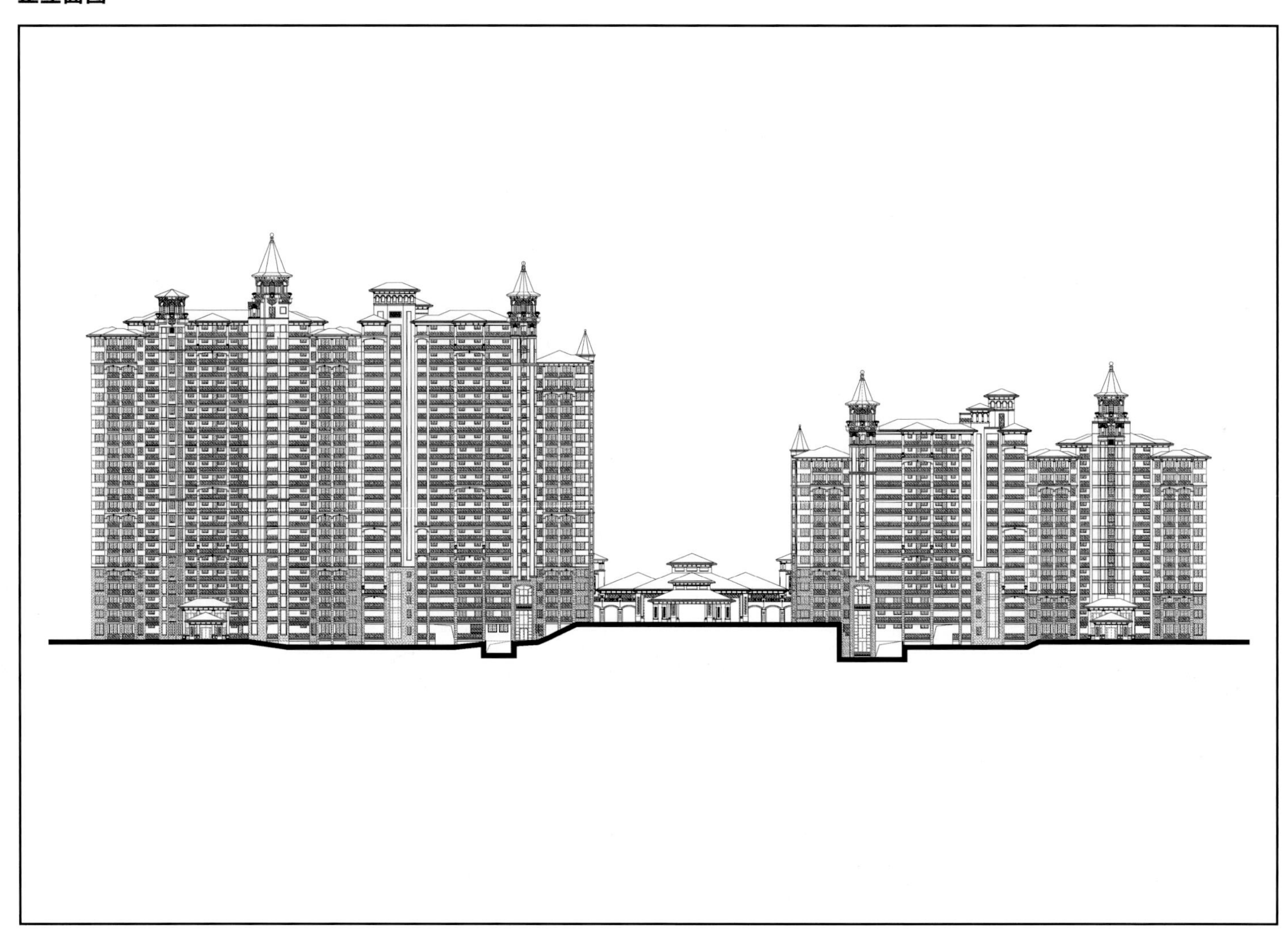

侧立面图

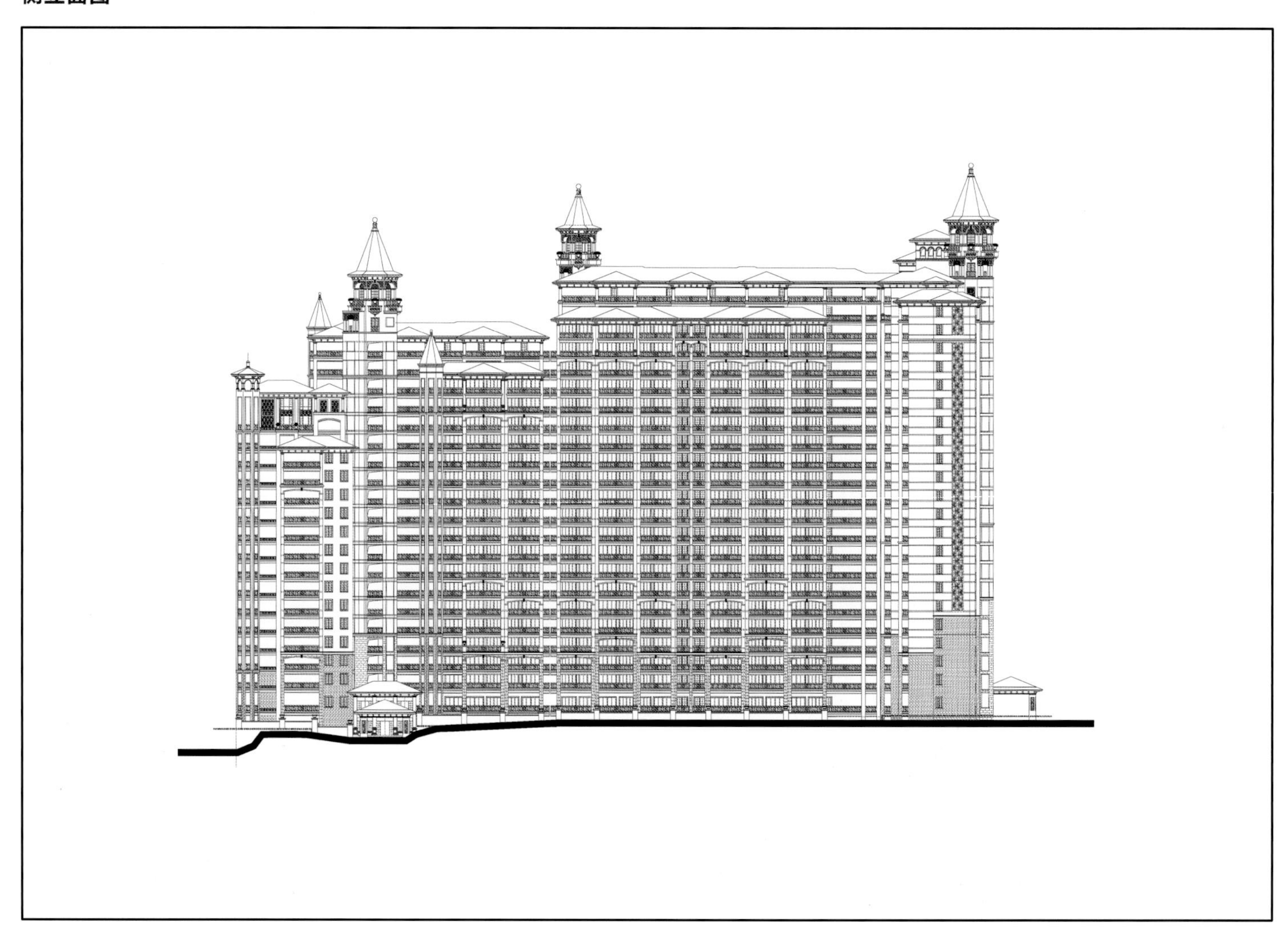

剖面图

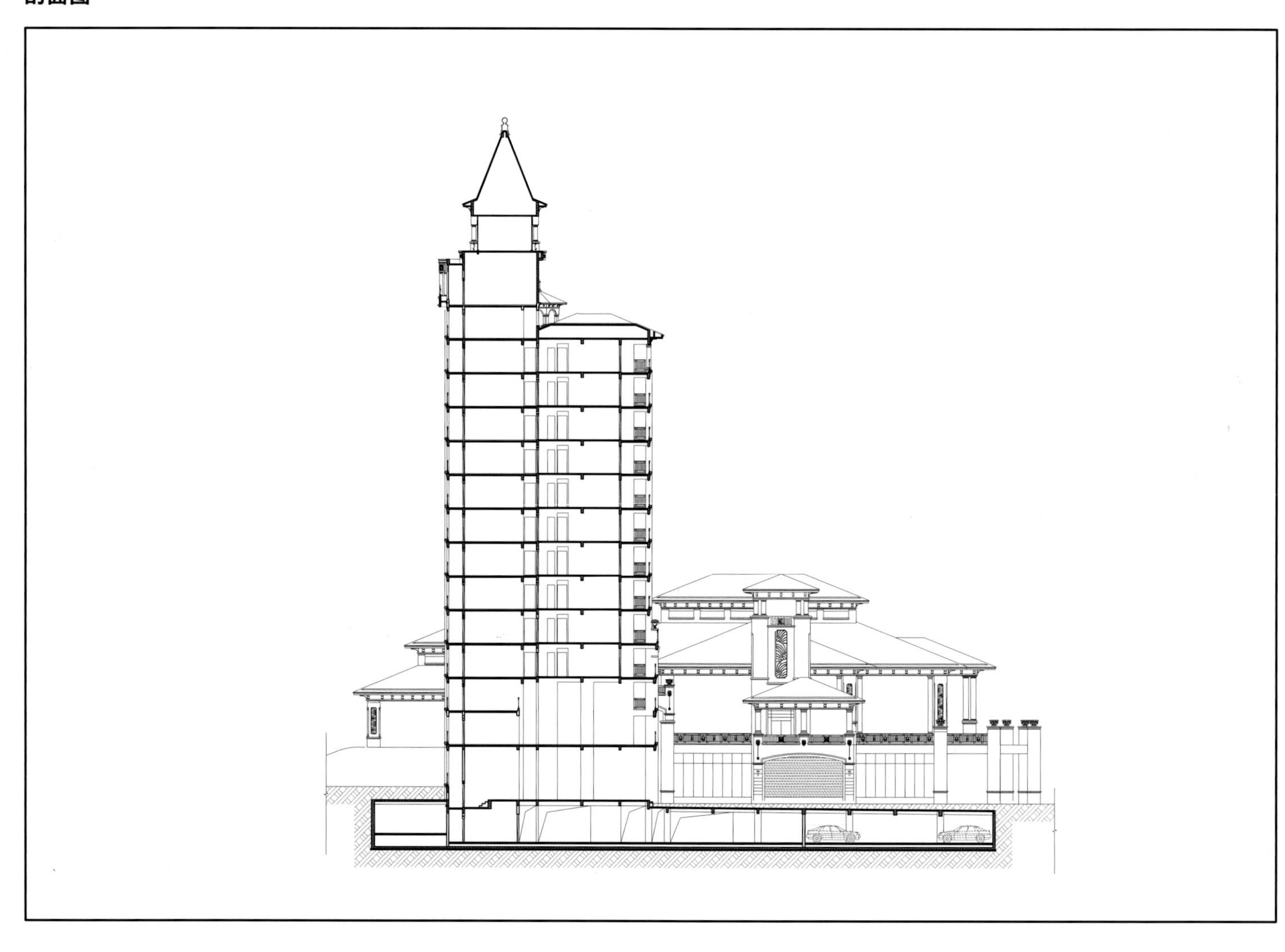

第四节　国际化旅游度假区酒店设计

International tourist resort hotel design

旅游行业涉及为游客提供出行、住宿、餐饮、游览、购物、娱乐以及旅游辅助服务等在内的众多业态，已逐渐发展成为一个庞大的旅游产业链。进入 21 世纪，人们的思想观念和社会形态发生了很大变化。大众化的度假旅游成为一种势不可挡的世纪潮流，人们的旅游目的地遍布全球各个角落。在度假酒店建设领域，国际化的酒店品牌及管理、国际化的设计资源、国际化的人才配置、国际化的产品采购都被整合在一起，从而更好地服务于国际化的顾客群体。

根据《“十三五”旅游业发展规划》，“十二五”期间，旅游业全面融入国家战略体系，成为国民经济战略性支柱产业，这给旅游度假区的发展带来了巨大的空间，旅游度假区作为国际上旅游度假的主要设施聚集区，应以追求国际化的品质提升为关键点，以更高质量、更加绿色、更加丰富的度假产品和服务体验来满足全球游客对美好生活的需求和向往。

海棠湾位于海南省三亚市的东部，距三亚市区 28 千米，距凤凰国际机场 40 千米，具备优异的旅游区位条件，与亚龙湾、大东海、三亚湾、崖州湾并称三亚五大名湾。海棠湾地区西北多为山地，东南为较平坦的河流冲积地和滨海平原，居住着包括汉、黎、回、苗等多个民族，拥有浓郁的乡土气息、多姿多彩的民族风情和民族艺术。湾区内旅游资源丰富，北有“神州第一泉”南田温泉、伊斯兰古墓群、椰子洲岛，藤桥东、西两河潺潺流入南海；南有湾坡温泉、铁炉港泻湖、红树林湿地、蜈支洲岛等美景，长 21.8 千米的海岸线和长 13.8 千米的原生态内河水系南北向贯穿区域。灿烂的阳光、湛蓝的海水、洁白的沙滩、婆娑的椰林、质朴的民风等自然风光与人文景观交互辉映，比肩世界著名滨海旅游度假区的国家稀缺性旅游资源，使得到过这里的人们流连忘返。

2005 年，为促进海南旅游度假产业的大发展，加快三亚国际性热带海滨风景旅游城市的建设，为世界各地游客和国内日益壮大的高端旅游度假客提供一流的度假胜地，海南省政府正式批准三亚市启动海棠湾旅游度假区的规划编制工作。同年 5 月，三亚市组织了海棠湾概念性总体规划国际竞赛，邀请了包括美国 SASAKI、美国霍克、英国阿特金斯、中国同济大学在内的四家国内外著名规划设计单位参加。2006 年 4 月，海南省规委会全票通过美国 EDSA 公司编制的概念性总体规划综合方案。

2007 年 5 月，海南省政府批准由中国城市规划设计研究院编制的《海棠湾分区规划及城市设计》，规划总用地面积 98.78 平方公里，总人口约 25 万人，城市建设用地约 51.62 平方公里，海棠湾正式被定位为“国家海岸”——国际休闲度假区，规划职能包括世界级的旅游度假天堂、面向国内外市场的多元化热带滨海旅游休闲度假区，以及国家海洋科研、教育、博览综合体。

2008 年起，海棠湾正式进入实质性开发建设阶段，其高端的目标定位和规划愿景得到了国家层面和社会各界的重视，湾区的整体市政设施和滨海酒店带率先启动建设。由中元海南设计的三亚海棠湾康莱德酒店和希尔顿逸林酒店自 2010 年 12 月正式开业，这是湾区的第一批五星级酒店，2018 年 4 月，继迪拜、巴哈马之后的世界第三座亚特兰蒂斯度假酒店开业，至此，滨海地带已引进了希尔顿逸林、康莱德、凯宾斯基、索菲特、君悦、香格里拉、洲际、威斯汀、华尔道夫等几十家国际一线酒店品牌，形成了令人瞩目的国际酒店群，目前已开业的五星级酒店达 20 余家。高端的国际一流酒店集群为海棠湾带来了大量的度假客群，也为湾区的国际化发展提供了最优质的度假保障。

海棠湾是国家稀缺资源，区位和场地资源特性决定了其必须建设成为国家级、世界级的热带滨海旅游度假区，打造国家品牌和国家热带滨海旅游形象。中元海南配合、参与了海棠湾的多个酒店项目的建筑设计，本节选取其中三个案例作为代表，希望传达国际化的建设理念与追求。

经过一系列设计实践，我们在设计的过程中不断总结、不断思考，对国际化度假区旅游度假项目的设计有些感悟，呈现出来与同行分享。

（1）特色化、差异化和精品化的住宿产品

传统住宿产品是以建筑物为基础，主要通过客房、餐饮、娱乐等与之有关的多种设施，向客人提供服务的一种产品形式。换言之，住宿产品利用空间设备、场所和一定消费物质资料，提供最基本的食宿服务。随着人们物质要求的提升，消费理念也在逐渐改变，人们越来越注重身心的双重修养。传统模式的住宿产品远远不能满足人们的需要，酒店已不再是单纯供人们休息的场所，还需要满足人们的精神需求。

利用当地的人文、自然景观以及优越的地理位置，打造个性化住宿体验。基于优美环境资源和新的开发模式，形成拥有独特景观和新型旅游产品的公共旅游观光胜地及高端旅游度假住宿区。可结合不同空间环境，充分利用片区特色化环境（如以休闲、娱乐、度假为主的酒店应重点打造温泉、沙滩、景区等主题特色），结合相应的客群需求，打造特色化、差异化、精品化的住宿产品。

（2）注重身心体验的文娱产品

注重区域内文化娱乐产品的打造，为度假区注入新鲜血液并提升度假区活力，从注重游客身心乃至精神上的体验出发，提取地域特色文化，融入创意产品之中。对具有度假区文化特色的工艺美术品创意设计、民族文化产品开发、面向市场的演艺剧目制作、特色文化资源向现代文化产品转化和特色文化品牌推广等项目应予以支持，打造集观赏、体验、教育为一体的旅游度假产品。

注重身心体验的文娱产品，通过丰富和提升软实力来扩大自身的影响力，达到提高重游率、扩大对各细分市场人群的吸引力、扩大开发项目市场半径、创造购物活动路线、增加游客停留时间的目的，通过特色化、注重体验的文娱产品，使游客获得身心俱佳的体验、享受。

（3）国际水准的一流文化活动和专业赛事场馆建设

目前，传统度假区多是以休息、游玩、娱乐等多方面因素构成的整体旅游区、休闲区，包含游戏、放松、亲近自然等多种形式。为营造具有独特魅力的旅游度假产品，可于度假区内建设特色的文化活动与专业赛事场馆，以提高旅游度假区的影响力。未来度假区的发展应以旅游产业为核心，积极推进旅游业与其他关联产业融合发展，形成服务业、文化体育产业等多种关联产业齐头并进的新格局，为旅游业的发展提供充足的市场空间和产业集聚效力。

旅游业与文化体育产业的融合，将使旅游的产业价值向多样化、个性化、深度化、高端化发展，通过价值复合、资源创新、产品多元、业态提升，创造新型高端旅游产品。旅游度假区可每年不定期举办具有高端学术价值的艺术展览活动，并积极开展国内、国际间的文化艺术交流项目以提升度假区

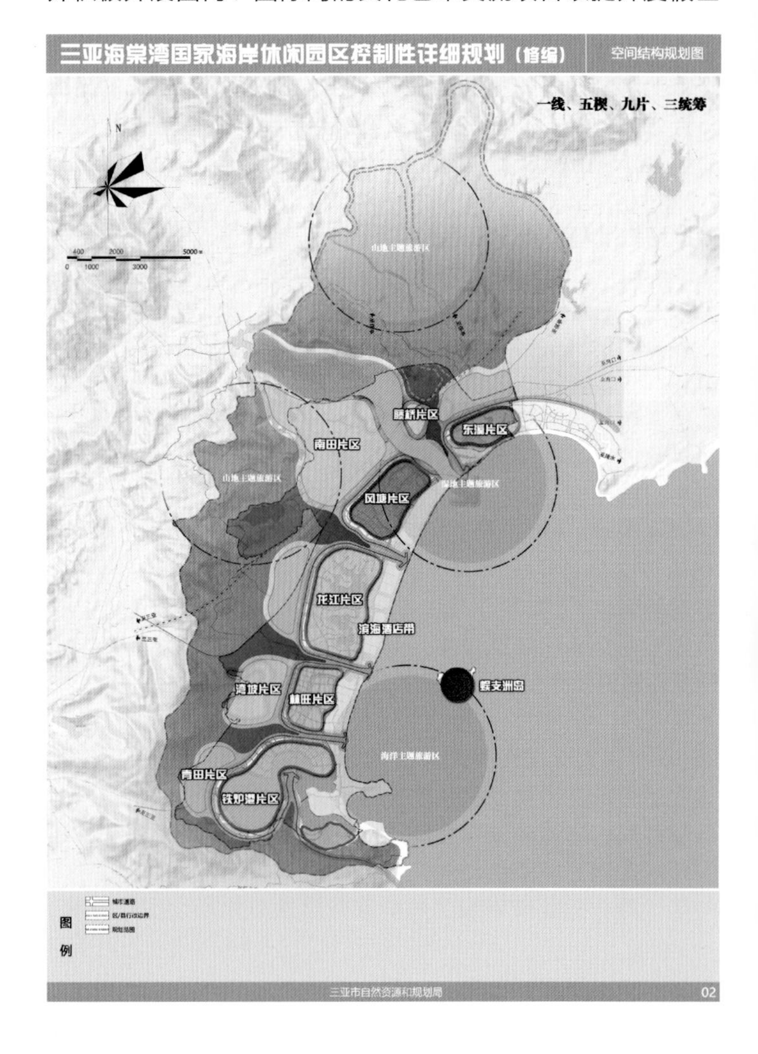

四季酒店
康莱德酒店
万达希尔顿逸林度假酒店
理文索菲特酒店
南
海

的文化影响力。为提升体育相关产业对度假区的正面影响，不定期举办国内外大中型体育赛事，提升度假区国际知名度；在无赛事期间，依附于该类场馆为片区内游客提供相应活动场地，使其成为以度假为目的、以体育为手段、以游客为对象而开展的区域性特色体育服务。

（4）因地制宜与环境融合的生态友好型设计

好的设计一定具有人性化、实用性强、特色性的特点。

海棠湾风光旖旎，与亚龙湾、大东海相比，这里没有城市的喧嚣与繁闹。海棠湾区域被定位为“国家海岸”主题，应当是以生态资源的保护和利用为出发点，基于优美环境资源和新的开发模式，形成拥有独特景观和新型旅游产品的公共旅游观光胜地及高端滨海旅游度假区。海棠湾的建筑设计始终要秉承着生态、人性化的理念，注重建筑与生态环境的自然和谐，因地制宜；注重建筑、人与自然的和谐；注重建筑作为文化载体的传播媒介功能。

生态友好型设计的核心是节地、节水、节能、节材和环境保护，同时要以人为本，采用适宜技术，而非高科技设备的堆砌。三亚属于热带地区，常年阳光充足，日照时间长适宜使用太阳能。把海棠湾的气候、环境、资源、经济基础、文化五者结合起来，做到因地制宜才是我国发展绿色生态友好型建筑的灵魂。

（5）引入专业的国际化管理与运营团队

要吸引更专业的国际化管理与运营团队，必须具有良好的政策支持和营商环境。最新出台的《关于支持海南全面深化改革开放的指导意见》中明确提出，坚持发挥人才的关键性作用。坚持人才是第一资源，在人才培养、引进、使用上大胆创新，聚天下英才而用之，努力让各类人才引得进、留得住、用得好，使海南成为人才荟萃之岛、技术创新之岛。

自由贸易港有助于海南和世界联系更紧密，在原来大特区基础上更加开放，进一步带动海南发展腾飞。前瞻未来，海南地区的关税或税收将更低，更好的营商环境、更便利的通关也会吸引更多发展资源投向海南，投向海棠湾。

其次，要建立符合酒店管理运营和国际团队合作的机制，鼓励探索更多样的消费体验。创造公平统一高效的市场环境，实行高水平的贸易和投资自由化便利化政策，指定对外资全面实行准入前国民待遇加负面清单管理制度，保护外商投资合法权益。

综上，从整体环境来看，中国酒店业正面临全球化服务的机遇，我们可以通过多种路径丰富高端品牌阵容，强化高端布局。如通过控股国际品牌、与国际优秀的酒店集团合资以及与国际品牌授权合作的方式，结合行业资源、运营经验和品牌打造能力，把高端酒店的独特体验带给全世界的消费者。

三亚理文索菲特度假酒店

项目概况

三亚理文索菲特度假酒店项目位于三亚海棠湾沙坝酒店区第三地块。项目用地为长方形，东西长 608 米，南北长 357 米，总用地面积约为 19.1 万平方米。南北侧与其他酒店相邻，以一条 36 米宽的公共通道相隔；项目西临滨海大道，东面为广阔的南海，景观条件优越。

项目定位为集豪华酒店、餐饮会议、度假别墅和休闲健身于一体的五星级高档滨海休闲度假设施，整个项目包含 3 座酒店主楼，66 幢度假式别墅以及 SPA、健身等一系列配套用房。项目总建筑面积 13.74 万平方米，总客房数 471 间。

项目信息

业　　主：三亚皇圃大酒店有限公司
建 设 地 点：海南省三亚市海棠湾
建 筑 设 计：中元国际（海南）工程设计研究院有限公司
联 合 设 计：巴马丹拿建筑设计咨询有限公司
项目负责人：李红
设 计 团 队：李红、陈昆元（建筑），王武军、陈金星（结构），
符霞（给水排水），周全、付晓兰（暖通），
路增旺（电气）
总建筑面积：13.74 万平方米
客　房　数：471 间
设 计 时 间：2010 年
建 成 时 间：2016 年
图 片 版 权：中元国际（海南）工程设计研究院有限公司、
三亚理文索菲特度假酒店管理公司

设计原则

作为高端休闲度假酒店，依托优越的环境条件，坚持以下原则和思路：建筑着重突出热带建筑特色；注重绿化及环境设计，创造良好的区域环境；注重景观视线设计，让旅客拥有良好的自然景观及园林景观视线；注重结合本地气候特点，提高居住空间的舒适感。兼顾环境和社会效益，创造环境优美、安全舒适、风格高雅、品质独特的休闲度假区。

总体布局和交通组织

项目占地较大，为东西长、南北短的长方形，整体规划布局的核心理念是最大化利用东侧海景景观面。整个基地朝大海方向（由西向东）划为：入口区（包括多功能服务中心入口及休闲花园）、酒店主楼和度假别墅区三个层面。酒店空间组织突出由西至东的主轴线，把建筑及下沉式的室外活动平台与海滨沙滩和海棠湾连成一个完整的酒店布局。设计将低矮的别墅分两组布置在基地的东北和东南侧，将主体酒店及其他公共设施等布置在基地的西侧，形成西高东低的大空间形态。

别墅首层接近沙滩的地面标高，同时别墅主要体量不超过 3 层，通过密植树木形成大面积绿化，将别墅群融入整个绿化环境内。酒店主体配合地形的需要，尽量减少开挖。将酒店主体首层的公共服务部分做抬高处理，在公共区域和平台上，凭高远眺，视线可避开低处的别墅区，享受开敞的海景。

酒店主要出入口设于西侧，由滨海大道进入。外来车辆、人流由主入口到达酒店前区，经入口区后直接进入酒店大堂。酒店后勤入口设于西北角，沿场地的坡道到达落货区。别墅客流由南北两侧进入，在区内别墅组团中均设有架空停车位。区内路网环形布置，在东侧及西侧各设隐形消防车道连通，既方便到达，又满足消防需求。酒店与别墅人车分流，酒店公共车流亦分客用及服务两部分，秉承同时并存、互不干扰、方便使用的原则。

建筑设计

（1）功能布局

整个项目分为入口区、酒店主楼和度假别墅区。酒店主楼为三幢板式高层建筑，呈弧形布置在项目最主要的位置，楼高 9 层，高度约 40 米，为整个项目最高的建筑物。

主楼大部分楼层采用单排客房的平面布局，约共有 471 间客房及 12 间酒店别墅，80% 以上的客房均朝东，以获得最佳观海视野。客房走廊每间隔一段均有开窗，可向外看到海景或花园。

（2）单体设计

主楼设计充分考虑地块特征，采用外廊式布局，每户均设宽大阳台，使所有房间拥有开阔的景观视线。每层电梯厅位置均设置休息平台，使建筑与环境更亲近。屋顶采用退台处理，布置花架及屋顶绿化，丰富体型。主楼客房多元化，既有标准间，亦有豪华套房、家庭套房及总统套房。标准间的面积为 53 平方米，且均配置 10 平方米的阳光露台。豪华套房及家庭套房面积为 110 平方米，且配置 25 平方米的阳光露台。总统套房的面积为 400 平方米，且配置 60 平方米的阳光露台。一楼客房更可直接从露台到达酒店泳池。

本项目包含两个度假别墅区，布置在靠海方向的南北两侧，分别有 25 幢和 29 幢度假别墅。别墅采用人工高差地形，通风、采光和视线良好。度假别墅尽量亲近海边，采用较隐蔽的建筑空间布局塑造出休闲、温馨的度假氛围。

（3）造型与色彩

整体造型采用简约休闲风格，轻松活泼，搭配深挑屋檐及宽大阳台，突出热带度假风格。立面设计以标准阳台开间作为外观构图元素，通过水平栏板与竖向百叶的组合，形成整体挺拔流畅的外形。低层酒店式别墅及度假别墅体量较小较轻，采用现代休闲风格，整体建筑轻盈通透、高低结合，与自然环境和谐共生。

建筑外墙饰面材料主要为石材、面砖及外墙涂料，色彩以白色、浅灰色、灰色及浅褐色为主，局部搭配白色线条，外观简洁、明快。玻璃选用透明色，与外墙形成明暗虚实对比，衬托主体结构的力度。

环境设计

酒店主楼位于基地西侧，主楼的绿化区分为两部分，西面入口为迎客区，提供独立酒店入口广场、旅行团登记处及地下游客多功能服务中心。基地的西北面设有网球场及大片绿化区，可作为户外休闲场所。主楼东面布置多层次室外活动区和绿化环境，形成一条由西至东的主要景观轴线，将园区内的绿化空间与海滨沙滩及海棠湾连成一个完整的景观带。

本项目由三亚皇圃大酒店投资兴建，并由索菲特酒店集团进行管理。2016 年竣工后，项目以现代简约度假休闲式的建筑衬托出雅致的自然环境，打造放松、休闲、浪漫的度假胜地，吸引了众多国内外旅客。

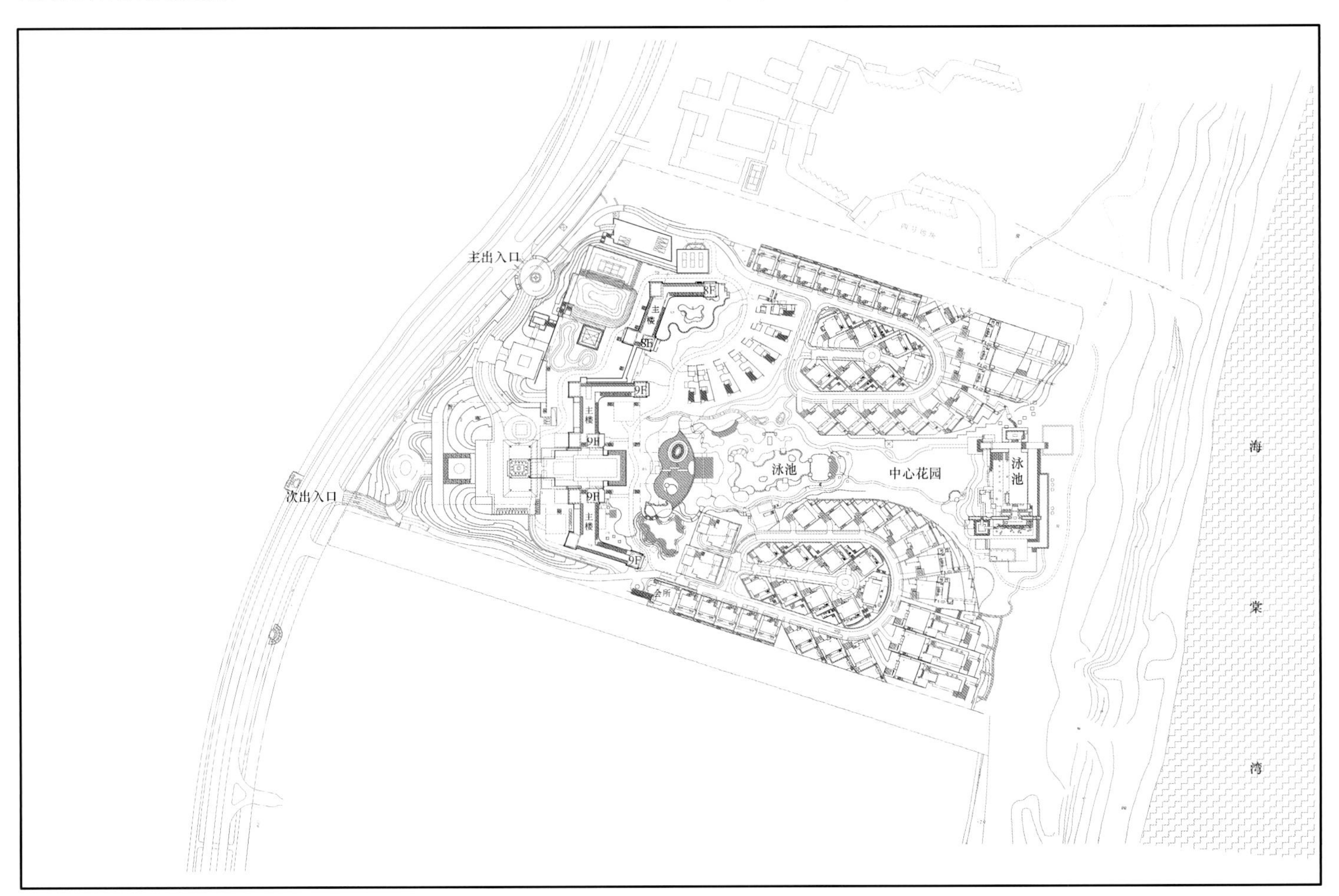

总平面图

一层平面图

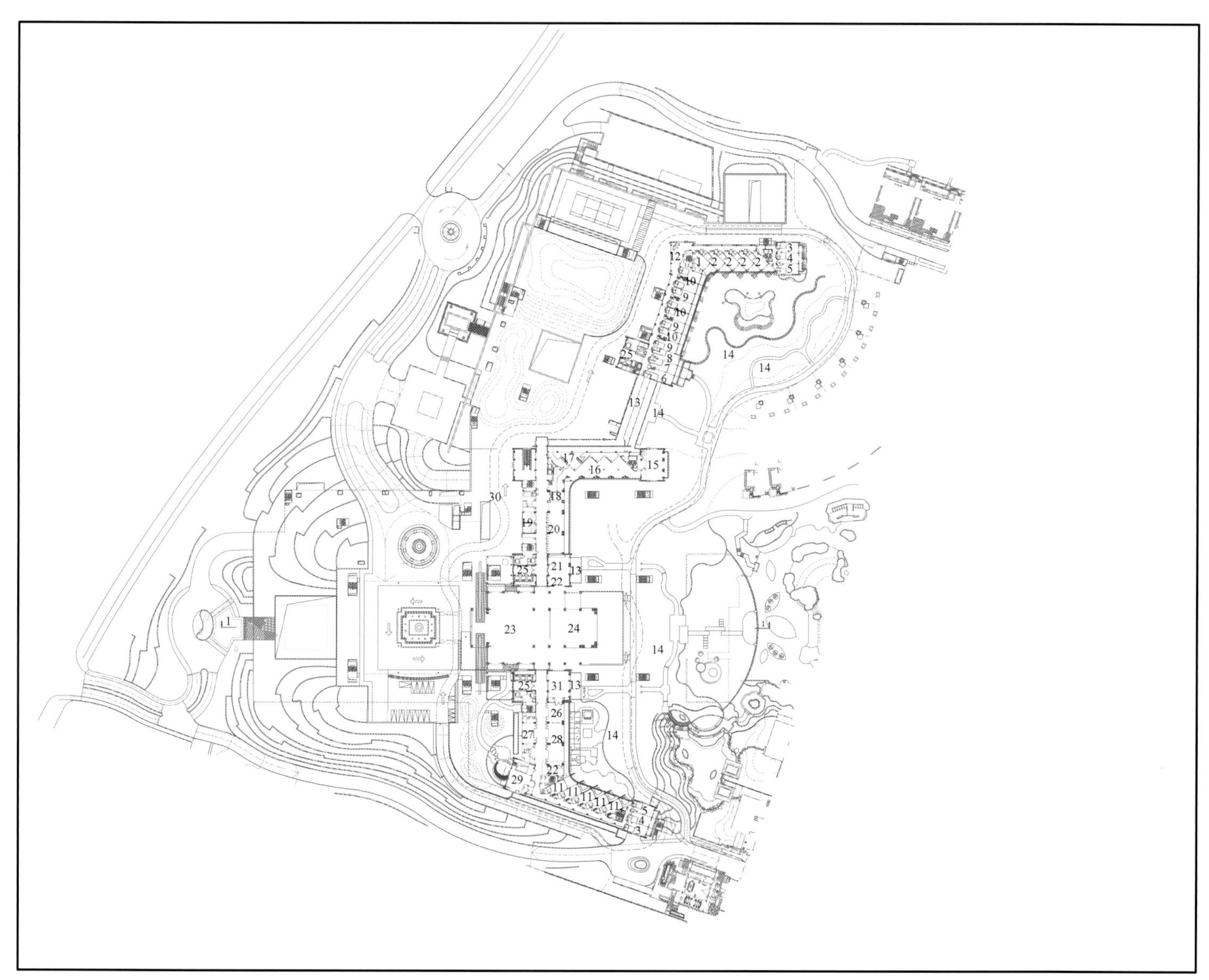

1. 客房 5	5. 客房 12	9. 客房 16	13. 木平台	17. 后厨区	21. 酒吧	25. 前室及电梯厅	29. 水疗室
2. 客房 6	6. 客房 13	10. 客房 17	14. 绿化	18. 接待	22. 备餐	26. 会议室	30. 消防车道
3. 客房 10	7. 客房 14	11. 无障碍客房	15. 茶室	19. 办公	23. 大堂	27. 多功能厅	31. 贵宾接待
4. 客房 11	8. 客房 15	12. 休息厅	16. 泰国餐厅	20. 展示	24. 大堂吧	28. 休息区	

SOFITEL
SOFITEL

立面图

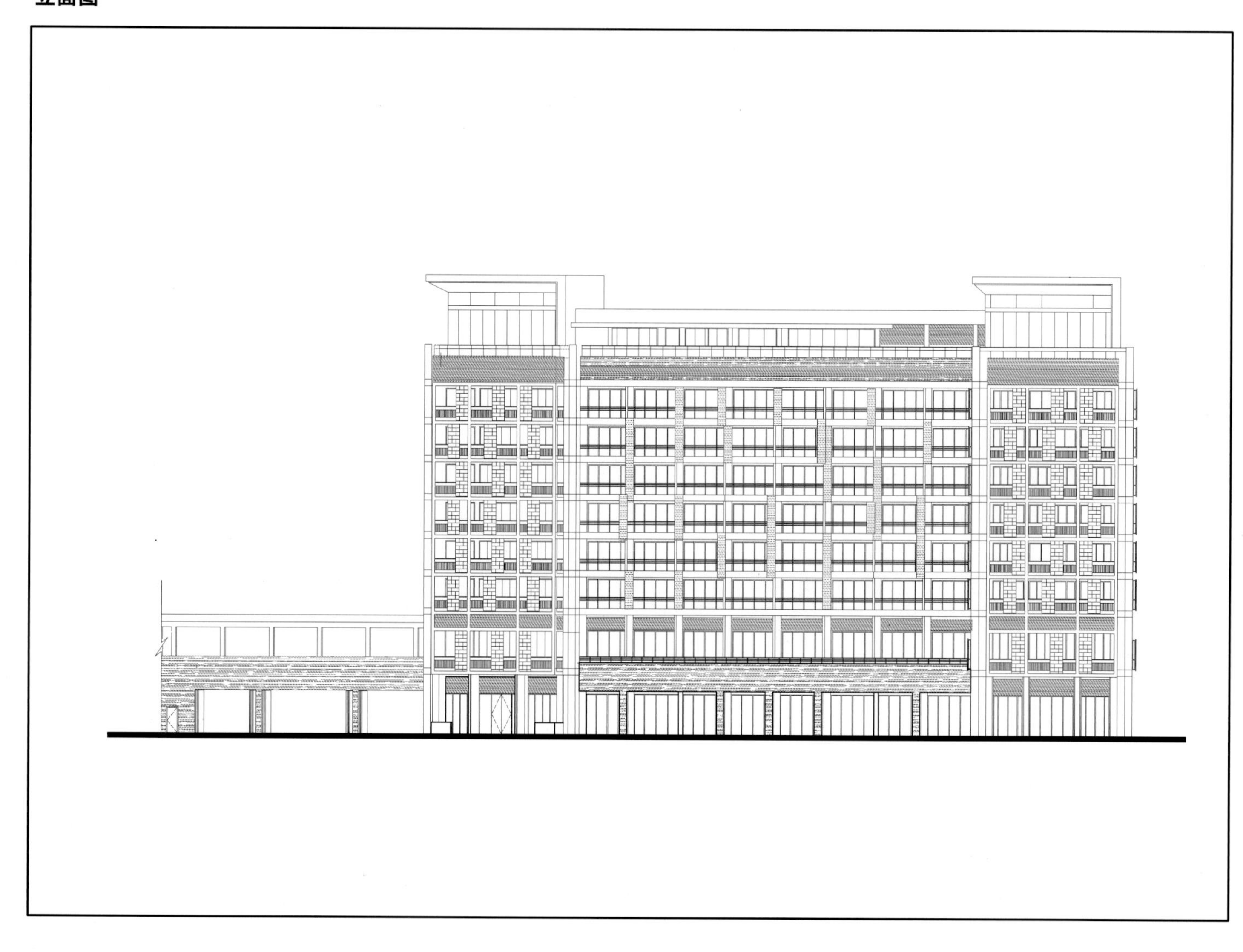

SOFITEL

万达三亚海棠湾康莱德酒店

项目概况

万达三亚海棠湾康莱德酒店项目与万达三亚海棠湾希尔顿逸林度假酒店是万达集团在海棠湾开发的两家不同定位的酒店，两家酒店在一个地块内统一规划建设。康莱德酒店是以别墅式客房为主的超五星级酒店，希尔顿逸林度假酒店则是集中式客房酒店。项目总用地面积约为18.5万平方米，东临大海，西临主要规划道路，东侧临海面长度约433米，场地内为缓坡地形，东西高差约8米，自然景观资源得天独厚，交通条件便利。

项目信息

业　　主：三亚万达大酒店有限公司
建设地点：海南省三亚市海棠湾
建筑设计：中元国际（海南）工程设计研究院有限公司
联合设计：泰国BLINK设计集团
项目负责人：张新平
设计团队：张新平、李红、吕珍萍（建筑），刘丽娜、王武军、陈金星（结构），杨才龙、符霞（给水排水），周全（暖通），樊伟捷（电气），宁世清（总图）
总建筑面积：2.1万平方米
酒店别墅：101栋
设计时间：2008年
建成时间：2010年
图片版权：中元国际（海南）工程设计研究院有限公司、三亚海棠湾康莱德酒店管理公司

设计原则

本项目在用地内规划建设两家酒店，结合场地整体考虑布局的同时，也应注意减少相互干扰，营造相对独立的酒店环境。壮美的临海景观是项目用地的一大优势，设计上要充分利用海景，尽可能利用场地内高差解决分散式别墅酒店的视线遮挡问题。

总体布局

设计利用独一无二的地理优势，将整个场地一分为二，北侧布置康莱德酒店，南侧布置希尔顿逸林酒店，利用景观挡墙配合较密集的绿植处理两个酒店之间的高差，过渡自然，保证了康莱德别墅客房的私密性。

康莱德酒店总共包含 101 栋别墅，此外还有一栋主楼、一栋风味餐厅及酒店 SPA。布局上利用地形高差将酒店大堂设在西侧最高处，拥有整个酒店的最高视点，并以大堂的中心线为轴设置了一条长向景观带。别墅客房以组团的形式布置在多层台地上，每层台地的高差为 3.5 米，既解决了前后别墅竖向遮挡的问题，又保证每栋别墅都拥有较好的景观视线。

建筑空间与造型

康莱德酒店采用现代欧陆风格，建筑为 1 或 2 层，酒店主楼设置架空外廊、大扇折叠门，整体开敞、通透。酒店大堂设在西侧最高处，位于大堂的宾客拥有整个酒店的最高视点，以大堂的中线为轴线设置的一条景观带将静水面、绿植、喷泉、泳池等一系列热带景观元素串联起来，置身大堂的客人可以透过别墅客房的屋顶将热带滨海地区独有的美景尽收眼底。

为弱化建筑体量，地面上只设置大堂和宴会厅，其余配套功能（包括餐厅）全部设置在地下，为解决餐厅通风采光和景观视线的问题，设计将大堂东侧场地降低形成半开敞的地下室，围绕餐厅的室外空间设计精致的园景，提供优雅的就餐环境；酒店风味餐厅设置在中轴景观带的水景池下方，此区域的后勤服务流线是设计难点，为使服务流线不影响景观和别墅客房，采用一条地下通道与酒店主楼地下室的后勤区连通，将工作人员主要通道隐藏于地下，在酒店客人视线之外，向客人提供最高标准的服务。

每间别墅客房均采用围墙和绿篱分隔，设有私密的庭院空间及泳池，主要房间采用大面积落地窗且都面朝大海，局部设开敞的观景露台或凉亭，在有限的空间内实现“一步一景”的效果。酒店的屋顶全部采用灰色平板瓦，墙面采用米黄色澳洲砂岩，整体奢华又与周边自然环境相协调。

总平面图

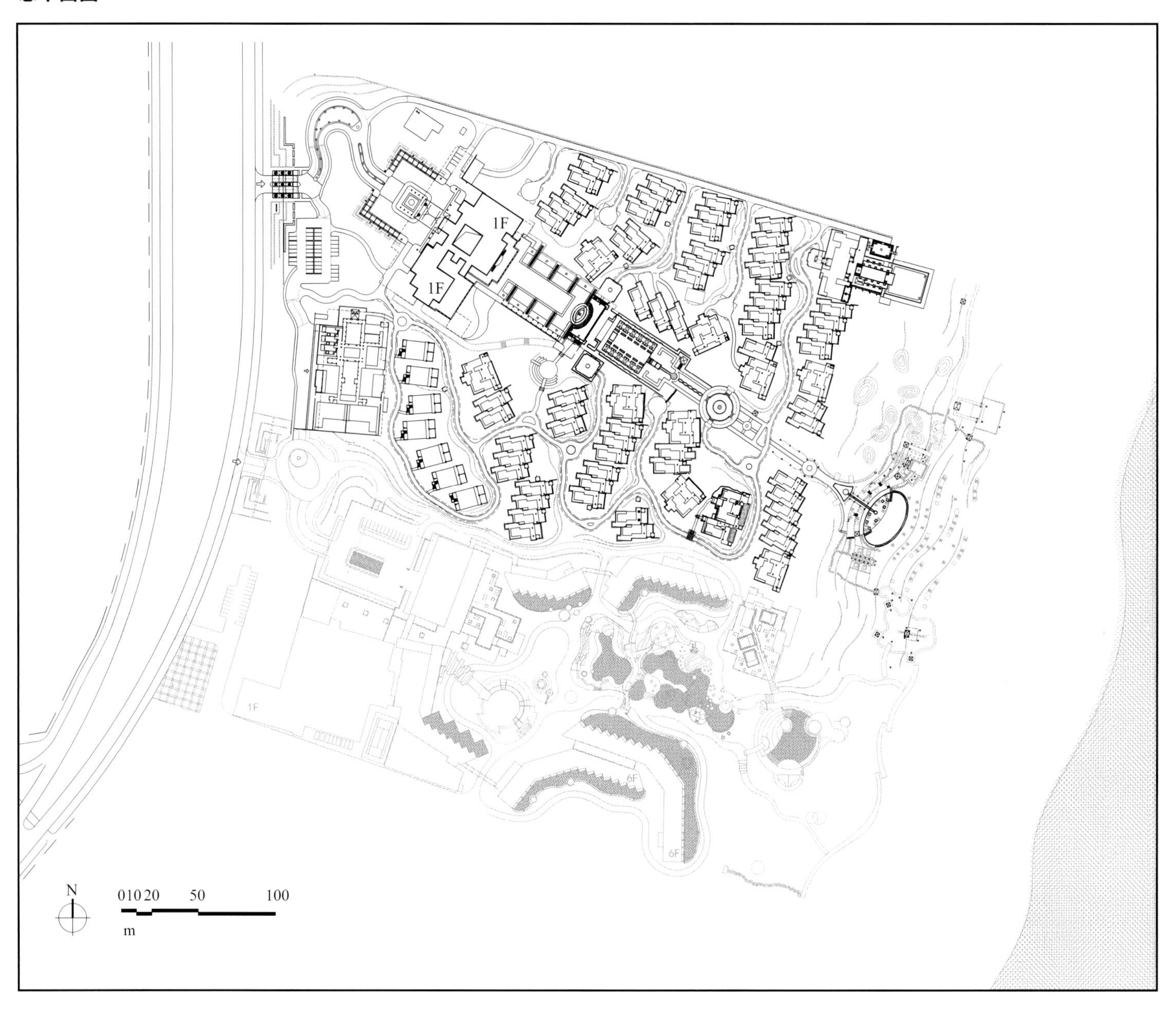

大堂区一层平面图

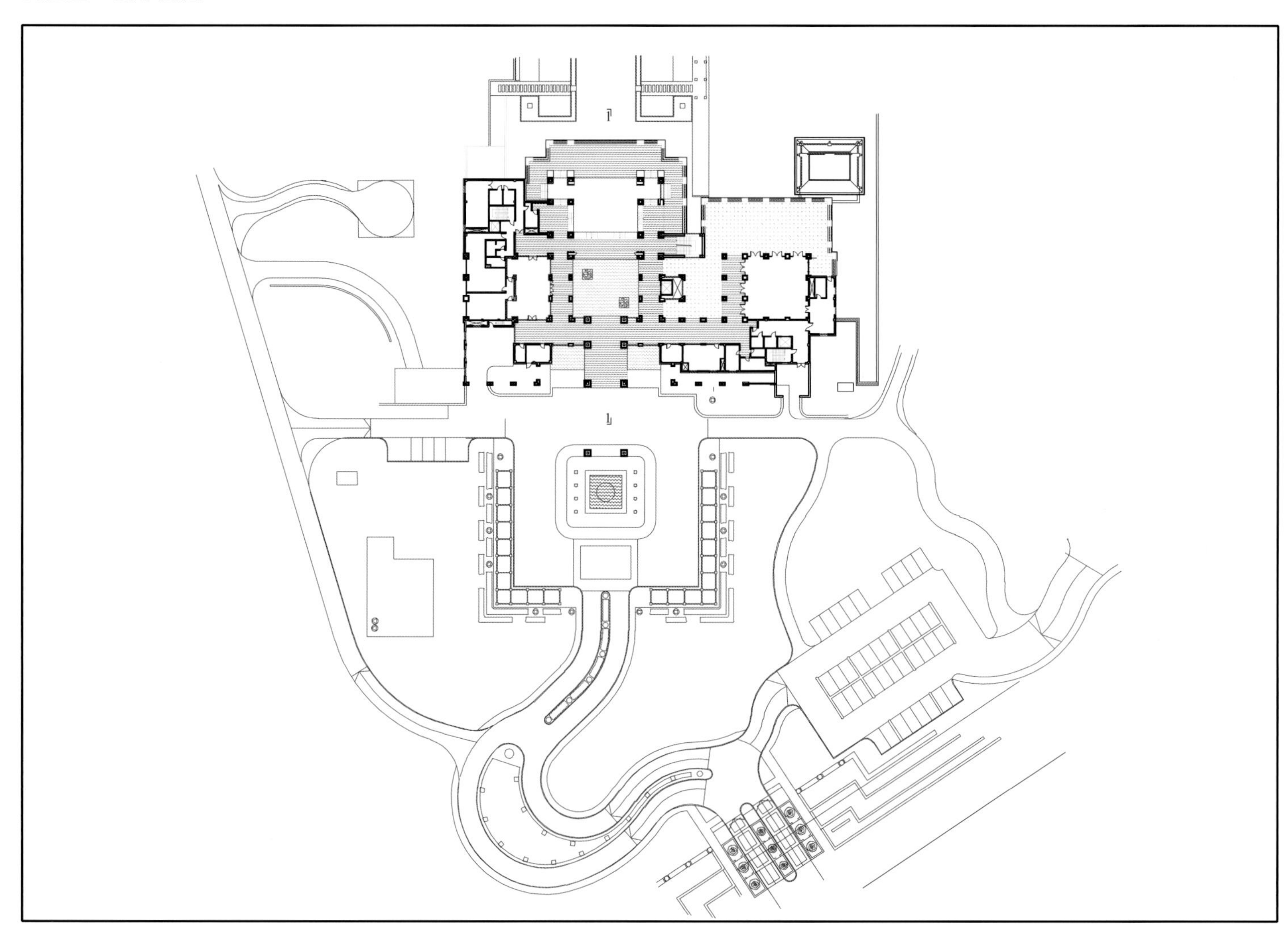

剖面图

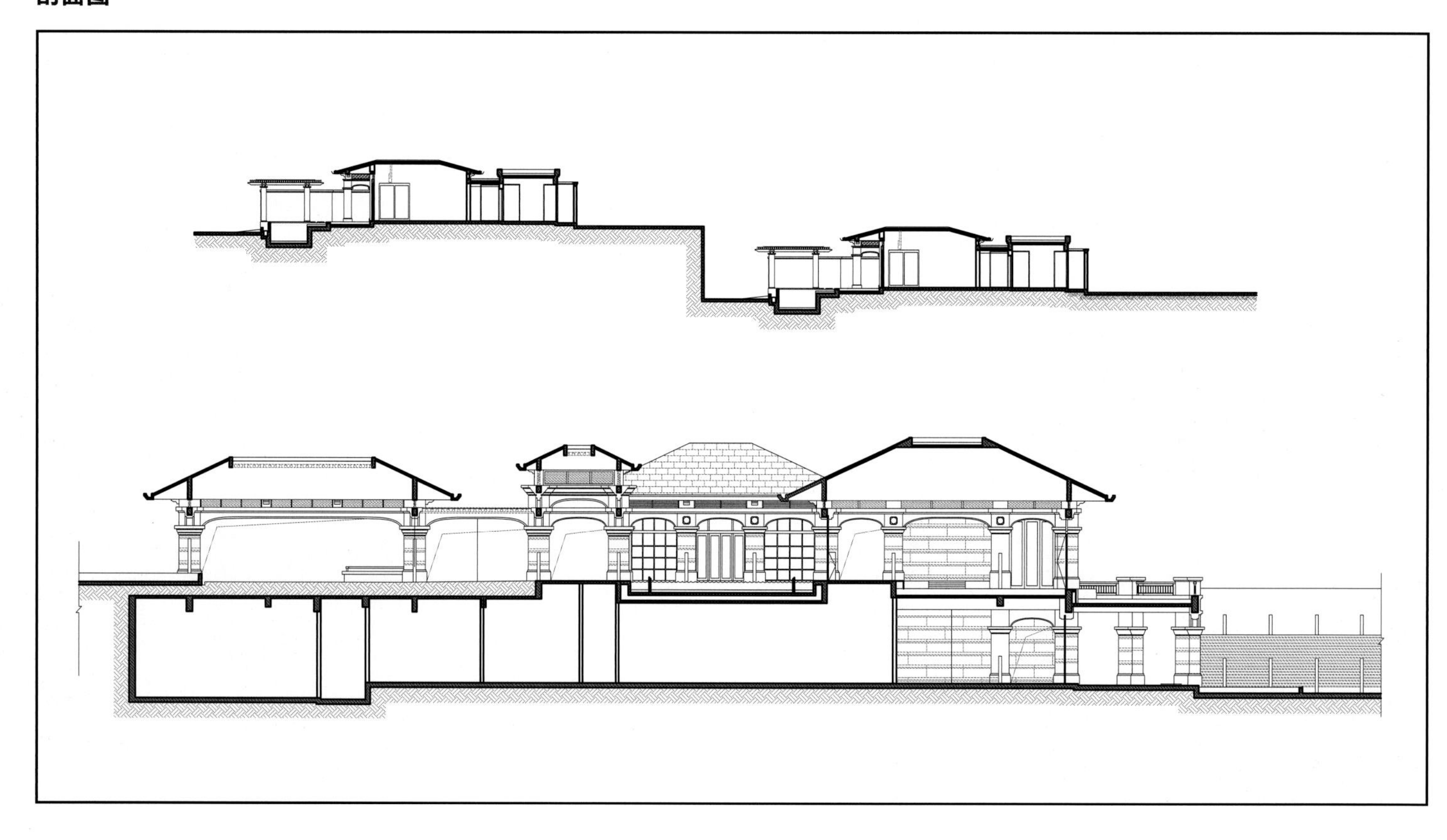

万达三亚海棠湾希尔顿逸林度假酒店

项目概况

万达三亚海棠湾希尔顿逸林度假酒店项目为多层集中式客房酒店，与康莱德酒店在一块用地内规划建设，总用地面积约为 18.5 万平方米，东临大海，西临主要规划道路，临海面长度约 433 米。场地内为缓坡地形，东西高差约 8 米，具有得天独厚的自然景观资源和便利的交通条件。

项目信息

业　　主：三亚万达大酒店有限公司
建设地点：海南省三亚市海棠湾
建筑设计：中元国际（海南）工程设计研究院有限公司
联合设计：泰国 BLINK 设计集团
项目负责人：张新平
设计团队：张新平、李红、吕珍萍（建筑），刘丽娜、王武军、陈金星（结构），杨才龙、符霞（给水排水），周全（暖通），樊伟捷（电气），宁世清（总图）
总建筑面积：6.7 万平方米
客 房 数：473 间
设计时间：2008 年
建成时间：2010 年
图片版权：中元国际（海南）工程设计研究院有限公司

设计原则

设计应尽可能减小对北侧康莱德酒店的影响，同时也要利用好场地的景观资源，追求海景视线最大化。

总体布局

整个用地被分为两块，海棠湾康莱德酒店在北侧，本项目则布置在南侧。项目用地面积小，因此酒店的总体布局尤为重要。设计将酒店大堂及人流量较大的会议区布置在西侧，有利于保护生态环境，营造自然、和谐的海岸线景观空间。客房楼布局采用几何折线形式布置在用地的南北两侧，中间围合出别致的庭院空间。

考虑到地块内的两家酒店均为希尔顿的高端品牌，应有丰富的配套设施为其服务，结合万达集团在影院经营方面较为成熟的经验，在设计初期就规划了剧场、影院及 KTV、电玩等娱乐设施配套。总体布局上将这一功能区块布置在整个用地的西南角临路一侧，解决了人流量大、交通拥挤等问题，也便于对外经营。

建筑空间与造型

与康莱德酒店类似，酒店大堂采用通透及半开敞地下室的设计手法，在大堂就可欣赏到最美的热带园林和自然景观。大堂的跨度和悬挑较大，屋面采用了网架结构形式。

考虑到客房楼的高度较高，且临近康莱德酒店的别墅客房，结合场地地形将客房楼的首层降至与大堂的开敞地下室同一标高，并向海边逐渐延伸降低，避免较高的客房楼对康莱德酒店别墅造成空间上的压迫感，两个酒店之间的高差用景观挡墙配合较密集的绿植处理，保证别墅客房的私密性。客房楼全部采用单侧走廊的平面设计，保证客房的海景最大化，走廊部分可以自然通风和采光。客房楼局部采用退台手法，在屋顶平台上即可拥有良好的景观视野。

希尔顿逸林酒店采用较为现代清爽的热带风格。主楼底部使用暖灰色石材墙面，与康莱德酒店相映衬。在主楼的上部，开放式大堂屋面采用银灰色铝板包裹，下部由一系列镀木色的钢柱支撑，入口处采用浅褐色石灰岩以及黑金属镶边门。酒店客房楼颜色采用调色板风格，屋顶平台采用沿边装饰。通过浅褐色墙壁、棕色铝制构件等元素，使客房楼与大堂相互映衬。

本地块两个项目均于 2010 年 10 月通过工程验收，2010 年 12 月正式投入使用。正式运营以来，希尔顿作为全球顶级度假酒店品牌，凭借优美的环境和优质的管理服务，得到了国内外游客的一致好评，并取得了良好的经济效益。

总平面图

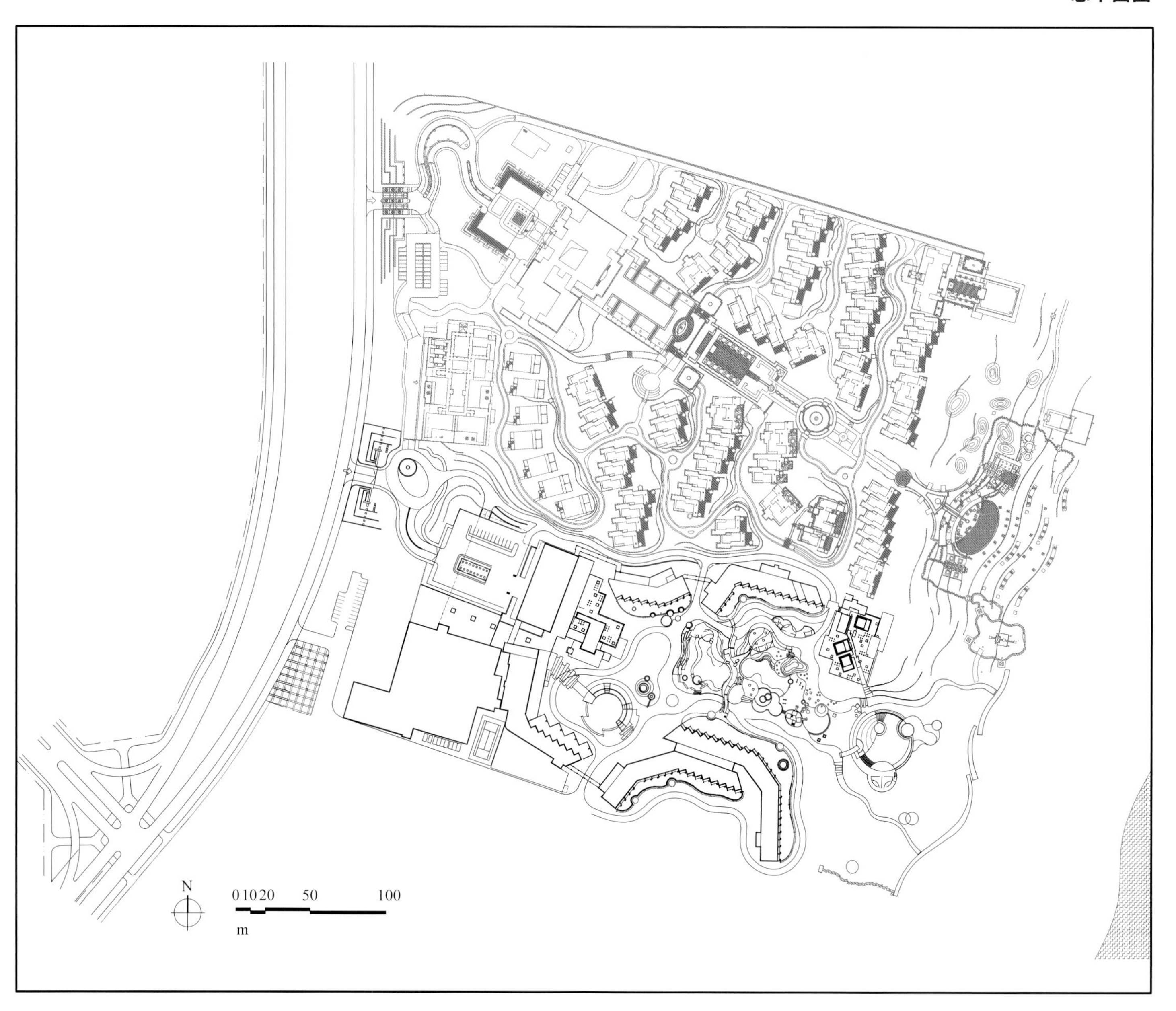

一层平面图

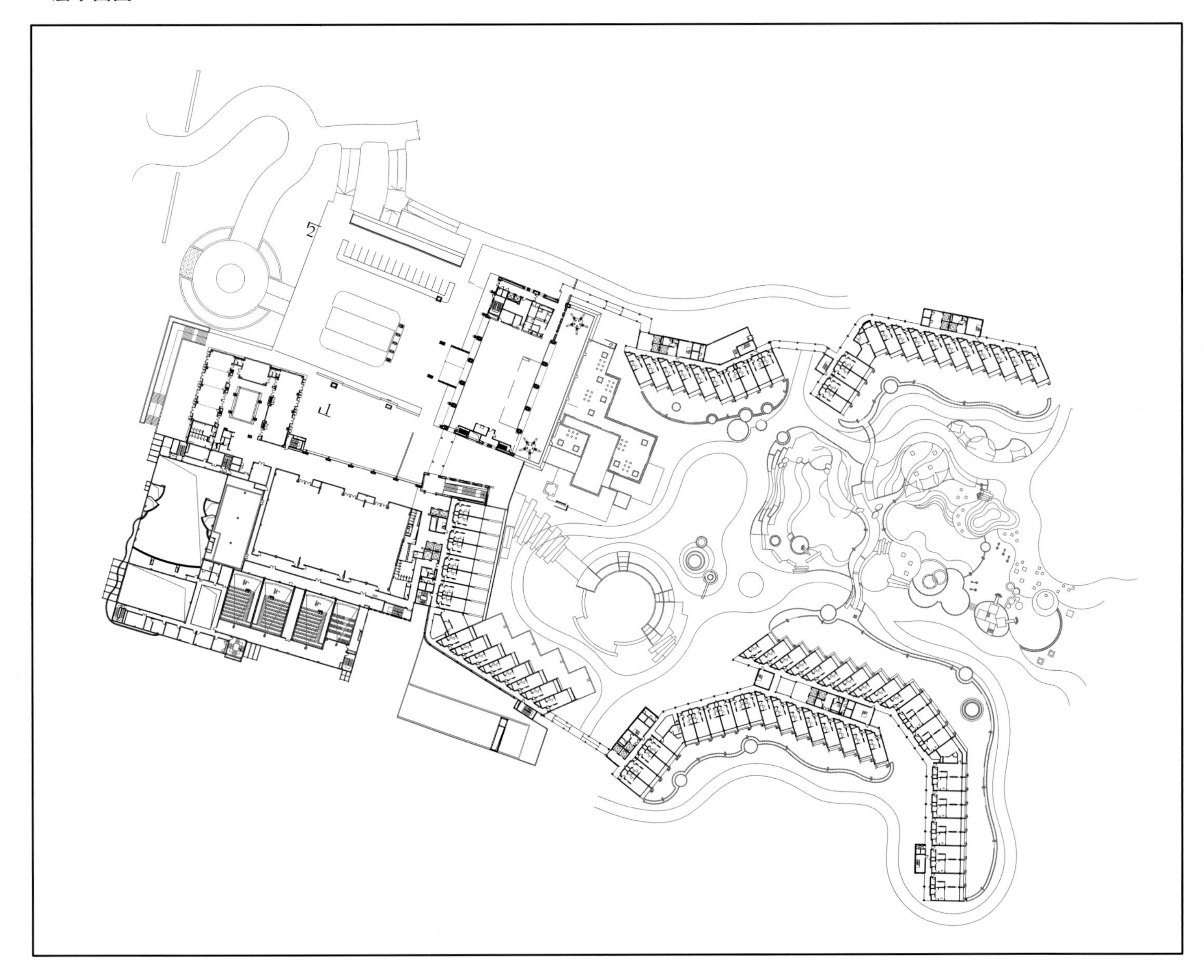

剖面图

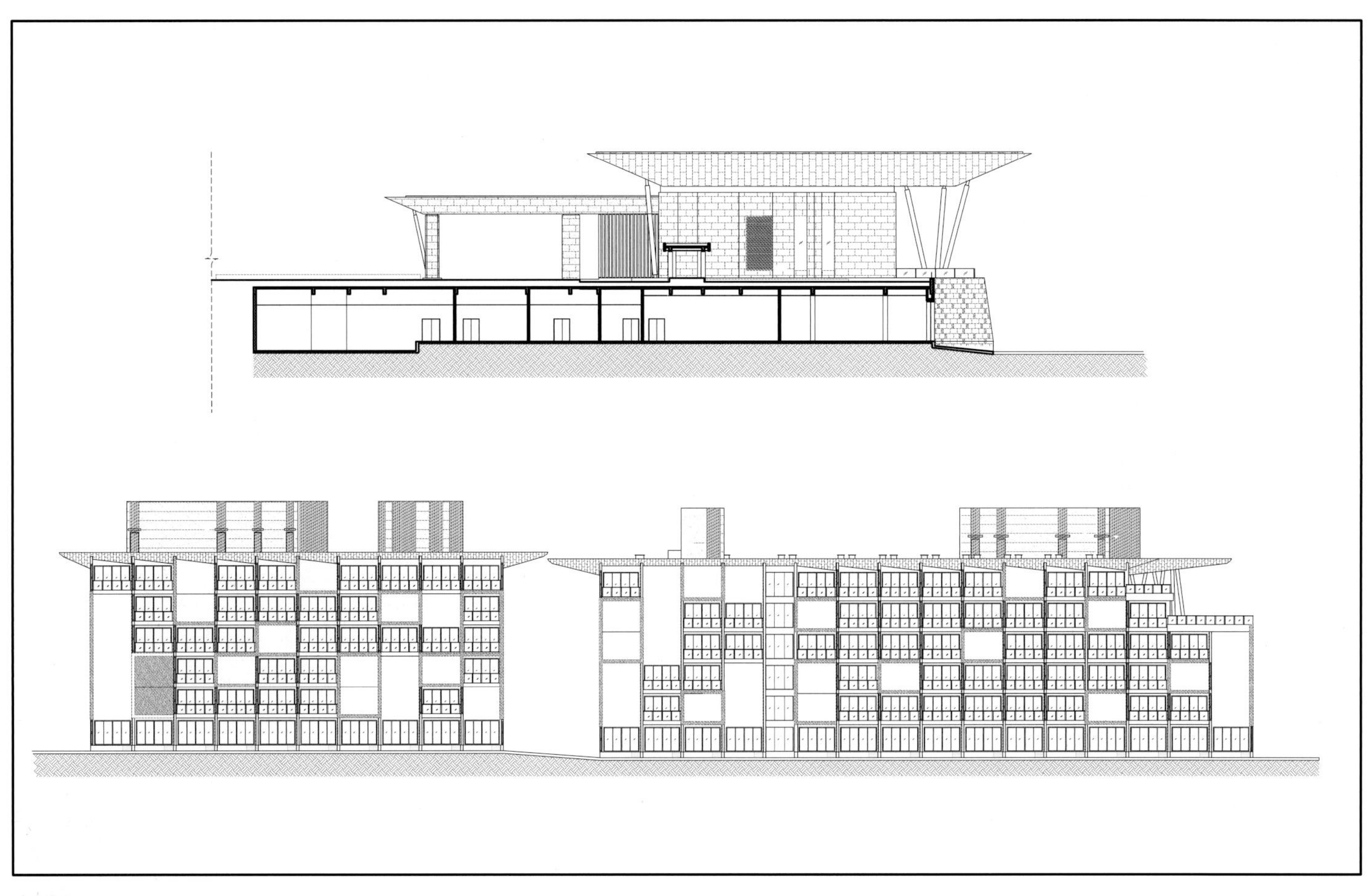

立面图

第五节　滨海高层度假酒店设计

Seaside high-rise resort hotel design

一般情况下，度假酒店多依托非城市核心区的自然景观资源或人文环境资源建设，建筑的高度也多以低层和多层为主。但是，当城市中心区滨临海湾一线时，情况就有所不同。

美国夏威夷州的首府火奴鲁鲁（檀香山），就是一座中心城区紧邻滨海一线的城市。著名的威基基海滩（waikiki beach）是世界闻名的城市型海滩，全长约 1.61 公里，近 400 米的核心段沿线椰影婆娑、高楼林立。夏威夷丽晶饭店等多家著名酒店已在此经营了半个世纪。极佳的位置和优质的资源使这里的用地寸土寸金，为了使仅有的滨海土地能够承载更多人们的度假需求，滨海酒店大都采用高层建筑，是世界上较早的高层度假酒店的典范。

海口市的滨海核心区一线建设用地居于海口湾中心区，紧邻 1000 多亩的万绿园，直视琼州海峡壮阔的海面，与檀香山的威基基有相似的城市区位优势。这里聚集了海口中心城区的高层酒店建筑。

高层度假酒店是度假酒店设计当中重要的组成部分，在行业特征的影响下，高层度假酒店不仅要考虑高层建筑自身的基础结构与性能，还要对酒店流线、使用功能、公共空间、底层场所、裙房使用、绿化环境等方面进行综合分析与考虑。

我国经济水平的提升推动了度假酒店行业的发展，而重点发展的城市中高层建筑数量逐渐增多，更使得高层酒店建筑成为了行业发展的主要趋势之一，其优势在于节省建筑用地、集约使用功能、形成区域地标、丰富城市天际线，但高层酒店建筑的设计工作量巨大，且前期考虑因素与问题众多，需要设计者秉持科学、严谨的设计理念，以确保设计效果与质量。本节以中元海南在海口湾滨海核心区建设的几个高层酒店项目为例，阐述我们在高层酒店建筑设计领域的实践工作进展与成果，以期引发同行思考。

海口别称“椰城”，是中国最年轻的省会城市，也是国家“一带一路”倡议重要的支点城市、北部湾城市群中心城市。在新的总体规划中，海口市由长流组团、中心城区组团及江东组团构成，以“东融、南控、中调、北优、西强”为总体城市发展战略。

海口湾滨海核心区域，位于海口中心城区组团北部，依照总体规划中的“北优”策略，主要负责提升滨海地区的城市面貌和空间品质，使城市发展重心北移至滨海地区，进而转变城市建设的现状，由内陆式发展向滨海式发展转移，同时协调三大城市组团间的关系。这一区域紧邻万绿园、世纪公园及滨海公园三大主要城市公园，是海口市中心城区的核心地带。

海口湾滨海核心区以滨海大道为界线，包括北侧海口湾片区及南侧金茂片区。整个区域东起世纪大桥—龙昆北路一线，西至世贸北路，南以金茂中路—金龙路—龙华路一线为界，北以开阔的海口湾为限。整个片区内定位明确，作为海口市重要的城市功能聚集区，聚集了一大批高品质的建筑群。东北侧有海口最大的园林景观公共绿地——万绿园，与海口湾形成风景优美的滨海特色园林；西北侧作为主要的高档滨海住宅区，品质优良、定位高端，沿滨海大道分布有海口市会展中心、海口中学等大型公共建筑。

滨海大道以南区域功能复合多样，设施完善，其中滨海大道沿线龙昆北路至明珠路路段堪称海口市的城市特色形象展示区，聚集了诸如中海国际中心（建设中）、海口市海关大楼、环球海景酒店、黄金海景大酒店、宝华海景大酒店、朗廷酒店、琼泰大厦、天邑国际大厦、海口丽笙酒店（建设中）等一大批高品质的高层、超高层建筑，打造出生动、立体的现代城市形象。

整个区域以滨海大道为主要轴线，北侧以滨海观光、休闲游乐、体育健身（万绿园、海口湾休闲区等）、城市综合配套（海口市会展中心、海口中学、中海油企业总部等）为主；南侧作为海口市商业副中心，集居住、商贸金融、都市娱乐休闲服务为一体，功能设施齐全、生活便利。

整个区域空间形态呈现“南实北虚、南密北疏”的特有状态。沿滨海大道聚集的高层、超高层建筑群紧邻大型城市公共绿地，直视琼州海峡，城市与绿地、绿地与大海可以直接对话。这种特有的城市空间形态形成了极具海口特色的滨海

城市形态和风貌。万绿园和滨海大道沿线的高层建筑群共同构成了优美的滨海城市形象，成为海口的城市名片。

滨海大道这一地段的天际轮廓线变化映衬出海口的发展历程，是展示海口城市形象最重要的窗口。

20 世纪 90 年代中期，经过建省初期的第一轮建设，在这一线建成了海口早期的高层建筑群，自东向西依次为珠江广场、黄金海景大酒店、宝华海景大酒店、南洋大厦、赛格国际大厦（后改为琼泰大厦），其中最高的赛格国际大厦 38 层，高 140 米，这些建筑涵盖了商业、写字楼、酒店等功能，形成了海口城市天际线的雏形。但这一时期的建筑较为分散，天际线中高层建筑不连贯，整体性较差。

随着城市的发展，到了 2000 年，海口进入一轮新的房地产建设高潮，周边地区出现了很多高层住宅及商业街区，在这一线也增加了两处高层建筑——宝华公寓和天邑国际大厦。宝华公寓为高 100 米的双塔楼，天邑国际大厦更是达到 159 米（41 层），这两栋建筑将滨海大道沿街零散的高层建筑连接成组，也使城市天际线轮廓逐渐完善，轮廓线的制高点向西延伸。

在最近 10 年，随着海南建设国际旅游岛口号的提出以及中央政策的支持，海口城市发展的步伐不断加快，城市建设也不断向前推进。滨海核心区规模不断扩大的同时，区域业态也不断丰富，城市公共服务设施不断完善，一批有影响力的建筑相继投入建设和建成。中元海南参与设计了这一地段的几个高层酒店及办公楼项目，其中包括已建成的环球海景大酒店（25 层，100 米）、朗廷酒店（39 层，175 米），以及正在建设中的中海国际中心（34 层，160 米）和丽笙酒店（48 层，260 米）。这四个项目分别位于滨海核心区的起点、中心位置和西侧，它们的出现较好地完善了滨海核心区的城市天际轮廓线，使海口的城市名片变得更加美丽生动而充满活力。

海口湾滨海核心区是海口最主要、最富有活力的商务金融中心区，未来将建设成为集居住、商贸金融、都市娱乐休闲服务于一体的综合性城市功能片区。在这一区域中，我们参与设计了几座位于滨海大道与其他城市道路交叉口的比较重要位置的酒店、写字楼及商业综合类的项目。这几座建筑除了实现自己的功能定位外，也丰富和拓展了海口湾滨海核心区的城市功能，完善了区域公共服务配套，同时也提升了城市的整体形象。未来我们也希望能不断提升自己，继续参与到滨海核心区的建设中，助力打造海口优美的滨海城市岸线。

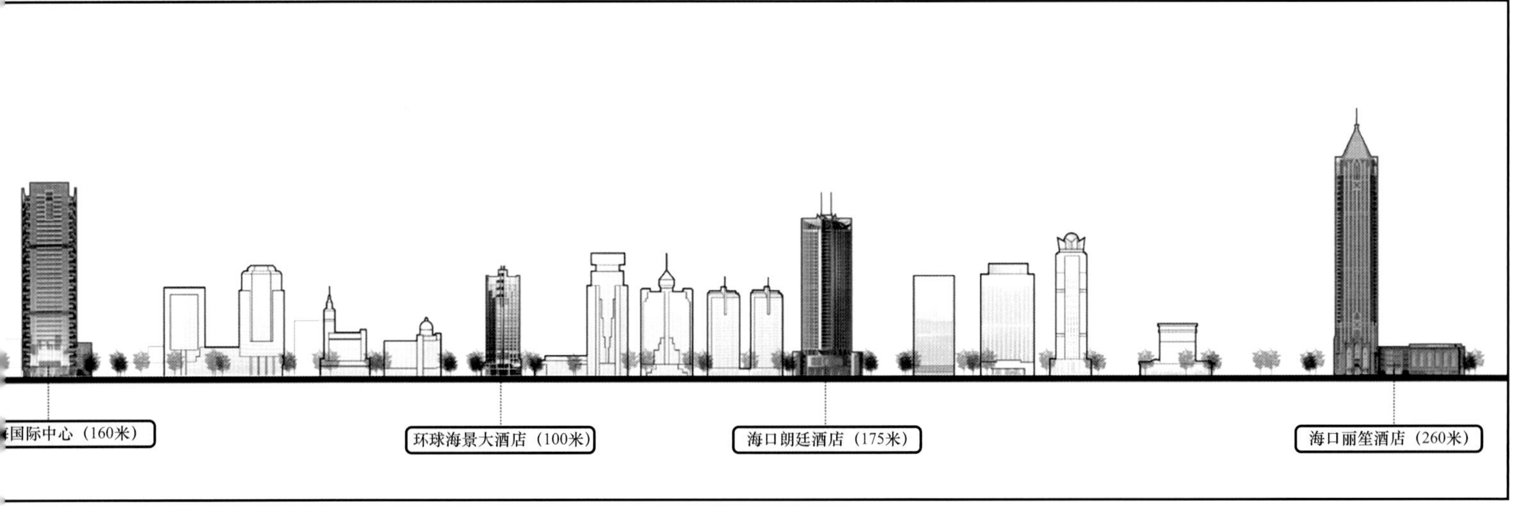

海口郎廷酒店

项目概况

海口郎廷酒店原名海南国际富通大厦，于 1992 年因各种原因停建，为停缓建项目。2004 年 8 月经处置办确定，项目由海南新瑞都实业投资有限公司重新开发建设。

项目位于海口市国贸中心区，滨海大道南侧，北侧为万绿园，东侧为宝华酒店及宝华公寓，西侧为南洋大厦。地块为南北向较长的规则长方形，景观条件良好，东、西、北三个方向均有开阔的海景面，近可俯瞰万绿园美景，远可眺望海口湾、世纪大桥与琼州海峡。项目定位为超高层办公酒店综合楼，地上 39 层，地下 3 层，用地面积 1.12 万平方米，总建筑面积 9.54 万平方米，总建筑高度 175 米。

项目信息

业　　主：海南新瑞都实业投资有限公司
建设地点：海南省海口市海口湾
建筑设计：中元国际（海南）工程设计研究院有限公司
项目负责人：张新平
设计团队：张新平、李红、张渊、陈昆元、胡艳香、张菁（建筑），
张建明、刘彬、张震、陈金星（结构），
杨才龙、符霞（给水排水），周全（暖通），
樊伟捷、路增旺（电气）
总建筑面积：9.54 万平方米
客 房 数：249 间
设计时间：2011 年
建成时间：2015 年
图片版权：中元国际（海南）工程设计研究院有限公司、
海口郎廷酒店管理公司

宝华海景大酒店
中国民生银行
第一投资

总体布局

由于本项目特殊的地理位置，设计必须遵循海口湾整体规划，与城市空间环境协调。项目设计思路旨在创造良好的场地环境，同时发挥位置优势，突出海滨建筑及高档办公酒店综合体的特色。

总体布局结合现有基础范围，考虑周边建筑整体关系，将建筑置于用地南侧，在北侧留出空间设置水景绿化广场，使入口广场开敞舒适，优化与城市道路的关系，同时将主楼后移，进一步减轻主楼对滨海大道的压迫。

酒店的花园和泳池设置在裙房的顶部，面向大海和万绿园，结合北侧城市绿带、水景广场等，在滨海大道上形成丰富生动的立体绿化临街景观面。设计将人行及商业主入口设于靠滨海大道的用地北侧，办公入口设于用地西侧，酒店入口则设于用地南侧。

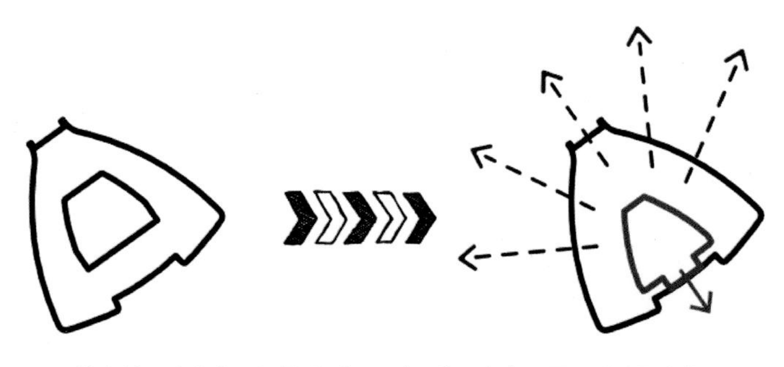

核心筒后移使海景视线达到 270 度，将面向海面景观利用最大化，同时使原本封闭的电梯厅变得开敞、明亮，可自然采光通风。

建筑设计

酒店摆渡大堂设于一层南侧，经电梯直达 39 层酒店大堂。置于顶层的大堂视野开阔，为客人带来了非凡的入住体验。首层与顶层分开设置的大堂同时也将只参会或用餐的客人与入住客人分流，保证酒店客人的私密性，创造宁静美好的入住体验。

四层为酒店厨房、宴会厅、多功能厅、商务中心、SPA 等；五层为酒店全日制餐厅、厨房、室外游泳池、屋顶花园等；24 层至 36 层为酒店客房；37 层为酒店客房、餐厅等；38 层为酒店办公、中餐厅等；39 层为酒店大堂、大堂酒吧、中餐厅、厨房等。

主楼选择三角形平面，最大化利用海口湾优越的景观资源，同时三角形平面也有利于抗震设计，降低了建筑成本。主楼核心筒后移置于南侧，北侧留给功能空间，使更多的空间能够看到海景，将海景资源利用最大化。核心筒令原本封闭的电梯厅变得开敞明亮，可自然采光通风。原本封闭的楼梯前室采用凹阳台来代替，既节约了消防设施的投入，也能为办公层提供户外的吸烟场所，解决高档写字楼内吸烟人士的困扰。

总平面图

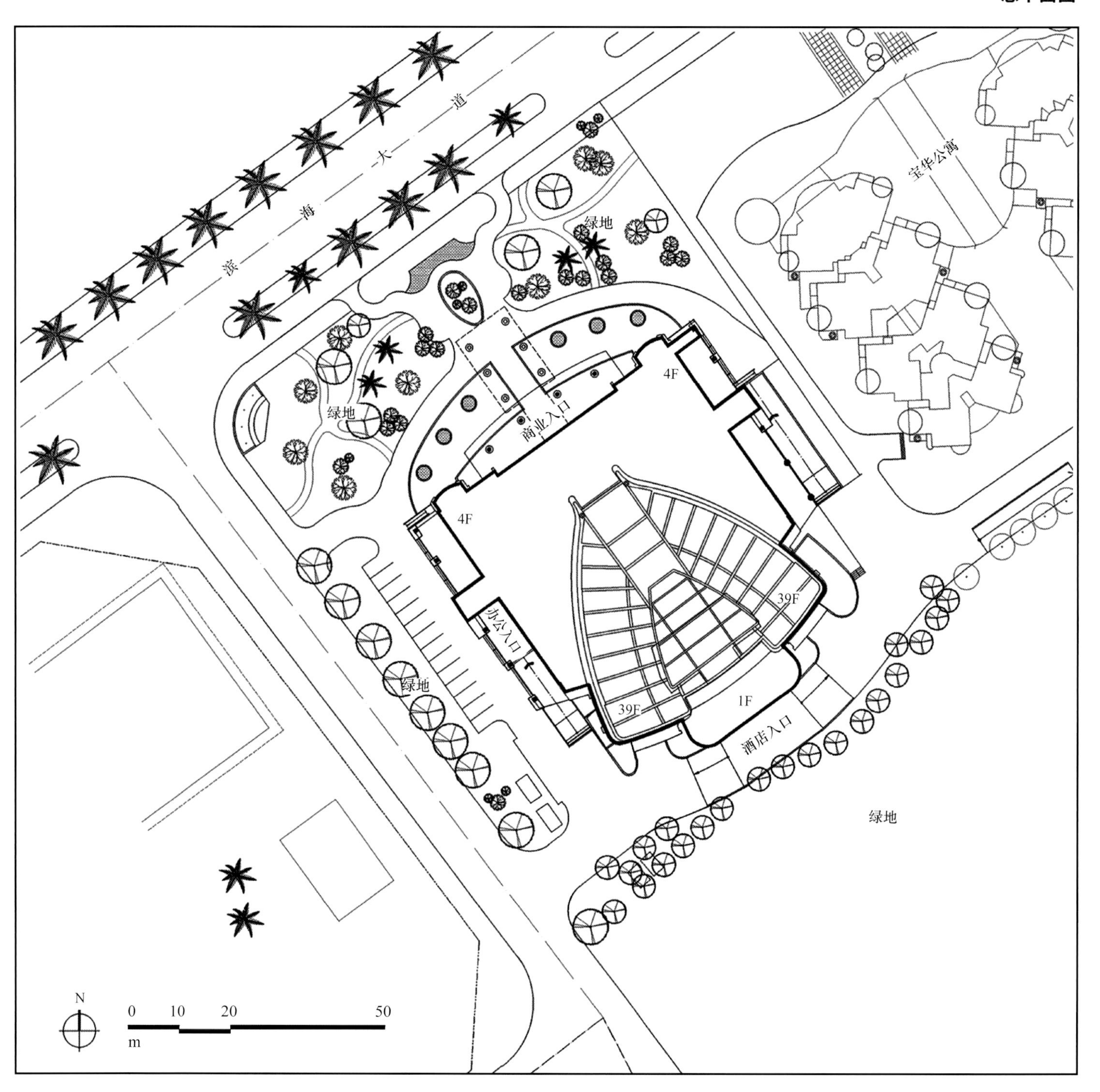

立面设计

建筑体型设计上采用现代风格，庄重、简洁。主楼前窄后宽的三角形平面使建筑外观效果随视角的不同而变化。主楼立面设计极具力量感和韵律、挺拔流畅，且光影变化丰富，独特的顶部处理使区域城市轮廓更加丰富。

在简洁、现代的整体风格下，裙房的立面设计注意不同方位的特殊性。北向人行主入口以两层高的架空为背景，突出入口雨篷的效果，并把环境设计和造型设计相融合。西侧立面在注意整体性的前提下，突出商业部分的造型，在城市空间和建筑空间之间形成一个虚实相间的界面，加强建筑与城市的对话。这些形态上的处理也能遮挡西侧强烈的阳光，并在首层形成传统的骑楼空间效果。

结构设计

由于原项目已于 1992 年完成了全部桩基础的施工，经过重新复核，已有的核心筒桩基不能满足承载力的要求。本次设计在原有桩基的基础上，采用后补桩的方式，不仅满足了核心筒区域承载力的要求，还强化了核心筒区域的桩基刚度，有利于减小核心筒的沉降变形。

主楼塔楼采用带加强层的型钢混凝土框架 - 钢筋混凝土筒体结构体系，包括外围型钢混凝土梁、型钢混凝土框架柱、钢梁及内设型钢钢筋混凝土核心筒。23 层和屋面层为设置外框带状桁架的加强层。核心筒、外围框架抗震等级分别为特一级和一级，加强层上下外围框架抗震等级为特一级。由于核心筒并非居中设置且建筑平面不规则，导致结构扭转效应明显，因此外围周圈框架梁采用型钢混凝土梁，以增加结构的抗扭刚度。在建筑外围配合建筑造型设置剪力墙，并在北侧开口部位自五层至顶层通高设置了在地震作用下耗能能力极强的偏心抗扭支撑，在保证建筑立面效果和观景效果的同时进一步提高结构的抗扭刚度。

结构分析图

THE LANGHAM

一层平面图

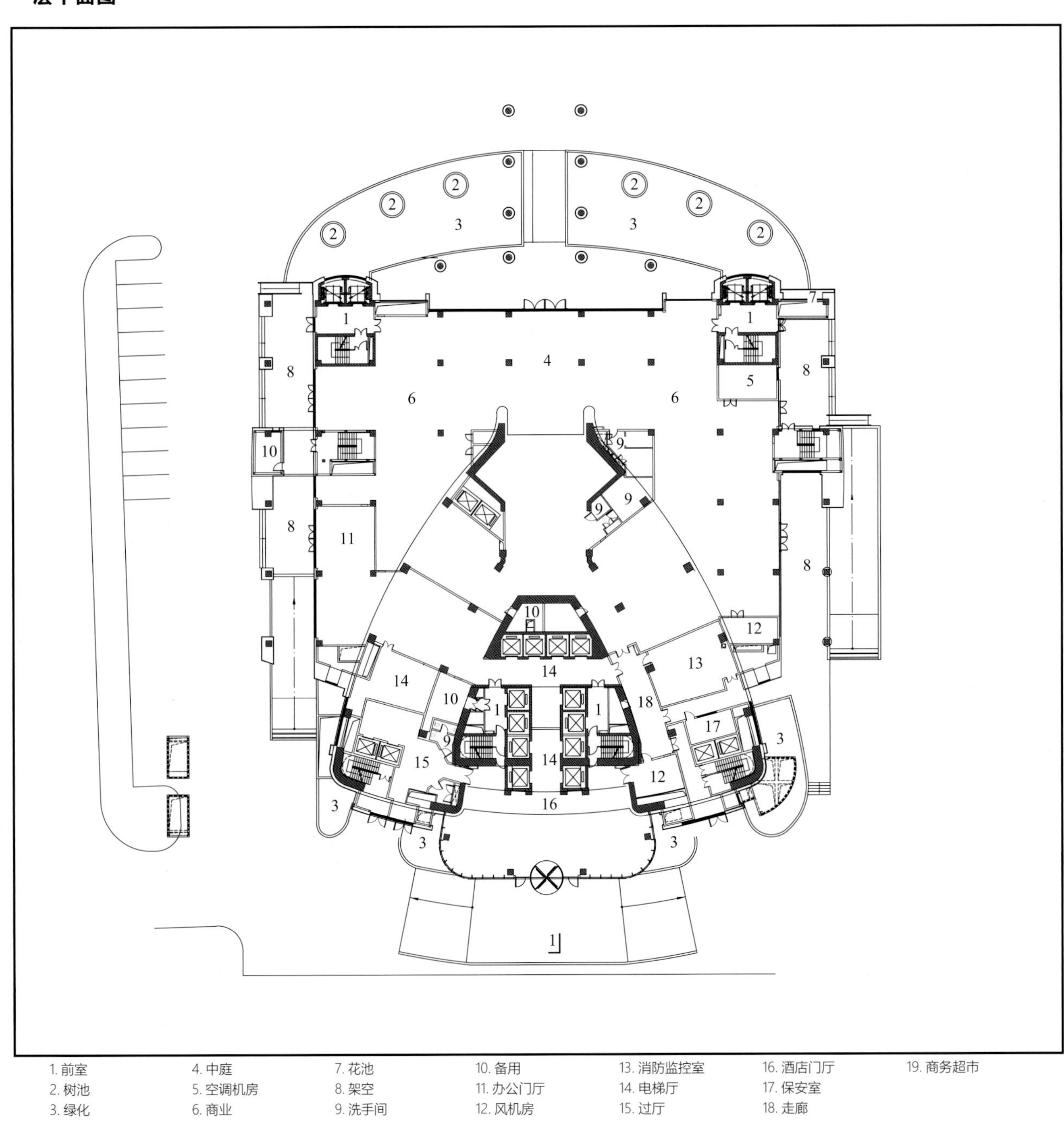

1. 前室
2. 树池
3. 绿化
4. 中庭
5. 空调机房
6. 商业
7. 花池
8. 架空
9. 洗手间
10. 备用
11. 办公门厅
12. 风机房
13. 消防监控室
14. 电梯厅
15. 过厅
16. 酒店门厅
17. 保安室
18. 走廊
19. 商务超市

客房标准层平面图

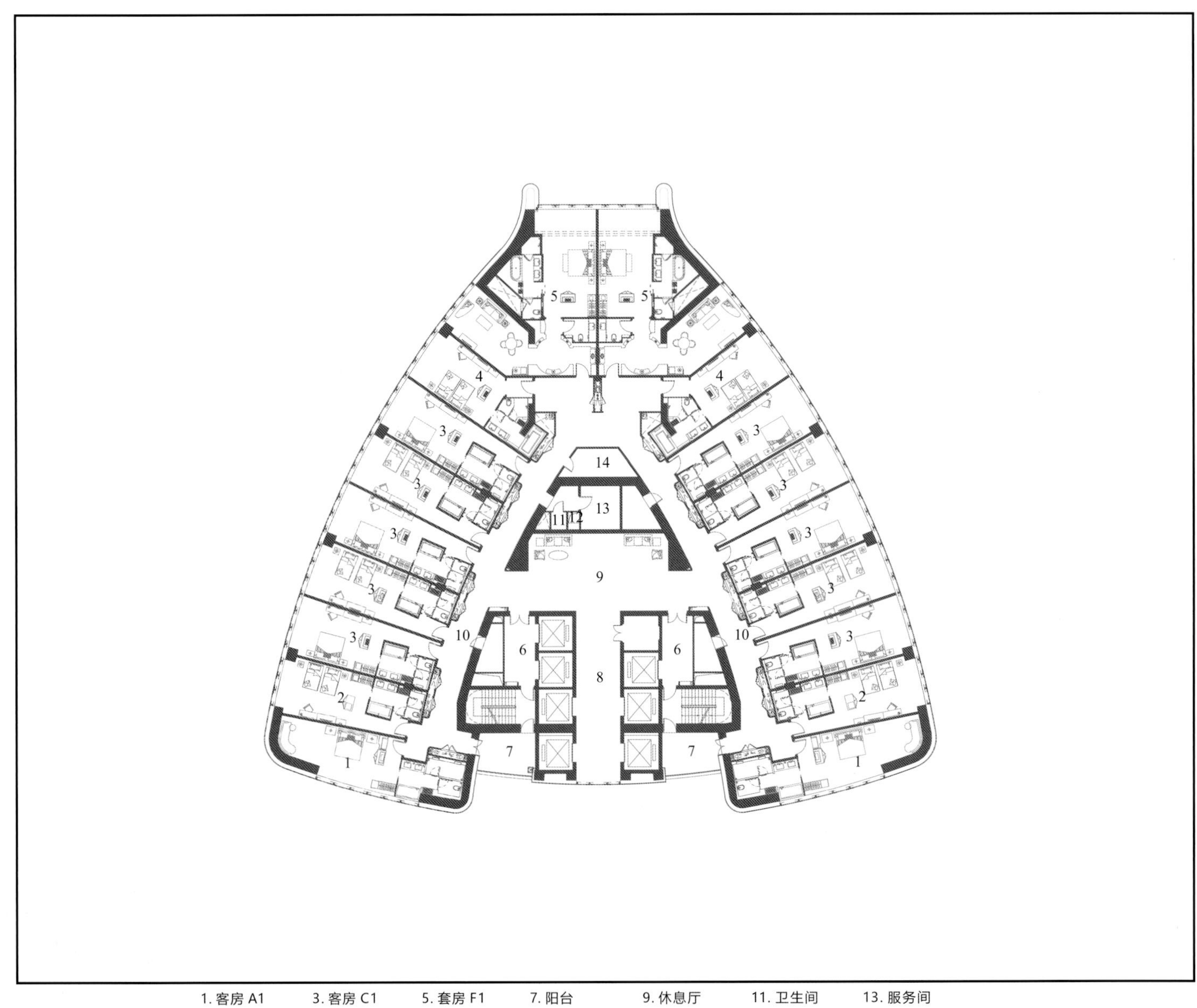

1. 客房 A1　3. 客房 C1　5. 套房 F1　7. 阳台　9. 休息厅　11. 卫生间　13. 服务间
2. 客房 B1　4. 客房 E1　6. 前室　8. 电梯厅　10. 走廊　12. 布草井　14. 备用间

立面图

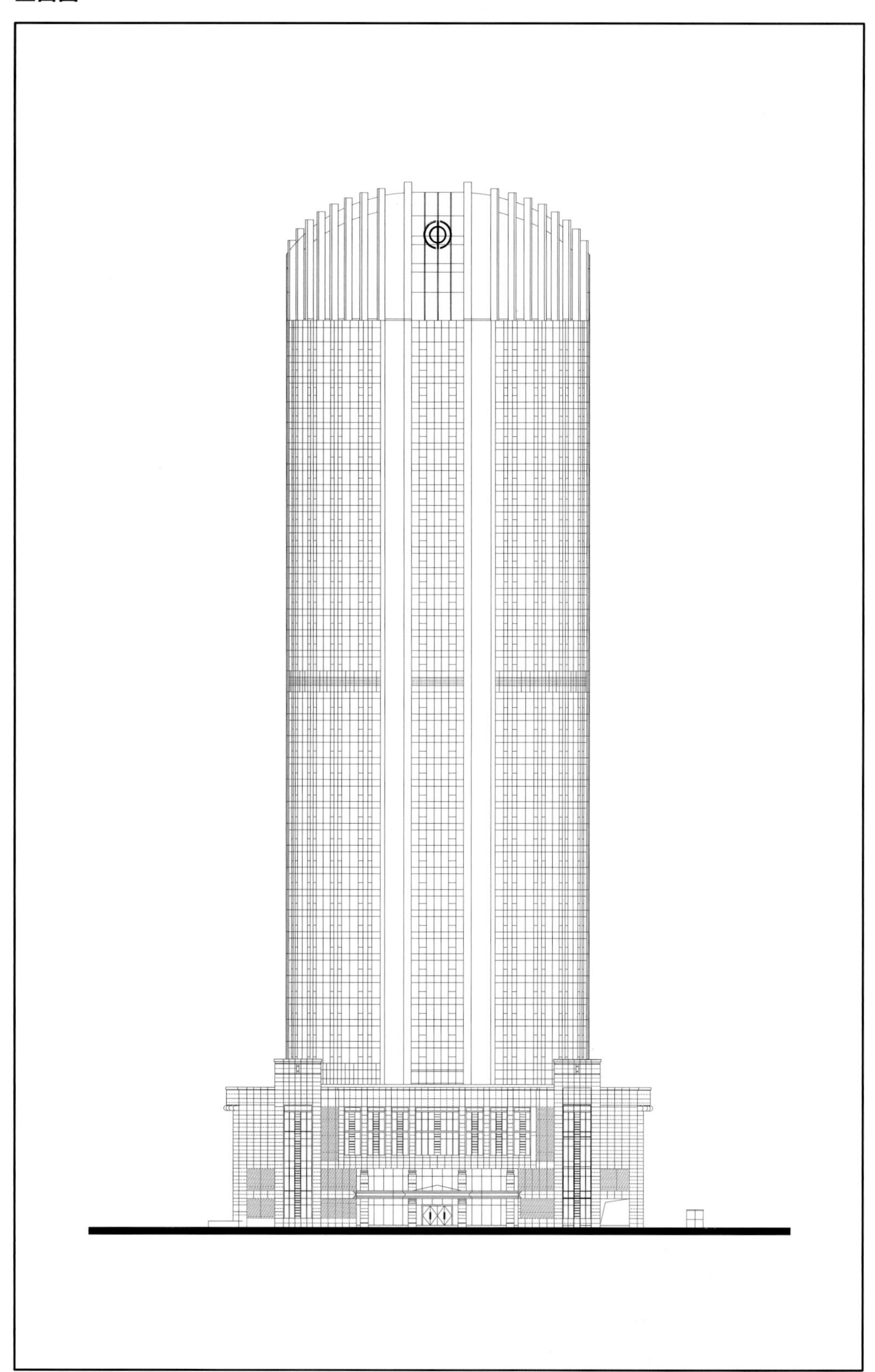

剖面图

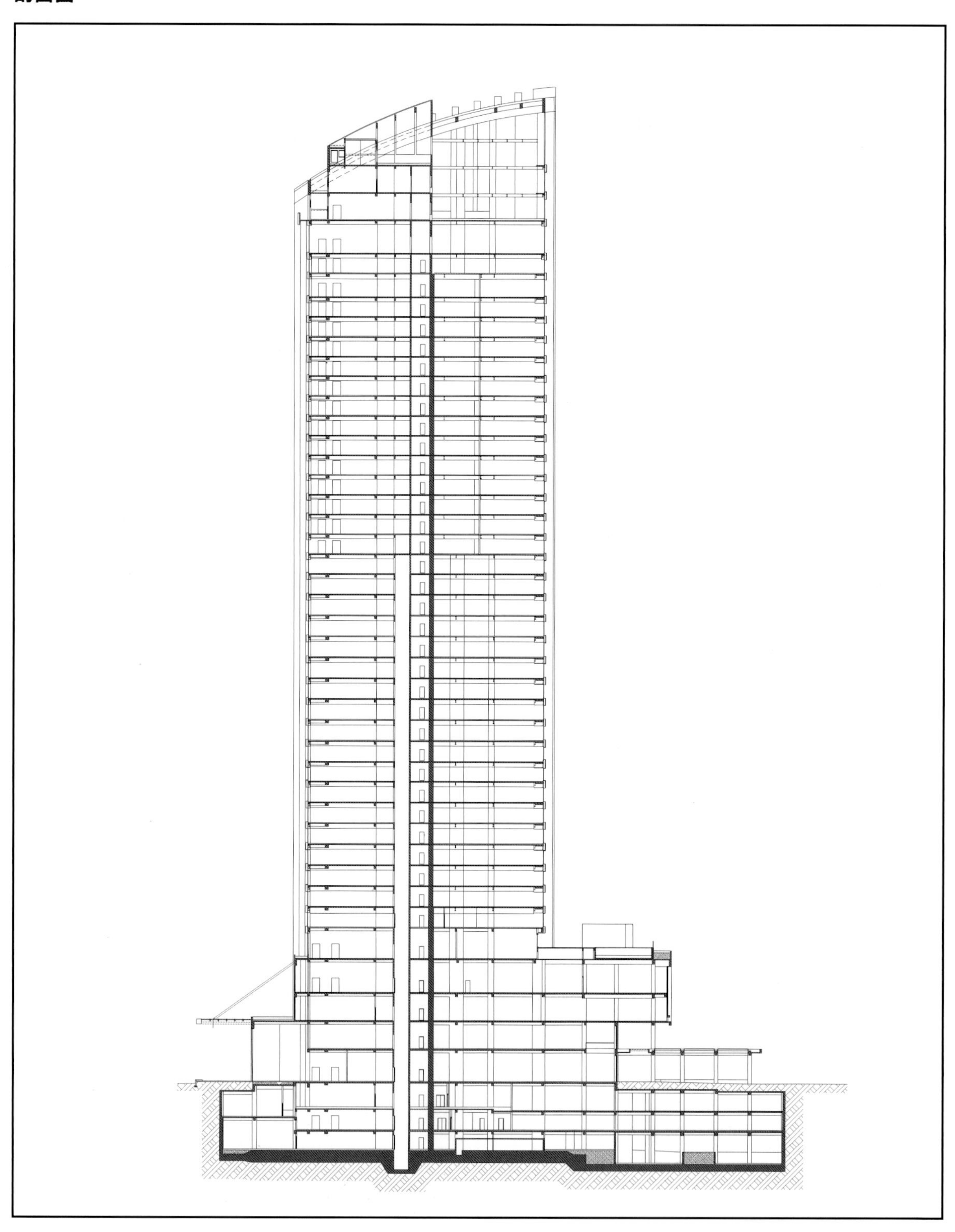

环球海景大酒店

项目概况

环球海景大酒店位于海口市滨海大道和玉沙路交汇口。地块为不规则长条形，东西向窄、南北向长。

用地分为两块：第一块临滨海大道，原为赛格发展大厦用地，计划修建 25 层写字楼，地下部分为两层，已施工完成桩基础及地下室顶板；第二块用地在第一块用地南侧，为拆迁后待开发用地。环球海景酒店将这两块地合二为一，并结合原有地下室、桩基础等现场条件重新设计。

项目信息

业　　主：海南环球青山实业有限公司
建设地点：海南省海口市海口湾
建筑设计：中元国际（海南）工程设计研究院有限公司
项目负责人：张新平
设计团队：张新平、李红、张渊、张菁（建筑），
王武军（结构），符霞（给水排水），
周全（暖通），樊伟捷（电气）
总建筑面积：3.8 万平方米
客 房 数：296 间
设计时间：2003 年
项目状态：已建成
图片版权：中元国际（海南）工程设计研究院有限公司

设计理念

项目用地沿线已建成了多家较高档次的酒店，未来该地区将会成为海口旅游观光、商务会议活动较集中的地区。在这里兴建酒店，将会产生长远的效益。玉沙路是海口金贸区内一条主要道路，经规划整治后已成为一条重要的商业性城市道路，连通国贸商业圈。项目用地南侧与玉沙路相邻的街面有很高的商业价值。

业主拟在此地块兴建较高档次的酒店，并在玉沙路一侧的裙房内布置一定规模的商业用房。

发挥用地位置优势，突出海滨建筑特色，解决好建筑与城市道路交会口的关系；注重建筑与滨海大道城市轮廓线的关系；注重景观设计，使每间客房都有很好的海景视线；解决好停车、人流等交通问题。这些都是重要的设计理念。

功能布局与环境设计

（1）酒店主楼布置在临滨海大道一侧，与附近的黄金海景大酒店和宝华海景大酒店共同构成一个组群，沿滨海大道形成完整的城市轮廓线。主楼临滨海大道布置，保证客房的海景视线，发挥项目的区位优势。主楼的位置坐落在赛格发展大厦的桩基和底板上，可节省大量土建成本，减少浪费。裙房布置在用地南侧，与玉沙路相邻，使裙房内的商业空间和其他服务内容与玉沙路的商业气氛相适应。

（2）项目的功能组织分三大类：地下室为设备用房、管理服务用房和停车库；一至四层裙房内布置商业、餐饮、会议、娱乐活动及为酒店配套的服务接待空间；五层及以上各层为客房层，布置各类型客房。

（3）交通组织方面，主入口设在用地中部临玉沙路一侧，减小对城市主干道滨海大道的交通压力，也方便车流、人流出入。停车分地上、地下两部分，以地下部分为主，减少地面占用，留出用地营造环境。建筑周围道路及铺地的设计能满足消防要求。

（4）绿化系统和环境设计方面，在酒店主楼和滨海大道之间布置了开间 50 米、进深 25~38 米的景观花园。酒店主楼与花园相邻部位底部做双层架空处理，使室内外环境融为一体。从首层西餐厅至城市道路边，依次为架空室外平台、景观水面、景观绿带、草坪、低灌木隔离带和椰林带，丰富的景观层次加大了室外环境的纵深感。集中绿化环境布置在西南角，由绿荫停车场和部分绿地组成，以绿荫乔木为主形成成片的树林，可用于树下停车。在集中绿地上可布置庭院座椅、秋千、吊床等，供客人户外活动使用。

位于用地西侧中部的室外泳池区，结合周边界线设计为不规则流线型。西侧设计了仿石墙壁，攀援植物点缀其间，并有跌水从石壁中流出，形成一幅动感画面，成为入口大堂吧的重要景观。沿玉沙路的生态停车场和主入口处的环境空间、带状生态停车场和裙房首层的骑楼空间构成一组宜人的热带环境空间。

主入口雨篷前的喷水花坛及门廊两侧的景观绿化，透过开敞的大堂空间，与另一侧的泳池、石壁、落水等形成对景，使主入口及大堂充满生机。在裙楼各层退台部位均设置花池，在裙楼顶部设置了集中的屋顶花园，丰富建筑的第五立面。

建筑造型

从城市轮廓线和沿街街景关系的角度分析，主楼设于转角处，裙楼在玉沙路一侧，既有利于滨海大道的大尺度街景关系，又有利于玉沙路的较小尺度的街景关系。为了使道路转角处的视线更通透，设计中结合功能要求把主体一、二层处理成架空形式，使建筑与环境相互渗透。主楼的造型源于对功能的追求。为了保证各个客房的海景视线，主楼东西两侧处理成 45 度外凸形态，在立面上形成较有特色的韵律。主楼顶部面海一侧处理成退台式，形成多个屋顶观景平台。裙房沿街面较长，且有四层高度。为了缓解建筑与城市的关系，沿玉沙路一侧裙楼处理成退台式。退台部位的轮廓线做 45 度切角处理，与主楼的造型相呼应。整组建筑的北向、西北向、东北向均采用通透的形式以满足观景要求，并考虑遮阳要求，形成较为轻松的热带建筑的特点。

总平面图

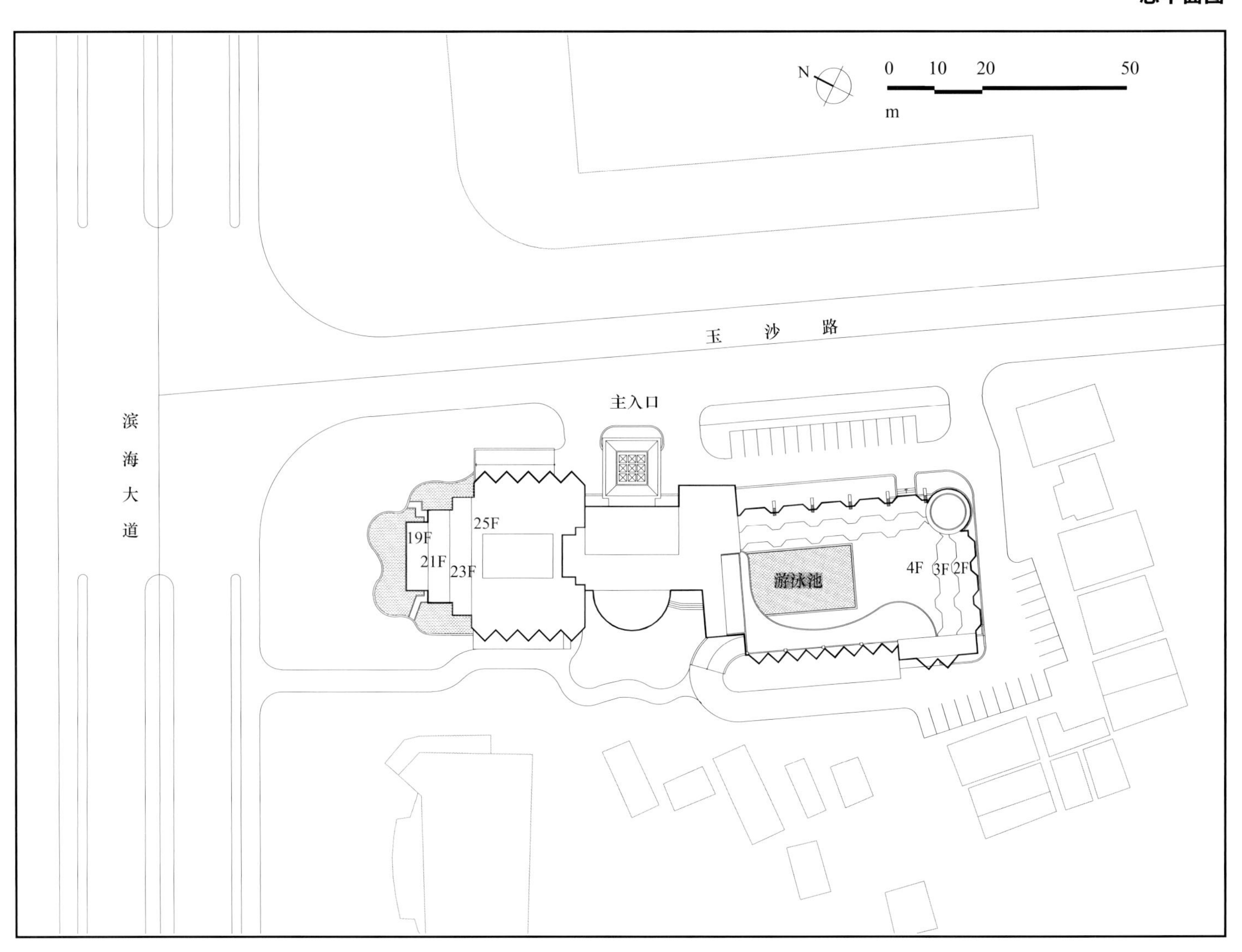

一层平面图

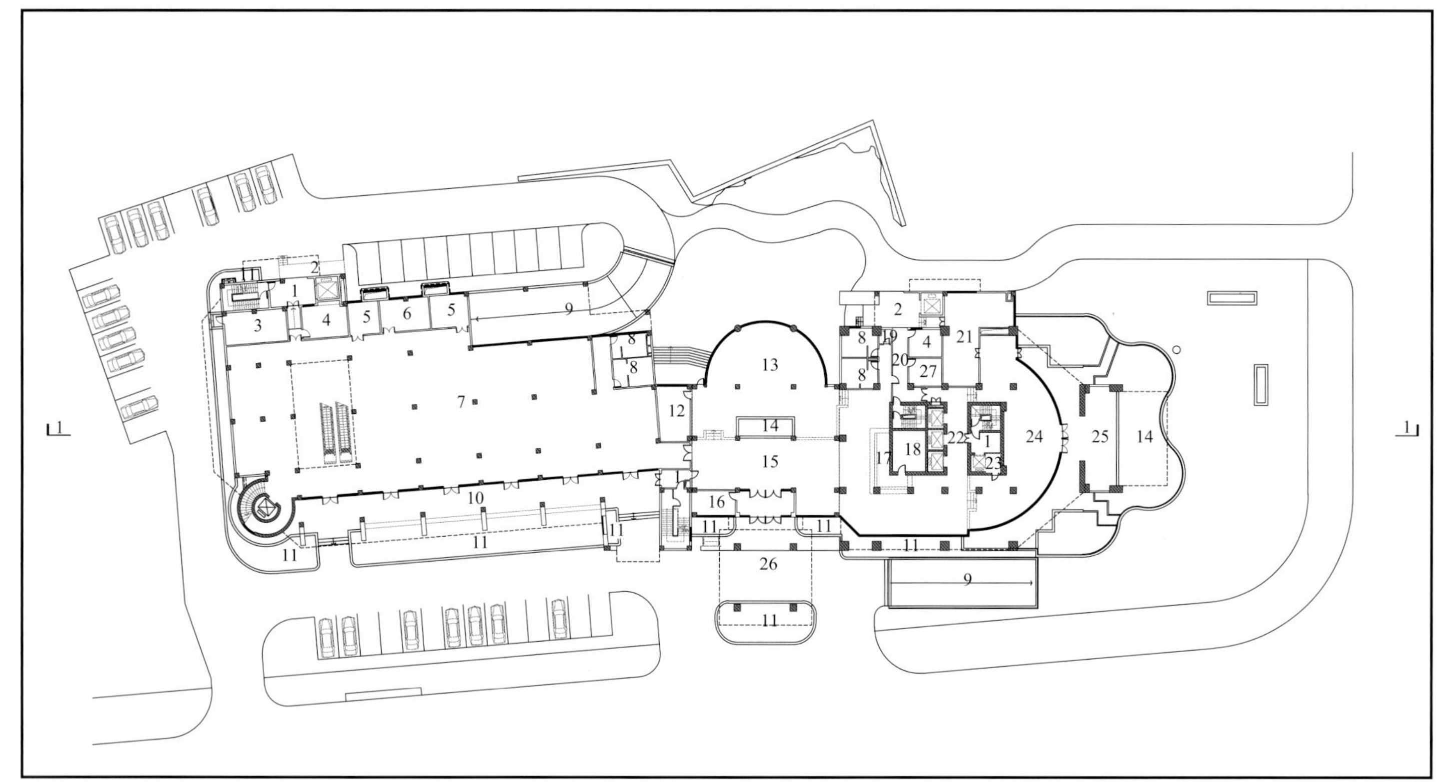

1. 前室
2. 卸货平台
3. 消防控制室
4. 保安 / 收发
5. 空调机房
6. 库房
7. 商业用房
8. 洗手间
9. 汽车坡道
10. 外廊
11. 花池
12. 服务
13. 大堂吧
14. 水池
15. 大堂
16. 行李
17. 前台
18. 办公 / 寄存
19. 拖把间
20. 走廊
21. 厨房
22. 电梯厅
23. 配电间
24. 西餐厅
25. 室外平台
26. 落客
27. 空瓶房

标准层平面图

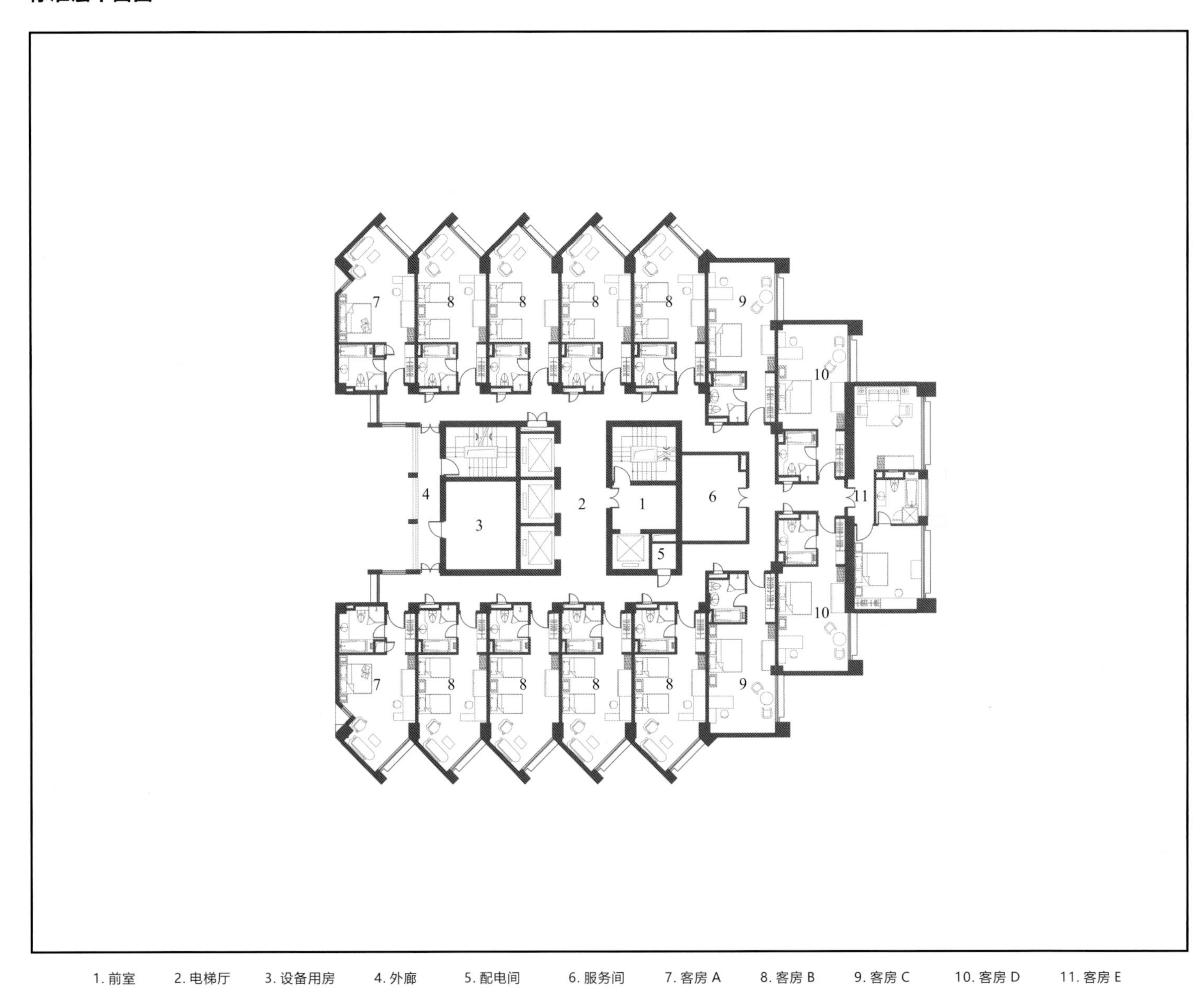

1. 前室　2. 电梯厅　3. 设备用房　4. 外廊　5. 配电间　6. 服务间　7. 客房 A　8. 客房 B　9. 客房 C　10. 客房 D　11. 客房 E

环球海景大酒店
西
金贸东路
玉沙路
滨海大道

立面图

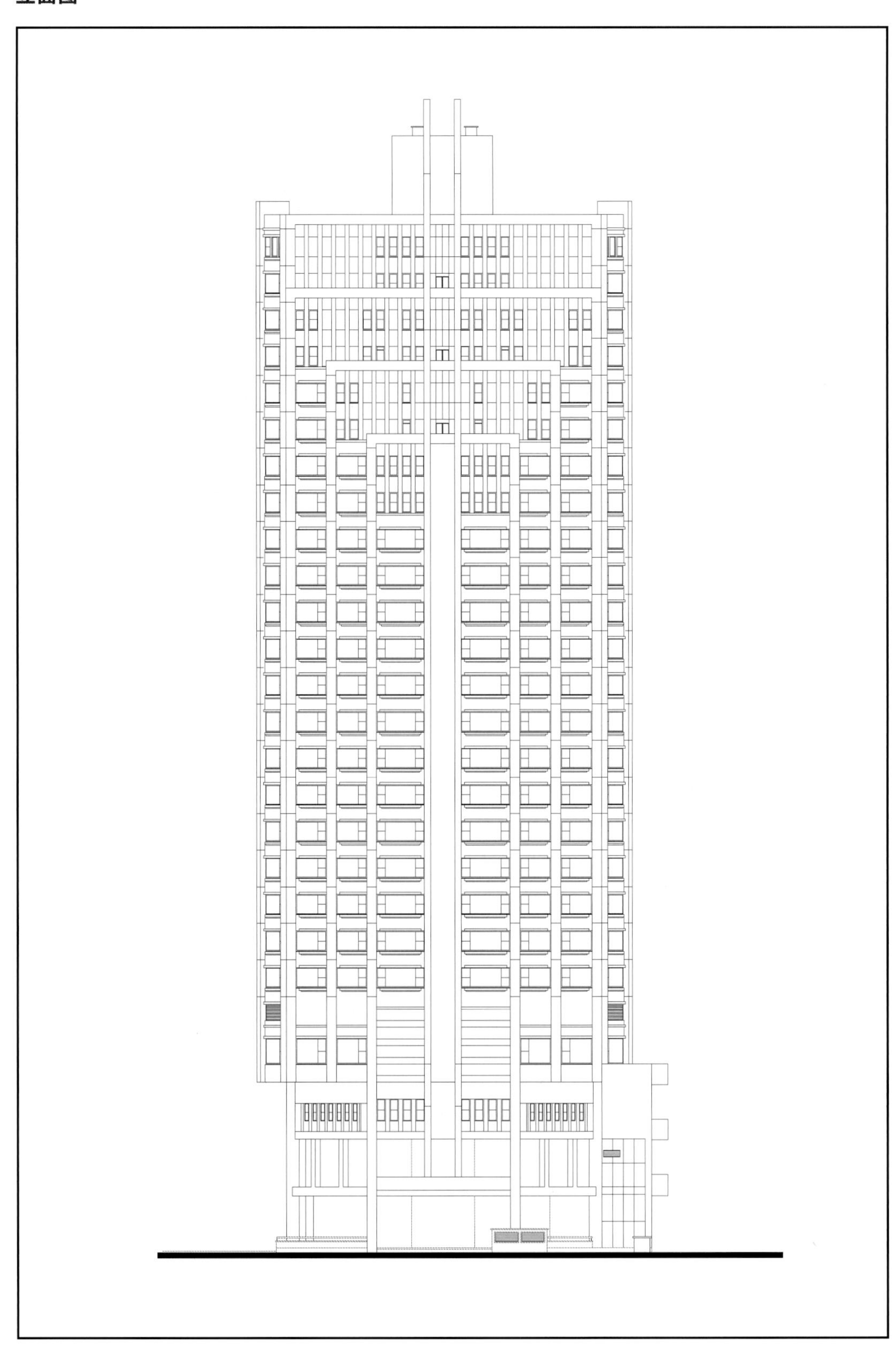

环球海景大酒店

立面图

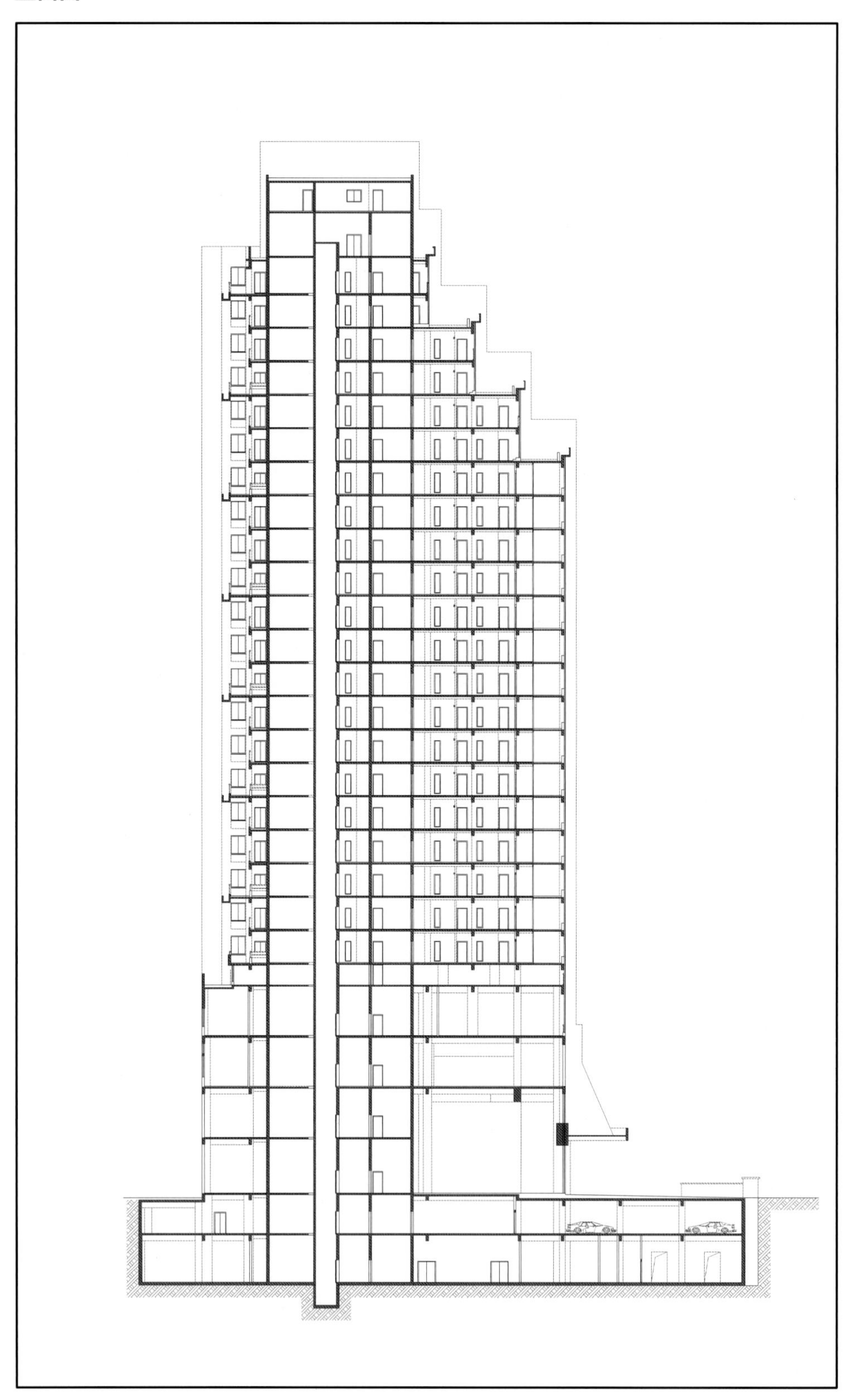

黄金海
Golden

海口丽笙酒店

项目概况

海口丽笙酒店项目位于滨海大道与明珠路交界处，为置地花园五期项目用地，北侧与海口会展中心隔滨海大道相对，东北侧为海口最大的公共景观园林——万绿园，南侧为置地花园四期及一期，位置地段显要。项目定位为高档办公及酒店综合楼，地上 48 层，建筑高度 260 米，属超高层建筑。整个项目由商业、高档办公、五星级酒店、餐饮、高档会所等组成，建筑面积约 11 万平方米。

项目信息

业　　主：海南置地实业有限公司
建设地点：海南省海口市海口湾
建筑设计：中元国际（海南）工程设计研究院有限公司
项目负责人：张新平
设计团队：张新平、李红、张渊、陈昆元、吴朋朋、胡艳香（建筑），肖自强、张松、陈金星（结构），符霞（给水排水），周全、付晓兰（暖通），路增旺（电气）
总建筑面积：11 万平方米
客 房 数：360 间
设计时间：2008 年
建成时间：在建
图片版权：中元国际（海南）工程设计研究院有限公司

设计原则

项目用地为置地花园最后一期位置最佳的建设用地，作为海口滨海大道沿线未来地标建筑之一的超高层建筑，项目充分考虑海口市未来发展规划，并结合海口湾进行整体设计。

在设计时严格遵循了以下设计原则，对项目从总体布局到建筑空间上都做到细致的处理：发挥用地位置优势，突出海滨建筑及办公酒店综合楼特色；注重绿化及环境设计，创造良好的区域环境，做到与区域内前期建筑之间的协调统一，减少相互干扰；注重景观视线，让客人拥有良好的景观视线；注重结合本地气候特点，解决好建筑内的通风采光及日晒问题，提高居住及使用空间的舒适度；解决好车流、人流的交通问题，实现人车分流，商业与酒店、办公分流。

总体布局

项目地块为东西长向较规则长方形，北侧长边与滨海大道相邻，东侧为明珠路，场地平整，景观条件优越，拥有东、西、北三个方向 270 度开阔的海景面。

（1）项目的整体性

为适应新的发展需求，本项目与置地花园前四期在功能配套服务等方面形成互补关系，形成集居住、办公、酒店、商业、餐饮、休闲娱乐等功能于一体的综合型社区。实现资源共享，体现整体优势，提升建筑的品质与内涵。实行统一的绿地、环境、道路设计，既节约土地，又提高了绿化率。

（2）总体布局

结合现有用地范围，48 层主楼采用 40 米 ×40 米的方形平面，布置在用地东侧，东退用地红线 29.76 米，与南侧一期住宅间距 36 米；5 层商业裙房布置在用地西侧，与置盛西苑的裙房相邻；北侧后退红线 26 米，形成较宽敞的入口广场及绿色生态停车场。

整体布局简洁紧凑，在功能上使商业与住宅相对集中，减少酒店、办公与住宅间的交叉干扰。在景观视线上，为酒店、办公争取到最佳景观视线，同时减少对南侧一期、四期等的影响，保证间距要求并减少视线遮挡。

用地北侧、东侧均离道路较近，景观园林、入口小广场的布局设计从空间及视角上有效缓和了其与滨海大道产生的局促感，使城市空间关系更协调，更可以有效减少高大体型对城市街道拐角的压迫感，以及对城市界面的影响。

（3）交通组织

项目用地两侧临路，北侧为滨海大道，东侧为明珠路。将人行及商业主入口设于用地北侧，结合用地北侧的绿化带和入口广场，强调其公共性。人流经入口前广场进入办公酒店主楼，车流主要由西北角及东侧两处进入，西北角以商业车流为主，而酒店及办公车流则由东侧进入，沿区内道路至南侧进入地下车库。后勤辅助入口设于西侧，供商业货物及后勤使用。建筑四周道路均连通形成环道，满足消防要求。在北侧设置部分地面停车位，方便商业部分的停车需求，停车场采用环保生态停车位，增加树荫及绿地率。整个地块交通人车分流，高效、安全、便捷。

（4）环境和景观设计

用地北侧设 20 米城市绿化带，并与西侧置盛西苑整体考虑布置绿化环境。裙楼与综合楼主楼之间架空，设置花坛、树池等，丰富底层广场空间。

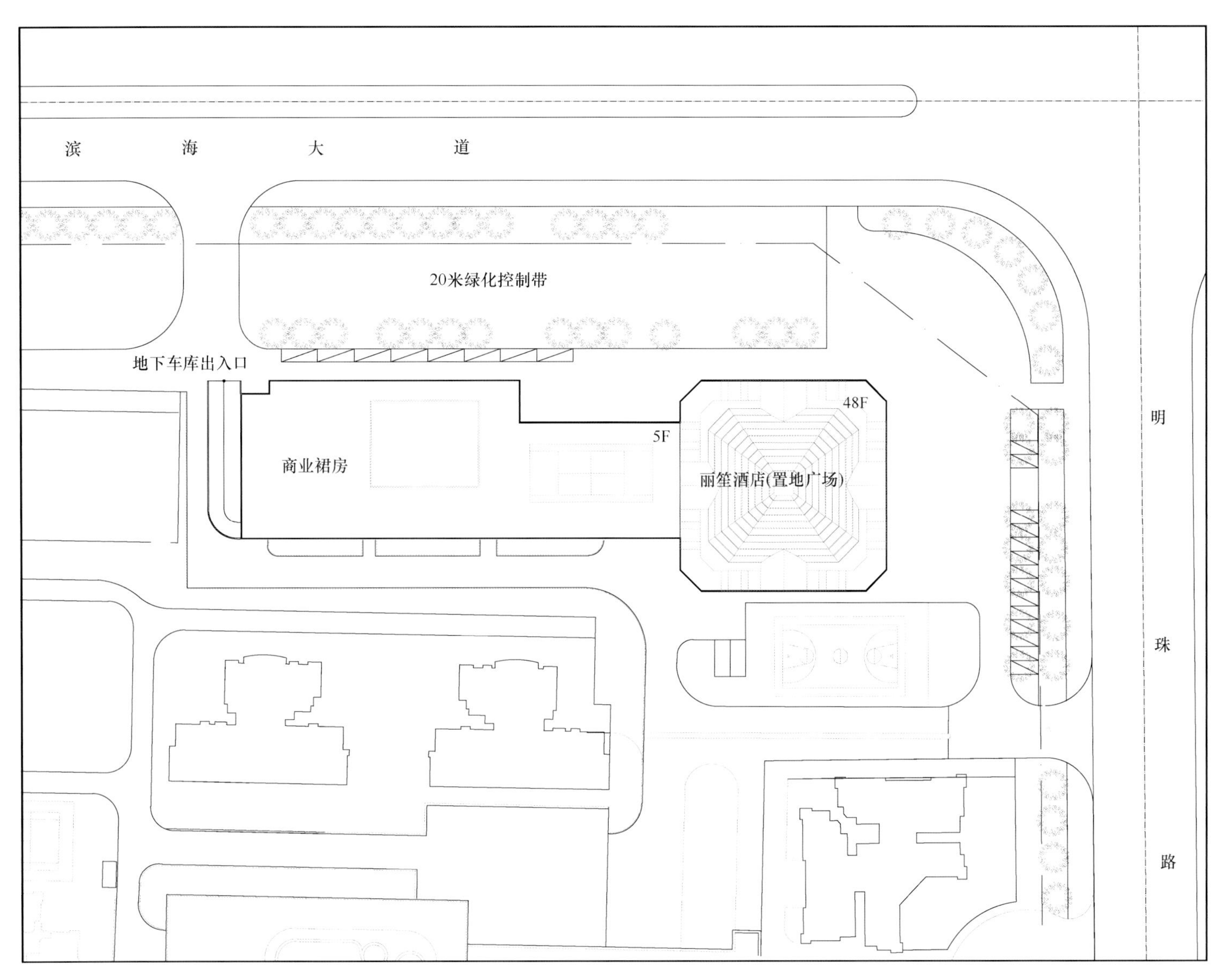

总平面图

建筑设计

（1）功能布局

设计遵循功能第一、实用经济、美观大方的原则，充分考虑地块特征并与前四期结合，主体平面采用密柱中筒环廊式布局，结构合理经济。考虑景观视线，项目拥有北、东、西三个方向 270 度的开阔海景视线，南侧也有极好的园景视线。注重建筑的节能环保，综合考虑采光、通风及遮阳，并控制与南侧一期住宅的日照间距及卫生视距，保证酒店客房空间的舒适性及私密性。酒店客房设计时尚、简约，结构布局合理，客房间还可灵活组合形成套型，满足不同需求，办公空间根据需求可做灵活分割。

（2）单体设计

项目整体呈一字形，西侧为 5 层裙房商业，东侧为 48 层酒店办公综合主楼，地下 3 层为车库及后勤服务用房等。首层在商业裙楼与主楼之间采用架空设计，分散引导人流的同时又使商业与主楼有机连接，形成生动有趣的底层入口空间。商业入口位于裙房北侧及首层架空层的西侧，商务办公入口位于首层架空层的东侧，酒店入口位于主楼东侧，临近明珠路。

裙房部分 1~5 层均为高级商场。主楼部分首层为商务办公大堂、酒店门厅、大堂、咖啡休闲厅、金融等；2 层为银行、会议室等；3 层为商务办公餐厅、厨房等；4~5 层为会议室等；6 层为健身房、茶餐厅等，室外利用裙房屋顶设计网球场、屋顶花园、泳池等酒店配套功能；7~11 层、13~25 层为商务办公；12~26 层为避难层及设备层；27~40 层为酒店客房；41 层为避难层及设备层；42~48 层为 CEO 高级会所。主要设备用房及车库设于地下层，停车后可直接由地下层电梯到达各层，方便、快捷。

建筑整体功能构架分布清晰，合理处理各高度区间的功能布置，最大化地实现 200 米高空的优越景观。

造型与色彩

建筑外形采用简欧风格，借鉴欧式造型手法，对券拱符号进行优化处理，整体感觉轻巧、简洁。在平面设计上，主楼 12 层以下采用正方形布局，12 层以上对正方形平面四个角部进行减法处理为类十字形，从而使得整体造型更富于变化，同时通过透明的顶部收缩处理，立面自然呈现三段式，竖向感极强。商业裙房的立面设计采用与主楼相似的造型符号，保证整体风格的一致，形成连贯性及极强的韵律。

建筑外墙饰面材料主要为石材及铝合金金属板，色彩以灰白色为主，局部搭配深色线条，外观简洁、明快，也与整个区域的建筑色调相协调。玻璃选用灰色，与外墙形成明暗虚实对比，更衬托建筑主体的挺拔。现代的材质与古典的造型相结合，为整个项目营造出一种典雅氛围。

绿化与环境设计

用地北侧设计的 20 米宽景观绿带是本项目绿化系统的主体，主要布置以热带植物为主的景观园林及可供市民活动的环境小品，与前广场一起形成舒适惬意的公共市民活动区。

在办公及酒店综合楼的南侧结合地形设坡地绿化，形成丰富的入口景观层次。商业裙房顶部设计泳池及屋顶花园，布置步道、绿化植被，与北侧绿化带及前四期的花园绿化共同形成立体多层次的绿化景观。

项目于 2015 年开工建设，目前主体已经封顶，正在进行幕墙及室内装修。作为中元海南独立设计的超高层项目之一，项目历时多年，在多方不断完善下终将以令人满意的姿态呈现在海口人民的面前。在建造过程中，多次获得专家的认可，树立了海口湾片区的风貌管控标杆。目前，国际一流的丽笙国际酒店（Radisson Blu）管理公司已经入驻，建成后将成为海口湾新的标志性建筑。

一层平面图

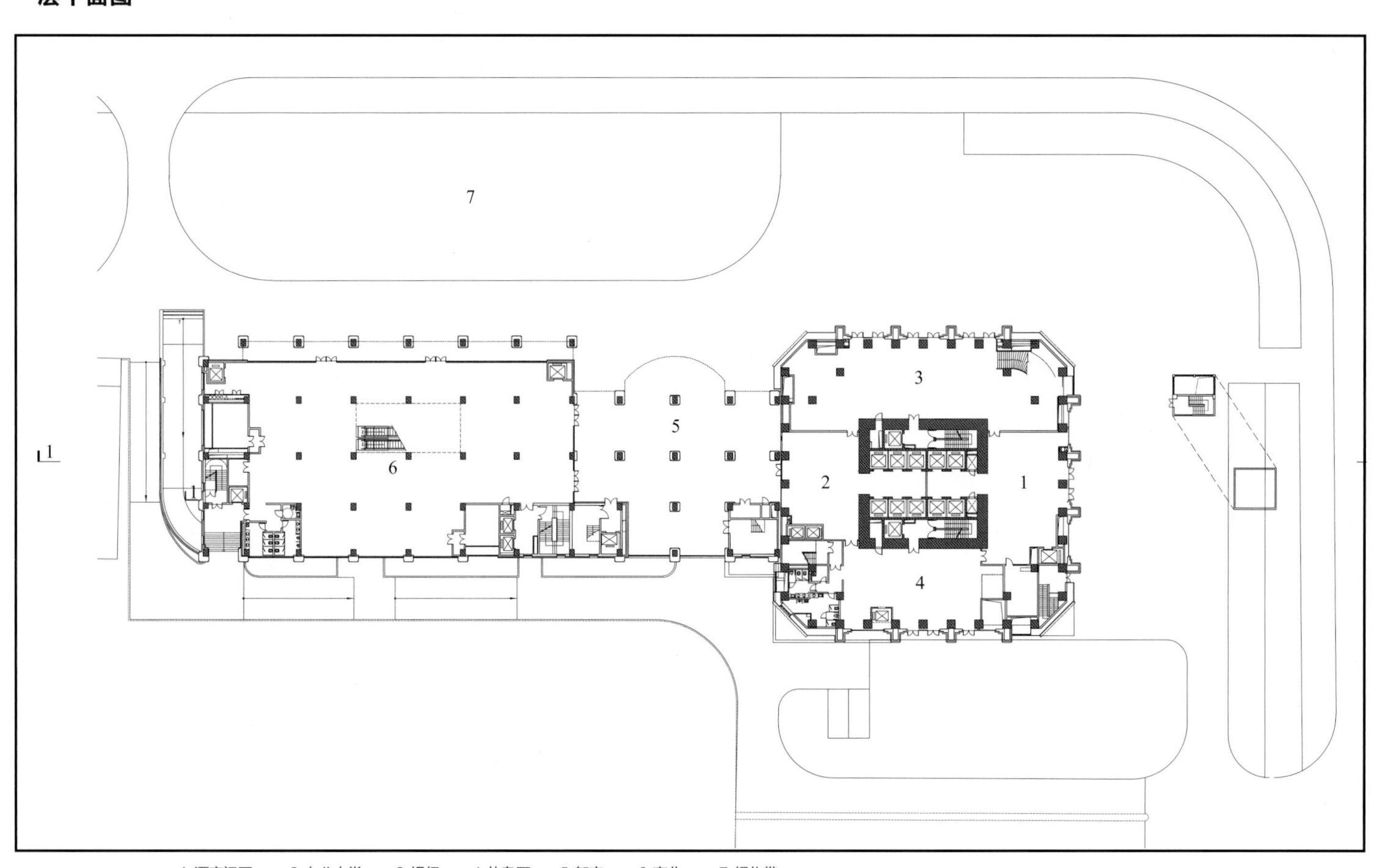

1. 酒店门厅　2. 办公大堂　3. 银行　4. 休息厅　5. 架空　6. 商业　7. 绿化带

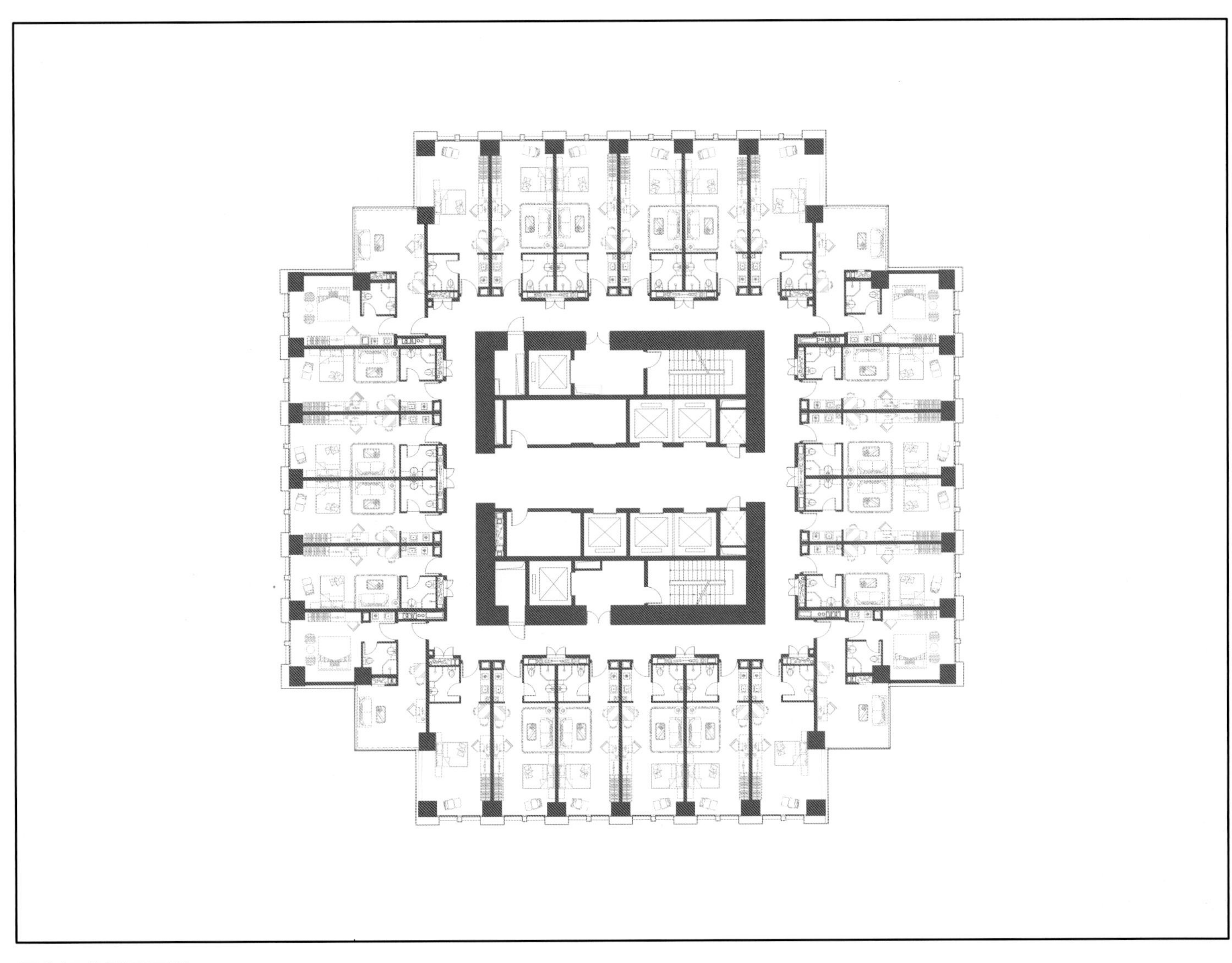

酒店标准层平面图

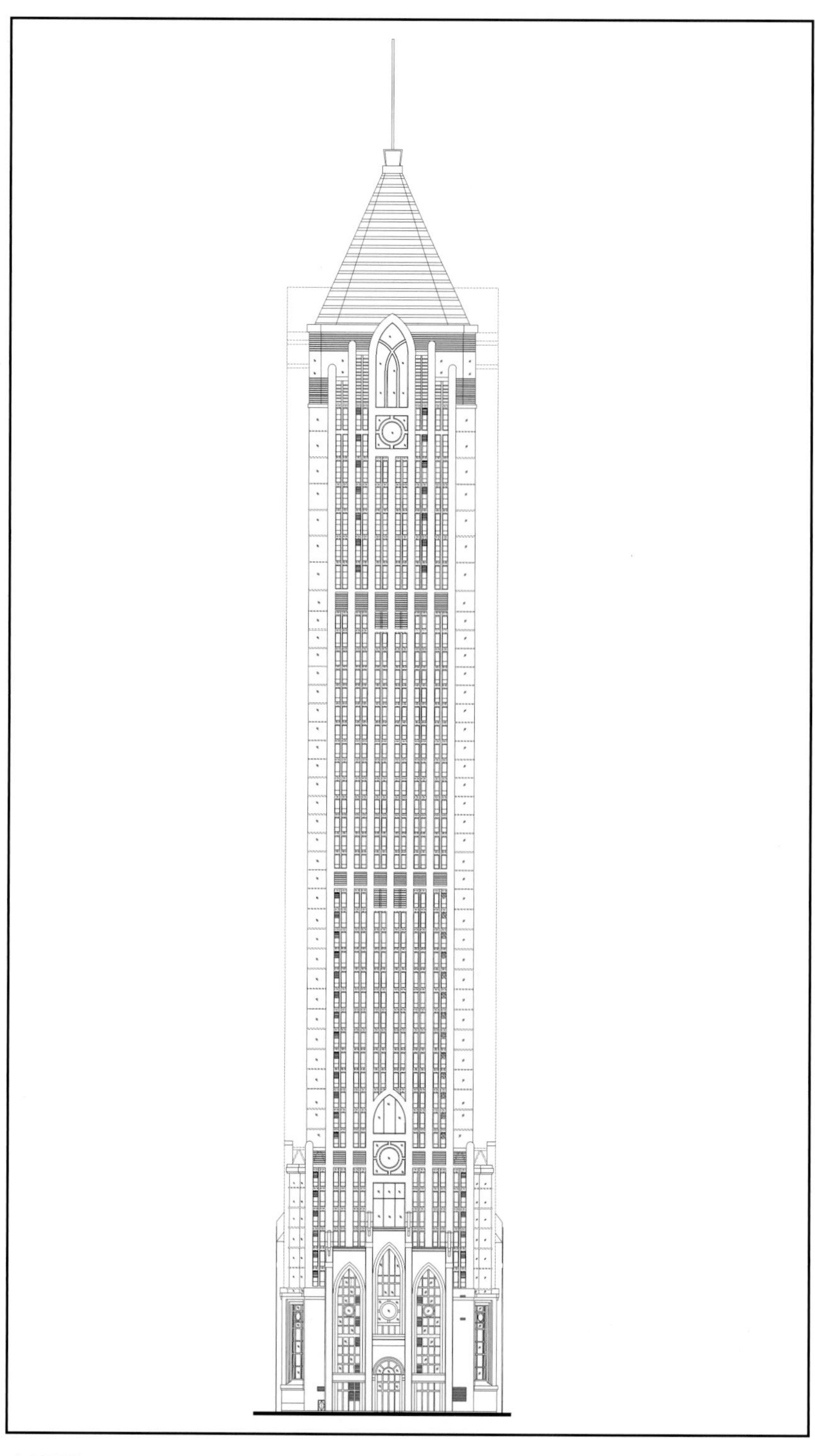

立面图

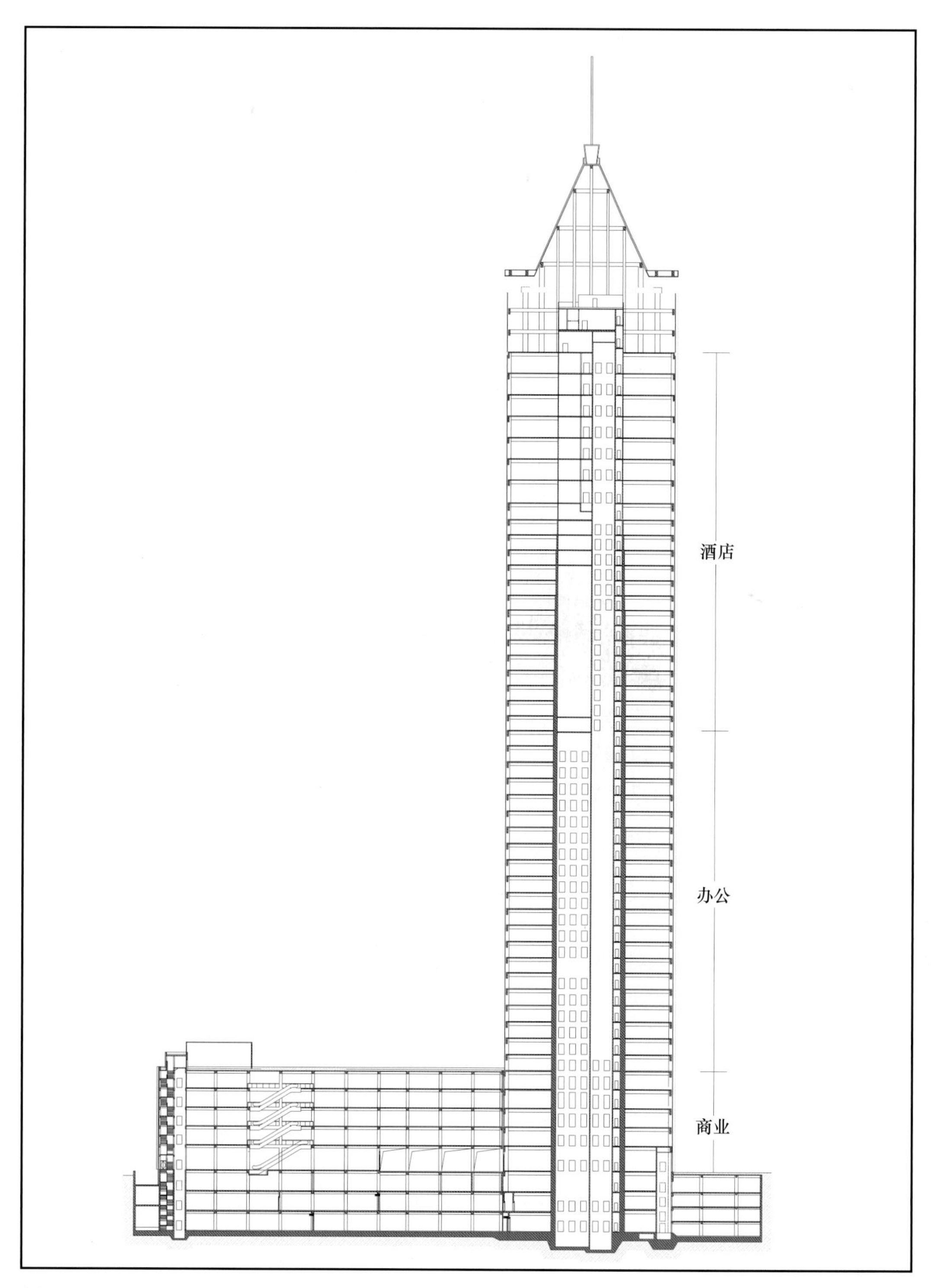

剖面图

参考文献

参考文献

[1] 海南省土木建筑学会.《海韵——海南城乡风貌特色探索》[M]. 海口: 海南出版社, 2015.

[2] 弗雷德. 劳森.《旅馆设计规划与经营》[M]. 成竞志, 奚树祥, 译. 北京: 中国建筑工业出版社, 1987.

[3] 刘赵平.《分时度假. 产权酒店》[M]. 北京: 中国旅游出版社, 2002.

[4] 温晓婷.《现代酒店知识与管理Ⅱ》[M]. 北京: 中国商业出版社, 2002.

[5] 孔见.《海南岛传》[M]. 北京: 中国国际出版集团、新星出版社,2020.

[6]《建筑设计资料集》编委会.《建筑设计资料集》[M]. 第三版. 北京: 中国建筑工业出版社, 2017.

[7] 庄少庞.《20世纪热带现代主义建筑实践的若干线索初探》[J]. 南方建筑, 2019,(3): 96-101.

[8] 陈利伟.《海南热带建筑特色与地域文化的融合创新——以海南黎族文化与船形屋为例》[J]. 城市建筑研究, 2020,(5): 12-13.

[9] 杨晓川, 汤朝晖, 王钰, 等《气候·空间·度假酒店——海南热带度假酒店》[J]. 建筑科学, 2006, 22(5): 96-99.

[10] 斯达., B, 刘宛. 热带地方建筑[J]. 建筑学报, 1999(7): 4.

[11] 范明琛, 韩孟琪, 谭溪鑫. 浅析自贸港建设下现代标志性建筑与海南地域文化创新性融合研究[J]. 中国民族博览, 2022(9): 181-183.

[12] 邱文明, 孙清军. 热带气候影响下的建筑形态研究[J]. 华中建筑, 2007.

后记

后记

海南是中国最年轻、最南端的省份，也是中国唯一的省级经济特区，国家先后提出了将海南建设为国际旅游岛和自由贸易港的战略目标。建筑业是海南发展的重要支柱性产业，但是，由于历史原因，海南建筑和城市建设水平的提升速度落后于建设总量的增长速度，与世界范围内相近地理位置和资源条件的发达地区相比，人居环境提升的空间还比较大。在经济和社会加速发展的大背景下，对建筑和人居环境的地域性、时代性的思考、研究和实践已迫在眉睫。

面对海南得天独厚的自然资源和环境条件，在平时的建筑实践中，初期总是有很大的激情和冲动，幻想着建筑与环境的有机融合、人与自然的积极对话，但在落实过程和建成之后总是充满遗憾和缺陷。本书所总结的虽然大多都是积极正面的内容，但 30 多年的工作生涯可以说就是从遗憾中走过来的。希望今天的积极思考和总结能成为明天的基础和起点，时刻提醒自己和团队：坚持求真、务实、创新的方针和理念，敬畏自然，融入环境，绿色发展，不负时代。

本书中引用的工程案例都是中元海南的作品，它们记录了团队对热带建筑和度假酒店的思考、探索和努力。在中元海南的成长历程中，得到了本地规划建筑界方为之、徐经国、方立、李建飞等众多专家学者的关心、鼓励和指导，在此表示由衷的敬意和感谢！同时，对关心支持我们的已故教授胡德瑞先生表示深切的怀念。另外也感谢项目业主和酒店管理公司的信任和理解，感谢王珏、汤姆等在项目设计阶段有过合作和配合的各单位的设计师们。

在此，要特别感谢张伶伶老师一贯的鼓励和引导，在百忙中对书稿的架构和文字作了认真、细致的指导和校正，并为本书作序。

本书中分享的绝大多数项目的技术深化和施工图设计阶段都是在中元海南李红总工程师的负责和指导下完成的，本书的成果也凝聚了她的专业精神和辛勤付出。

本书在编写过程中，中元海南的同事：郑伟、张渊、黎可、杨进、廖婷、周圣柯、千方舟、吴朋朋、葛家乐、檀兆鑫、王靖祺、谭舒尹、徐海然等参与了策划、组稿和整理等工作，在此一并表示衷心感谢。

图书在版编目（C I P）数据

海南热带度假酒店建筑设计 = ARCHITECTURAL DESIGN OF HAINAN TROPICAL RESORT HOTEL / 张新平著. —北京：中国建筑工业出版社，2023.5
ISBN 978-7-112-28606-5

Ⅰ.①海… Ⅱ.①张… Ⅲ.①饭店-建筑设计-研究-海南 Ⅳ.① TU247.4

中国国家版本馆 CIP 数据核字（2023）第 061539 号

责任编辑：刘瑞霞　梁瀛元
责任校对：张　颖

海南热带度假酒店建筑设计
Architectural Design of Hainan Tropical Resort Hotel
张新平　著
ZHANG XINPING
*
中国建筑工业出版社出版、发行（北京海淀三里河路9号）
各地新华书店、建筑书店经销
北京科地亚盟排版公司制版
天津图文方嘉印刷有限公司印刷
*
开本：880 毫米 ×1230 毫米　1/16　印张：23½　字数：752 千字
2023 年 4 月第一版　2023 年 4 月第一次印刷
定价：**268.00**元
ISBN 978-7-112-28606-5
（41050）